页岩气开发钻井降本增效案例

黄伟和　主编

石油工业出版社

内 容 提 要

本书精选提炼国内外页岩气开发钻井降本增效典型案例 37 个，每个案例包括案例背景、降本增效措施、实施效果分析。其中 15 个综合配套措施案例介绍了北美和中国页岩气开发钻井降本增效综合配套措施、工厂化钻井配套措施、钻井环保配套措施；15 个钻井工程措施案例介绍了页岩气钻井提速提效配套措施、钻井地质导向技术措施、固井技术措施、钻井液技术措施；7 个完井工程措施案例介绍了页岩气完井压裂降本增效配套措施和水平井增能压裂、多级滑套压裂、重复压裂等单项技术措施。

本书可供非常规油气勘探开发工程相关管理人员、专业技术人员、经济研究人员、造价专业人员参考，也可作为页岩气开发钻井工程相关人员的培训辅助教材。

图书在版编目（CIP）数据

页岩气开发钻井降本增效案例 / 黄伟和主编 . —北京 : 石油工业出版社 , 2019.6
ISBN 978-7-5183-3424-7

Ⅰ . ①页… Ⅱ . ①黄… Ⅲ . ① 油页岩 – 油气钻井
Ⅳ . ① TE2

中国版本图书馆 CIP 数据核字（2019）第 100219 号

出版发行：石油工业出版社
（北京安定门外安华里 2 区 1 号　100011）
网　址：www. petropub. com
编辑部：（010）64523561　图书营销中心：（010）64523633
经　销：全国新华书店
印　刷：北京中石油彩色印刷有限责任公司

2019 年 6 月第 1 版　2019 年 6 月第 1 次印刷
787 × 1092 毫米　开本：1/16　印张：18.25
字数：380 千字

定价：180. 00 元
（如出现印装质量问题，我社图书营销中心负责调换）

《页岩气开发钻井降本增效案例》
编 写 组

主　　编：黄伟和

编写人员：刘　海　张国辉　胡　贵　张希文

前　言

本书依托国家科技重大专项《大型油气田及煤层气开发》"十三五"项目37中课题"页岩气开发规模预测及开发模式研究"，目标是建立页岩气投资测算方法，提出页岩气投资控制建议，为页岩气中长期发展规划编制提供技术支持。2016—2018年系统开展了美国页岩气开发钻井工程投资变化规律分析、中国石油四川盆地页岩气钻完井工程成本变化规律分析、国内外页岩气开发钻井降本增效措施案例分析、中国石油川渝页岩气开发钻井降本增效措施专题研究，采用标准井工程量清单投资测算方法，编制了川渝页岩气开发钻井工程投资参考指标，提出川渝页岩气钻井工程降本增效配套措施建议，有力地支持了中国石油页岩气中长期发展规划编制。在上述研究过程中，综合分析北美和中国页岩气开发成功经验，取得了一些重要认识。

中国加快开发和利用页岩气意义重大。2018年国内天然气产量$1580 \times 10^8 m^3$，进口量$1254 \times 10^8 m^3$，消费量$2766 \times 10^8 m^3$，对外依存度45.3%；预计2030年天然气消费量将达到$5000 \times 10^8 m^3$，对外依存度将超过50%。2018年中国页岩气产量$108 \times 10^8 m^3$，占国内天然气产量的6.8%，占天然气消费量的3.9%。根据美国能源信息署（EIA）2013年评价结果，美国页岩气技术可采资源量为$32.9 \times 10^{12} m^3$，全球排名第1；中国页岩气技术可采资源量为$31.6 \times 10^{12} m^3$，全球排名第2。2018年中国自然资源部发布的矿产资源储量数据显示，全国页岩气有利区的技术可采资源量为$21.8 \times 10^{12} m^3$，目前探明率仅4.79%。因此，从构建清洁低碳、安全高效的中国现代能源体系角度来看，页岩气资源开发潜力巨大。

美国页岩气革命成功改变了世界能源格局。20世纪70年代美国油气产量开始下滑，引起美国政府对能源供应安全的担忧，1976年开始实施东部页岩气工程（EGSP），2000年前后形成了以水平井组布井、工厂化作业和水平井分段压裂为主体的页岩气革命性开发新模式，建成巴奈特（Barnett）等一批大型页岩气田，开发成本快速下降，产量持续大幅增长。美国页岩气年产量由2000年的$118 \times 10^8 m^3$快速增加到2018年的$6072 \times 10^8 m^3$，增长了50多倍，占美国天然气总产量比例由不到1%上升到70%。页岩气大发展促使美国天然气产量在2009年超越俄罗斯，跃居为全球第一大天然气生产国，2017年由天然气净进口国变为天然气净出口国，彻底改变了全球天然气供需格局，同时对全球油气价格产生了较大影响。

全面地总结经验并分享是美国页岩气革命取得成功的关键因素之一。美国 Barnett 页岩气田开发经历了一个漫长的学习过程。在 2000 年前的 20 多年时间里，使用“直井 + 冻胶泡沫压裂”，产量一直徘徊不前。2001 年试验用“水平井 + 清水压裂”取得启示，通过尝试“水平井 + 清水压裂 + 多级压裂 + 流量控制 + 同步压裂”取得巨大成功，产量突飞猛进，由此奠定了其第一大页岩气田的样板地位。通过系统的经验传递和知识共享，费耶特维尔（Fayetteville）页岩气田产量仅用 6 年时间就达到每天 $7646 \times 10^4 m^3$，而 Barnett 页岩气田为此用了 28 年时间。可见，系统研究页岩气开发钻井降本增效案例，总结提炼成功做法和经验并推广应用，可大大提高学习效率，对高效开发页岩气具有重要指导作用。基于该点认识，在总结分析 300 余份文献资料基础上，精选提炼出 37 个国内外页岩气开发钻井降本增效典型案例，每个案例包括案例背景、降本增效措施、实施效果分析。其中 15 个综合配套措施案例介绍了北美和中国页岩气开发钻井降本增效综合配套措施、工厂化钻井配套措施、钻井环保配套措施；15 个钻井工程措施案例介绍了页岩气钻井提速提效配套措施、钻井地质导向技术措施、固井技术措施、钻井液技术措施；7 个完井工程措施案例介绍了页岩气完井压裂降本增效配套措施和水平井增能压裂、多级滑套压裂、重复压裂等技术措施。

页岩气高效开发模式可总结为“水平井平台 + 超大型压裂 + 工厂化作业 + 一体化管理”，通过采取革命性的技术和管理降本增效配套措施，努力提高页岩气单井最终可采储量（EUR）、大幅降低工程投资，书中案例均分别有所表述。系统研究总结提炼页岩气开发成功做法和经验，不仅对高质量开发页岩气具有重要作用和意义，而且对非常规油气高效开发甚至油气行业发展也会产生显著的积极影响。希望书中案例对页岩气以及非常规油气开发钻井工程技术进步、综合实施降本增效措施、油气行业健康发展能够有所借鉴和帮助。

在本书编写过程中，李文阳、单文文、陈建军、申瑞臣、高圣平、陆家亮、姚飞等专家对书稿进行了认真审阅，提出了宝贵的修改完善意见，在此表示衷心的感谢！由于页岩气开发钻井工程内容非常复杂，涉及面非常广泛，加之编者水平和知识有限，书中的缺点和不足之处在所难免，敬请广大读者批评指正。

目　录

第1篇　综合配套措施案例

本篇精选提炼了15个案例，主要介绍国内外页岩气开发钻井降本增效综合配套措施，总体上分为4个单元。第1单元包括案例1至案例5，主要介绍北美页岩气开发钻井降本增效综合配套措施；第2单元包括案例6至案例9，主要介绍中国石油和中国石化页岩气开发钻井降本增效综合配套措施；第3单元包括案例10至案例12，主要介绍美国和中国页岩气工厂化钻井配套措施；第4单元包括案例13至案例15，主要介绍中国页岩气钻井环保配套措施。

案例 1　北美页岩气开发钻井降本增效主要配套措施

本案例总结分析了北美页岩气开发钻井降本增效主要配套措施，包括方案设计优化（平台水平井组、钻井工艺优化、完井工艺优化）、专用设备优化（高效移动钻机、小井眼连续油管、快速临时公路）、生产管理优化（工厂化作业、一体化管理）3 个方面 8 项措施。

一、案例背景

美国页岩气开发经历了较长的发展历程，其巴奈特（Barnett）页岩气田开发已成为页岩气开发的成功典范，引导了北美其他地区页岩气的高效开发。回顾美国页岩气开发钻井技术，以“直井—水平井—水平井组”为发展主线，以提高储层改造有效性、降低开发综合成本为目标，形成了以丛式水平井组布井、工厂化作业和水平井分段压裂为主体的页岩气开发钻井模式。

从宏观角度分析，北美页岩气开发采用的降本增效方式主要有 3 种：一是通过提高作业效率降低作业成本；二是通过采用先进技术提高产量，降低单位产量成本；三是通过优化生产管理，实现一体化设计与管理。

二、降本增效措施

1. 平台水平井组

自美国 Barnett 页岩气田成功开采以来，大型平台水平井组工厂化作业已成为页岩气开发的标准作业模式，平台井数、水平段长度、压裂段数随开发进程而大幅度增加，甚至实现了一个井场开发一个区块。通常平台井钻井费用高于普通单井钻井费用，单井成本可能增加高达 50 万美元，但通过资源共享能够实现总体成本最小化，能够实现多层系大面积有效开发。图 1-1 为拉雷多（Laredo）石油公司在佩尔曼（Permain）盆地采用 20 个工厂化平台钻 60 口水平井，开发 4 个层位页岩油气，工程成本降低 6%～8%。

美国戴文能源（Devon Energy）公司开展丛式水平井平台井场效益评估研究，认为采用丛式水平井平台井场开发页岩气，不管是在短期内还是从长期来看，对油气能源产业的总体环境影响都是积极的。总体来看，丛式水平井和单个水平井对比，早期钻井成本高出 20%～30%，大多数成本增加部分是定向钻井、井场面积、套管等额外增加费

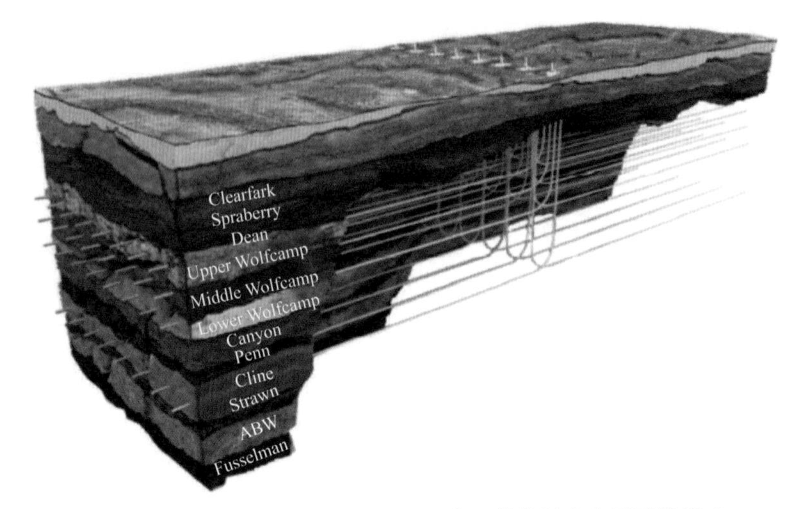

图 1-1　Laredo 石油公司在 Permain 盆地单井场多产层开发模式

用。通过丛式水平井施工，成本节约主要在大规模开发的多个阶段，平均 5～10 口井之后，全井成本（从钻井许可到第一次的油气采出发生的总费用）节约在 25% 以上。尽管井场和环境费用随着怀俄明州（Wyoming）和犹他州（Utah）等更加严格的规定有所增加，但在相同阶段钻井和完井费用可削减一半。在井数相当的情况下，应用平台水平井组开发页岩气的主要优点如下：

（1）大幅减少开发准备时间和费用。大多数城市和乡镇要求每口新井要得到许可，如果同一个井场布置 5 口井，得到许可的机会比单独 5 口井得到许可的机会大很多，减少了涉及许可手续的不确定性。虽然单个丛式水平井组井场占地面积稍大，但累计占地面积只有单井井场总和的 50%～70%，平均每口井占地面积从单井井场的 10118m^2 减至丛式水平井组井场的 2024m^2 或更少的面积。对于 80940m^2 的井场，在修建一条道路的情况下能够开发 2.59～4.05km^2 的面积，同等条件下道路占地面积一般缩减 40%～50%。

（2）大幅减少钻机搬迁时间和费用。采用可移动钻机井间快速搬迁，一般只需移动 6m 左右就可钻下一口井，无须拆卸、安装钻机。通常会节省 2d 甚至更长时间，大幅减少钻机非生产时间费用，同时降低了搬迁运输费用。

（3）大幅减少井场设备和管线费用。集中使用井口设备、罐、管线，一个井场从井口到处理罐的地面或地下集输管线长度缩短了 70%～80%，同时减少了地面管线的挖沟和铺设，而且从一个地点就可以看到罐、管线和井场，更易于检查。

（4）大幅降低环保处理费用。集中实施环保处理，减少了防渗漏布、防遗撒设施等的安装和粉尘、噪声等治理费用。将所有相邻井口连接到一个单一的处理设施或采用一条单一流动管线连接到一个较大的设施，能够简化处理各种钻井和压裂废液，可减少 30%～60% 的运载量。

（5）加速钻井学习曲线建立。通常钻平台水平井时因偏移距大导致定向作业、套管等费用增加，单井钻完井成本要高于钻单口水平井成本，但平台水平井可通过批量钻井作业，加速建井各个阶段的钻井学习，提高作业效率，使钻井成本下降。常规钻井学习曲线显示，在前 10 口井中，可减少约 25% 的钻井时间。利用平台水平井较快的学习效果，在钻 5～6 口井后，时间即可缩短 40%～50%。甚至相似井的钻井时间从项目开始时的 61d 缩减至项目结束时的 15d。

（6）有利于实施工厂化作业。通过工厂化作业提高作业效率，降低作业成本，实现区块总体效益的提升。不需要每 3～5 周就停工、拆卸和移动钻机。实施双钻机批量钻井作业，在使用大钻机之前，考虑使用更小的、更低成本的小钻机钻表层井段，下表层套管并进行表层套管固井。通过共用钻井罐、水处理系统，对储罐和液体分离器的需求量降低，采用封闭循环钻井系统，减少其他废液、废屑的产生，每口井节约钻井液费用达 3 万美元以上。

2. 钻井工艺优化

1）井身结构优化

页岩气开发早期存在以下问题：（1）地层情况不确定，局部地层复杂风险控制措施缺乏；（2）下生产套管时摩阻较大，下入深度受限制；（3）多级压裂完井技术不成熟，套管强度设计不足。大多数作业者必须采用三层套管的井身结构设计。为降低钻完井成本，需对井身结构进一步优化简化。比如挪威国家石油公司（Statoil），在鹰滩（Eagle Ford）页岩气田通过优化后采用两层套管，利用 ϕ244.5mm 套管下至 1702m，封固 Midway 水层；再用 ϕ139.7mm 套管下至 5046m，井身结构优化前后对比如图 1-2 所示。通过采用两层套管设计，在 Eagle Ford 页岩气田的建井时间节约 10%，节约钻完井成本 15%。

2）井眼轨迹优化

美国页岩气井井眼轨迹设计主要有两种。一种是采用单一的圆弧剖面，利用（6°～20°）/30m 增斜率实现较小的靶前位移。在实际钻井过程中，因地层的不确定性，存在强制造斜的情况，导致局部造斜率较高，管柱下入摩阻大，容易发生屈曲。另一种是采用双增剖面，即“直—增—稳—增—平”剖面，也称后勺子型剖面。第一次增斜采用反向造斜，增大靶前位移，在两段增斜段之间设计了一段稳斜调整段，以调整由于工具造斜率的误差造成轨道偏离，水平段前造斜段全角变化率为 12°/30m。这种设计方式提高了靶前距离，增加命中气藏靶点的概率，并增加泄气面积。

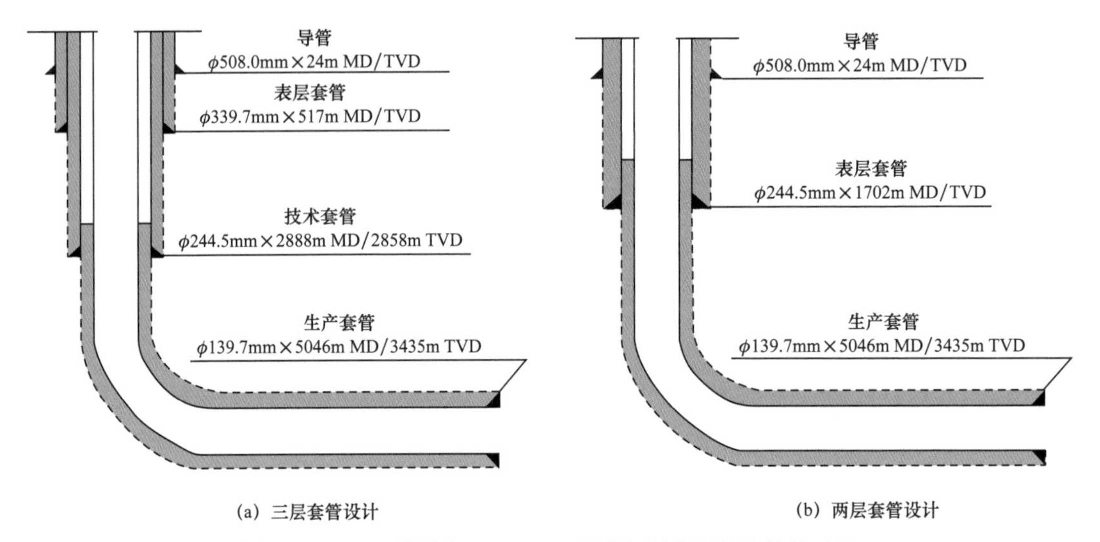

(a) 三层套管设计　　(b) 两层套管设计

图 1-2　Statoil 公司在 Eagle Ford 页岩气田井身结构优化对比

3）井眼轨迹控制优化

为降低钻井成本，在地层相对简单、井底温度较低的情况下，井下工具一般采用高效实用的随钻测量（MWD）和导向马达，以滑动钻进方式钻造斜段，以旋转钻进方式钻水平段。但在地层复杂、井底温度较高的情况下，一般采用高造斜率旋转导向系统。Statoil 公司在 Eagle Ford 页岩气田钻井过程中，由于钻井液循环温度较高（在 104～170℃之间），先期采用导向马达钻井时，底部钻具组合失效引起的非生产时间占整个非生产时间的 60%，几乎所有的马达定子橡胶块失效都发生在水平段。后尝试改变马达定子与转子匹配设计、采用等壁厚马达、利用钻井液冷却器降低循环温度等措施，但底部钻具组合失效引起的非生产时间还占 50%。为了减少非生产时间，提高机械钻速，采用高造斜率旋转导向系统使造斜段机械钻速提高 240%，水平段机械钻速提高 68%。通过提高钻井效率，弥补了采用旋转导向钻井系统所增加的成本，水平井延伸位移增加，大幅提高了总体经济效益。

4）钻井液体系优化

美国页岩气开发过程中，有 60%～70% 的页岩水平井段应用油基钻井液，水基及其他类型钻井液体系占 30%～40%。采用油基钻井液体系有利于井壁稳定、降低摩阻，确保生产套管顺利下到位，但油基钻井液成本高，不利于地层及环境保护，而常规油气钻井用的水基钻井液无法满足页岩水平井钻井需要。为了降低成本，在水平段钻井过程中，针对储层特性不断评价和实施页岩水基钻井液体系，且部分体系应用获得成功。哈里伯顿（Halliburton）、斯伦贝谢 M-I（Schlumberger M-I）、贝克休斯（Baker Hughes）、纽帕克（Newpark）等公司都先后研制和成功应用了多种用于页岩气水平井钻井作业的高性能水基钻井液，性能接近油基钻井液。同时，利用矿物油基钻井液取代柴油基钻井液，降低油基钻井液毒性和钻井液中芳香烃含量，减少后期处理成本和对环境的影响。虽然成本有所增加，但减少了后期 HSE 操作成本，提高了综合效益。使用油基钻井液时，利用钻井液循环系统去除钻井液中的固相颗粒，将钻井液循环利用，既节约成本又可以减少对环境的污染。美国西南能源（Southwestern Energy）公司在费耶特维尔（Fayetteville）页岩气田采用该技术降低钻井液成本 48%，降低后期处理成本 55%，减少基础油 31%。油基钻井液回收利用前后对比如图 1-3 所示。

(a) 回收前

(b) 回收后

图 1-3　油基钻井液回收利用

3. 完井工艺优化

1）压裂设计优化

为了增大裂缝与储层的接触面积，提高单井产能，采用多裂缝设计。通过加密射孔，缩短压裂间距，在同等长度水平段可以布置更多的压裂级数。表 1-1 给出了康菲石油（ConocoPhillips）公司在 Eagle Ford 页岩气田的压裂设计变化情况。压裂段数增加，压裂间距缩短，单位长度的压裂液用量和压裂砂量不断增加，压裂液量达到 10.46m^3/m，加砂量达到 2.24～2.98t/m。Eagle Ford 页岩油气区的支撑剂数量从 2014 年的 1.76t/m 增加至 2015 年的 1.81t/m；马塞勒斯（Marcellus）页岩区块支撑剂数量从 2014 年的 2.39t/m 增加至 2015 年的 2.53t/m。为了降低成本，支撑剂以天然石英砂为主，采用滑溜水压裂的比例将增加。

表 1-1 康菲石油公司在 Eagle Ford 页岩气田的压裂设计参数

年份	水平段长，m	压裂段数	压裂间距，m	射孔簇	簇间距，m
2012	1500	15	90	5	18.9
2015	1500	25	60	8	7.5
2016	1500	50	30	8	3.0

2）完井方式优化

美国主要页岩盆地的生产测试数据表明，大部分产量（2/3）来自小部分主裂缝（1/3），有 1/3 射孔簇对生产没有贡献。作业者针对各层位产油气特性，减少无效压裂层段，通过改进完井方式提高单井产能。页岩油气水平井分段压裂，一般采用泵送桥塞射孔联作分段压裂技术或裸眼投球滑套压裂技术。与泵送桥塞射孔联作分段压裂技术相比，裸眼投球滑套压裂技术可通过减少压裂液用量及缩短施工周期降低成本。但该技术滑套位置在压裂过程中不能再被调整，而泵送桥塞射孔联作分段压裂技术灵活性强，压裂位置可任意选择。在巴肯（Bakken）页岩油气区，怀廷（Whiting）石油公司和圣玛丽石油勘测（SM）公司从滑套完井转到衬管桥塞射孔完井。

3）重复压裂技术

重复压裂正成为作业者提高产能、降低作业成本的一种有效方法。重复压裂成本是新井钻完井成本的 20%～35%，压后能恢复 31%～76% 的初产量，具有较好的经济效益。美国页岩油气重复压裂老井主要集中在 Bakken、Barnett 和 Marcellus，重复压裂后的 12 个月，平均日产量下降 56%，而新井的平均日产量下降 64%。在 Bakken 页岩区，重复压裂井的初始产能甚至高于新井的初始产能。

重复压裂技术主要有机械隔离和化学封堵。机械隔离是采用挤水泥的方式封堵老的射孔孔眼，然后钻掉水泥，再开始从水平井段趾部到跟部进行泵送桥塞作业。还可以采用可膨胀衬管封堵原有射孔，再重新射孔和压裂。目前的重复压裂中使用最多的是化学封堵，其采用可降解生物暂堵剂，从水平段跟部开始，逐步向趾部延伸，通过关闭已有裂缝、打开新裂缝的方式提高产能。全井段处理步骤为：（1）地面加压泵入前置液，打开低压亏空生产段，泵入含砂压裂液；（2）泵入转向剂暂堵第一步压裂完的生产段；（3）重复步骤（1）和（2），加压继续打开新的生产段，压后封堵；（4）所有层段压裂完毕后，暂堵剂降解，恢复生产。重复压裂作业风险高，不确定性大，总体处于技术试验阶段。

4）无水环保压裂改造技术

对水的大量消耗及环境污染一直是页岩气开发水力压裂存在的主要问题，同时大大增加了压裂改造成本。目前无水压裂技术主要包括氮气泡沫压裂、二氧化碳压裂和液化石油气压裂。2012 年美国意考波（eCORP）公司旗下的压裂公司，开发出纯液态丙烷压裂技术，用纯液态丙烷和低密度支撑剂对 Eagle Ford 页岩气储层进行了压裂改造，取得了成功。该技术不同于过去使用的水力或交联丙烷压裂，纯液态丙烷是唯一用于压裂改造的液体，未使用任何种类的化学品或添加剂。纯液态丙烷压裂技术是一种绿色环保型页岩储层改造技术，丙烷这种源自石油和天然气储层的液态物体可大幅度减小对油气层的伤害，无须耗费水或处理废水。

5）压裂液回收利用

页岩气井压裂一般采用多级分段、高排量和超大液量的压裂模式，返排液量往往是常规压裂作业的数倍甚至十几倍。返排液中含有悬浮物、石油、重金属离子和细菌等，是一种污染性很强的废水。采用现场水循环系统，使现场水资源循环利用，节省成本且更加环保。水循环利用系统一般通过电凝聚和电浮选两级工艺对压裂返排水进行处理，电凝聚过程使油 / 水乳液破裂，促使油和悬浮的颗粒凝聚成为更大的颗粒。电浮选过程是产生像雾一样微米大小的气泡，将凝聚的颗粒上升到表面进行分离。处理工艺能将粒径 1～25μm 大小的油滴和悬浮颗粒凝聚和浮选。同时，也通过电氧化有效去除细菌和一些可在溶液中沉淀的离子。图 1-4 为压裂返排液处理原理图。埃波若茨（Approach）资源公司通过对水资源的循环利用，降低单井钻完井成本 45 万～100 万美元。

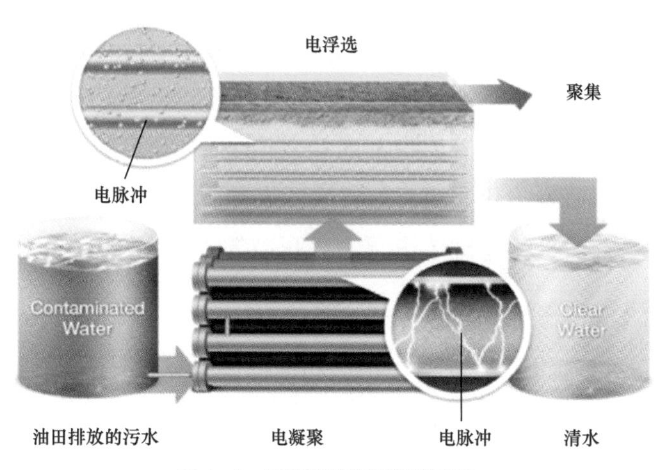

图 1-4　压裂返排液处理原理

4. 高效移动钻机

为满足丛式水平井组工厂化作业需要，加快井与井之间钻机移动效率，美国在页岩气开发中采用了快速移动钻机。采用快速移动钻机可将钻机在井口之间的移动时间由之前的几天缩短至几小时，大幅节省搬迁安装作业时间和成本。

威瑞斯迪克（Veristic）公司的步进式移动钻机实现了8个方向移动，大幅提高了钻机的灵活性，移动速度达0.2m/min，大幅缩短了钻机搬迁和安装时间，实现了从一口井移至下一口井整体搬迁。Southwestern Energy公司利用该钻机在Fayetteville页岩气田实现了在一个平台上仅作业34d就钻完了5口水平井。

为进一步降低钻机作业成本，在不影响作业能力的前提下采用了钻机小型化设计方式，利用更少更轻的模块组件，实现钻机快速拆卸和组装，减少了运载车次，提高了远距离井场间搬迁效率。同时采用了可使用柴油和天然气双燃料系统，方便使用存储于矿场的天然气为钻机供应燃料，且天然气价格较柴油低，从而节省油罐车运送柴油的成本。如莱特绍（Latshaw）钻井公司设计了专门用于页岩油气开发的No.17新钻机。与传统钻机相比，该钻机采用了电驱动、顶驱、钻柱自动排放、自动接单根等许多新技术，具备井架移位系统，允许井架向前、后、侧向或45°方向移位，可用于丛式水平井组平台钻进，轻便但不简陋，更适合于页岩气钻井，作业费用较低。

5. 小井眼连续油管

以小井眼、连续油管和微小井眼钻井组成的“小井眼钻井技术系列”具有大幅度降低页岩气开发成本的潜力。其钻井井眼直径小于88.9mm，可以大幅度减少场地占用、材料消耗，提高钻井效率，降低钻井完井成本。连续油管钻井被美国国家能源技术实验室（NETL）视为减少环境污染、提高钻井效率和降低作业成本的关键技术，并在部分页岩气直井及浅井中得到应用。连续油管钻井在美国科罗拉多州（Colorado）东部奈厄布拉勒（Niobrara）白垩系地层等页岩气开发中获得了很好的应用。ADT公司在Niobrara用连续油管钻机钻进，完成井深1000m的井只用19h，使钻井成本降低了约30%。此外，美国eCORP公司研发出用于页岩气开发的微井眼钻井技术及与其配套的页岩气资源快速评价、地层测试、现场岩心分析及气体压裂等技术。

6. 快速临时公路

美国Newpark公司研发了一种临时道路快速铺设技术。其路面由再生塑料生产的复合垫拼接而成，复合垫之间通过销钉连接，可以在2h内构建一条能通过大型油气田设备车辆的道路。施工结束后，还可以将复合垫拆卸，重复使用，这样可大幅度降低道路建设成本、减小环境污染。

7. 工厂化作业

工厂化作业是在同一井场集中布置多口井（图1–5），利用一系列先进工艺、工具和装备，结合精益管理方法和远程监控，实施生产流水线作业，实现提高生产效率、降低作业成本。工厂化作业包括工厂化钻井和工厂化压裂，有两种作业模式：一种是批量钻完井后钻机搬走，采用工厂化压裂模式进行压裂投产；另一种是以流水线方式同步作业，钻完一口井压裂一口井，实现边钻井、边压裂、边生产。

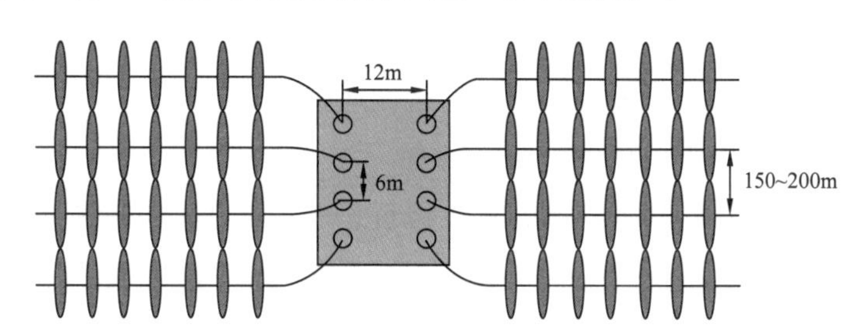

图1-5　工厂化作业井口槽和井间距布置情况

1）工厂化批量钻井作业模式

工厂化批量钻井作业模式是指按照顺序批量完成多口井的表层井段、垂直井段和水平井段的钻井作业，通过流水线作业，大大提高钻井作业效率。批量钻井作业主要模式：（1）先利用559kW小型移动钻机进行表层井段钻井、完井，然后利用1118kW大型移动钻机进行垂直井段和水平井段钻进、完井，最后进行压裂，多为2～3口井同时作业；（2）利用单一移动式钻机时，先按顺序钻多口井的垂直井段，再反向顺序依次钻水平井段，最后进行压裂，在4～6口井的井组中较为常见。工厂化批量钻井作业模式的主要优点：（1）实现在同一井组中相同井段配置同样钻机和底部钻具组合，节省大量换钻具时间；（2）多口井依次一开钻进、一开固井，二开钻进、二开固井，从而使钻井、固井、测井设备连续运转，减少非生产时间，提高作业效率；（3）上部井段选用水基钻井液，下部井段采用油基钻井液，一开、二开钻井液体系相同，批量钻井可重复利用，尤其是减少了油基钻井液回收及岩屑处理时间，降低了单井钻井液费用。

2）边钻井边压裂边生产作业模式

威廉姆斯（Williams）公司曾在一个平台开发14口井，钻井作业、压裂作业、气井生产同时在同一个平台上进行。通过这种方式可实现页岩气井及时投产，同时根据投产井的生产效果，及时持续优化调整后续井的井身结构及井位。雪佛龙公司开发了持续优化工厂化作业模式，通过前几口井的数据采集分析结果来实时调整后几口井的井身结构和井位，提高工厂化开发的经济效益。对Permain盆地12个井组对比发现，虽然单口井的净现值相差不多，但是通过持续优化工厂化作业模式的总净现值是传统模式的2倍多。

8. 一体化管理

纵向一体化是指与企业产品的用户或原料的供应单位相联合或自行向这些经营领域扩展，形成供产、产销或供产销一体化，以扩大现有业务范围的企业经营行为。服务纵向一体化模式已经成功地应用于美国及加拿大部分地区的页岩油气资源开发中。油气井钻完井作业可以分为钻井作业和完井（压裂）作业两大部分。对于这两部分，均需要特定的设备以及材料和供给，通常可通过服务商获得所有的服务和材料。但利用纵向一体化模式拓宽油气公司的业务链，充分利用自己的供应商或特定服务，可强化供应链管理的稳定性，从而在油气资源开发各个环节实现低运营成本的目标。在建立规模效益和持续运营的前提下，实施纵向一体化主要做法有：（1）油气公司设计专用设备，并由训练有素的人员操作。如针对页岩气钻井特点设计页岩气专用钻机归油气公司所有，实现专业化的钻机作业，提高作业效率。（2）油气公司拥有专用设备，更利于安排钻井活动。如在多井平台钻井作业时，采用可移动钻机，使钻机搬迁由原来的几天缩短至几小时，大幅提高作业效率。（3）油气公司拥有自己的供应商，保证了井场需要的足够的材料和供给，而不去依赖外部供应商。如油气公司拥有钻井液、添加剂或压裂支撑剂的内部供应商时，用于钻井或完井施工的材料供应可以在控制的时间内送达，从而降低因外部供应商时效性原因导致的作业效率低问题。（4）可有效控制供应材料质量。在油气完井作业中，水和支撑剂的质量可能关系到完井和压裂的成功与否。自己拥有和运营材料供应，油气公司能够保证所需产品的一致性。

从美国页岩气开发的作业流程来看，除工厂化钻井、交叉压裂可以降低成本外，底部钻具组合、钻井液优化、完井设计、整体需求规划和计划、材料供应等一体化设计与管理方面具有充分优化空间。一口评价井钻完井成本达到 1290 万美元，到区块开发时，通过技术和管理优化，单井成本能够降到 730 万美元。其中，工厂化和交叉压裂能够降低约 26% 的成本；底部钻具组合优化、钻井液优化、完井设计优化、需求计划、材料供应等一体化设计与管理优化能够降低约 23% 的成本。Statoil 公司 2 年内在 Eagle Ford 页岩油气区共钻井 100 多口，通过低成本钻完井技术和综合管理优化，钻井效率提高 52%，钻井作业成本降低 45%。

纵向一体化并不适用于所有的非常规资源开发，其有两个前提条件。一是要求钻完井数量要达到一定规模量（比如年度钻井 400～600 口），以满足规模作业的要求；如果项目较小，年度钻完井数量不够多，则纵向一体化的规模经济效益差。二是除了钻完井作业外，需要整合油气资源生产、运输流程。

三、实施效果分析

20 世纪 70 年代美国油气产量开始下滑，引起美国政府对能源供应安全的担忧。1976 年开始实施东部页岩气工程（EGSP），开展页岩气资源评价，建立勘探选区原则，开发经济有效的页岩气开采技术，标志着美国页岩气革命的开始。2000 年前后形成了以丛式水平井组布井、工厂化作业和水平井分段压裂为主体的页岩气开发模式，建成 Barnett、Fayetteville、Haynesville、Eagle Ford、Bakken、Marcellus、Woodford 等大型页岩气田，开发成本快速降低，产量持续大幅增长。美国页岩气年产量由 2000 年的 $118 \times 10^8 m^3$ 快速增加到 2018 年的 $6072 \times 10^8 m^3$，增长了 50 多倍，占美国天然气总产量比例由不到 1% 上升到 70%，跃居为全球第一大天然气生产国，由天然气进口国变为天然气出口国，实现了能源独立，同时对全球油气价格产生较大影响，改变了世界能源格局，地缘政治格局也发生了根本性变化，美国页岩气革命取得成功。

案例 2　美国页岩气开发应用学习曲线降本增效分析

本案例主要分析了美国页岩气开发应用学习曲线规律加速降本增效，在简要介绍学习曲线的基本概念、内容以及普遍性应用基础上，分析了美国 Barnett 和 Marcellus 页岩气田整体应用学习曲线降本增效情况。

一、案例背景

在持续的低油价下，控制作业成本是各大石油公司寻求发展的核心，通过管理降低成本是其中重要的一环。过去，石油公司引入精益管理、对标分析等先进管理方法，在降本增效上发挥了一定作用。随着美国页岩气产业的发展，应用学习曲线规律分析总结钻井技术经验，控制钻井作业成本，这一方法已得到应用与推广。

学习曲线又称经验曲线，是一种可以显示单位产品生产时间与所生产的产品总数之间关系的曲线。学习曲线理论是指在大规模工业生产中，随着产量增加、经验积累、技术进步、管理提升，产品的单位成本呈现随产量增加而有规律下降的趋势。学习曲线理论最早是波音公司在其飞机零件的生产制造过程中发现的规律，即产品的累积产量每翻一番，其生产工时下降 20%，反映的是产量与生产工时的指数函数关系。由于产品的生产成本与生产工时高度相关，后人逐渐在原来狭义学习曲线的基础上，总结出成本与产量的关系模型，即成本—产量学习曲线。

一般的学习曲线模型分为单因素模型（图 2–1）和多因素模型（图 2–2）。

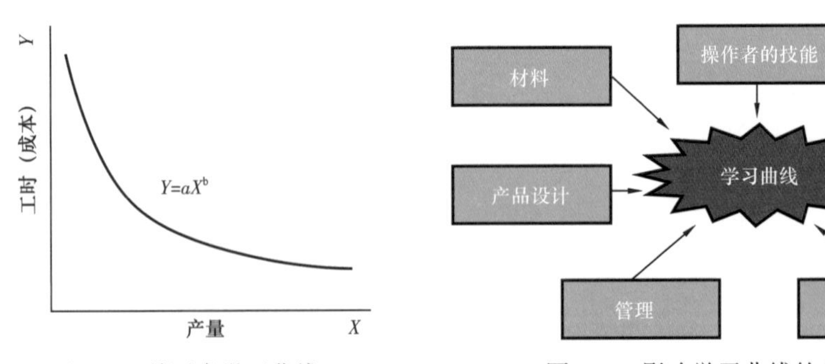

图 2–1　单因素学习曲线

图 2–2　影响学习曲线的主要因素

单因素模型是学习曲线最原始的模型，认为随着产量的增加、操作者熟练程度的增加，产品工时（成本）会下降。随着对学习曲线理论认识的不断深入，学者逐渐认识到单因素模型的局限性，忽略了诸如研发、管理以及技术进步等因素对效率提升的推动作用，因此推出了多因素模型。多因素模型或可为研究技术成本的动态变化过程提供科学的理论分析方法，尤其是在模拟测算能源技术发展的影响效应，以及对未来发展态势的预测方面，具有很好的分析效果。

该理论在工业生产中得到了广泛应用。早在 1986 年，美国阿莫科（Amoco）石油公司的毕瑞特（Brett）和米尔黑姆（Millheim）首次将学习曲线的概念引入钻井行业，对 2000 多口井的数据进行了统计，作业区域涉及美国、加拿大、中东、北海，建立了钻井周期学习曲线。分析发现，当某一区块或区域进行一系列井身结构和作业步骤类似的钻井作业时，钻井周期可以用学习曲线进行拟合。通过对学习曲线的分析，Brett 和 Millheim 定量地评估了作业者和服务商的管理能力和技术水平，通过类比分析找到了钻井作业过程中存在的问题。如图 2-3 所示，当服务商的学习效率（即指数函数中的指数，该数值越大表明学习能力越高）由 0.3 提高到 1 时，达到最优钻井周期所需要井的数量由约 14 口减少到 7 口，15 口井的总钻井周期由 663d 减少到 542d，可节省 121d。

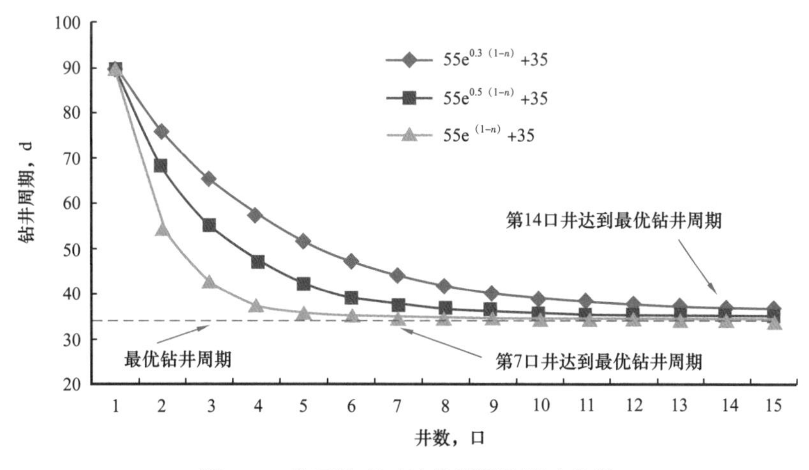

图 2-3　学习效率对钻井周期的影响分析

上述研究结果在北美页岩气开发中也得到应用与证实。说明在具有一定类似型的页岩气钻井作业时，其过程是可学习的，遵循其特有的学习规律。钻井学习曲线越陡或完成学习曲线的时间越短，则表示学习能力越强，生产成本下降趋势越明显，称之为“加速”。因此，可通过技术措施和管理措施加速钻井学习过程，通过较短的时间实现缩短钻井学习的周期，从而实现节约钻井成本的目的。通常加速学习曲线包含两层含义：一是通过学习曲线的建立进行自我学习，不断总结经验教训，改进技术和方法，降低成本，提高产量和储量；二是通过资料和经验的共享，借鉴其他井和气田的开发经验，少走弯路，提升改进学习效果。

二、降本增效措施

Barnett 页岩气田开发学习曲线的建立经历了一个漫长的过程。在 20 世纪 80 年代到 2000 年的 20 年时间里，使用“直井 + 冻胶泡沫压裂”，产量一直徘徊不前。2001—2003 年试验用“水平井 + 清水压裂”取得启示，终于达到每天 $5\times10^8ft^3$ 的里程碑产量。在此基础上，Barnett 页岩气田开发学习曲线开始加速，通过尝试使用“水平井 + 清水压裂 + 多级压裂 + 流量控制 + 同步压裂”取得巨大成功，产量突飞猛进，由此奠定了其第一大页岩气田的样板地位，如图 2–4 所示。

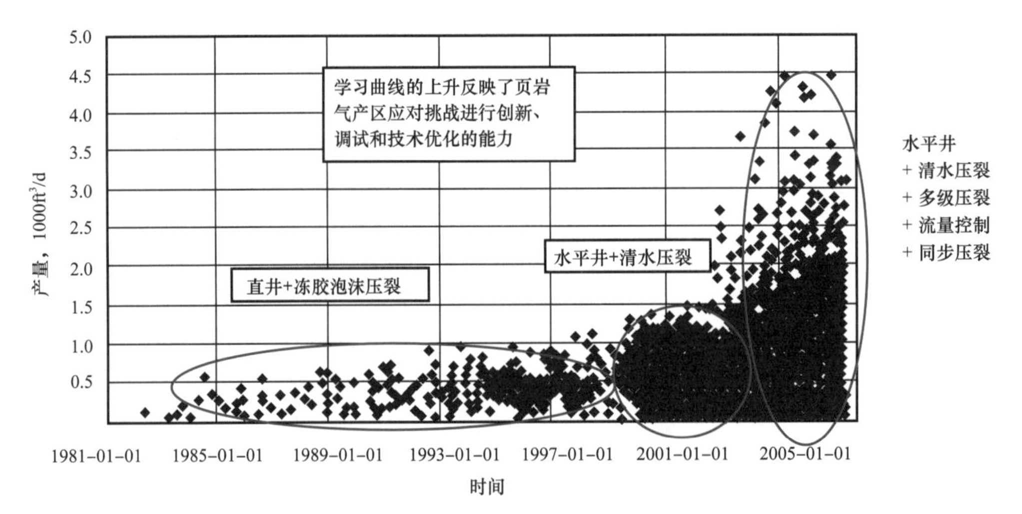

图 2–4　Barnett 页岩气田开发学习曲线与技术进步

三、实施效果分析

Barnett 的成功为其他页岩气田树立了榜样，通过经验的传递和知识共享，极大地促进了北美地区页岩气开发，页岩气开发成本持续降低，产量快速增长。

1. Marcellus 页岩气田应用学习曲线降本增效分析

Marcellus 为美国最早开发的页岩气区带之一，储层埋深 4000～8500ft，储层厚度 50～200ft，具有可采储量巨大、储层物性较好、核心区地层轻微超压、产量递减慢等特点，其钻井数量从 2006 年的 200 口增加到 2015 年的 1800 口，平均钻井周期和建井总成本（均一化为 6000ft 水平段，三开井身结构）分别降至 2006 年的 1/4 和 1/2，见表 2–1 和图 2–5。

为便于加深对学习曲线的认识，这里以美国 Marcellus 页岩气田开发的完整学习曲线为例加以说明。该学习曲线包括勘探、开发、优化 3 个阶段，如图 2–6 所示。

表 2-1　Marcellus 页岩气田开发主要参数对比

年份	钻井数量 口	钻井周期 d	机械钻速 ft/h	钻井成本 万美元	完井成本 万美元	总成本 万美元	水平段长 ft
2006	200	78	16	650	440	1150	2000
2015	1800	17	52	200	300	600	6000

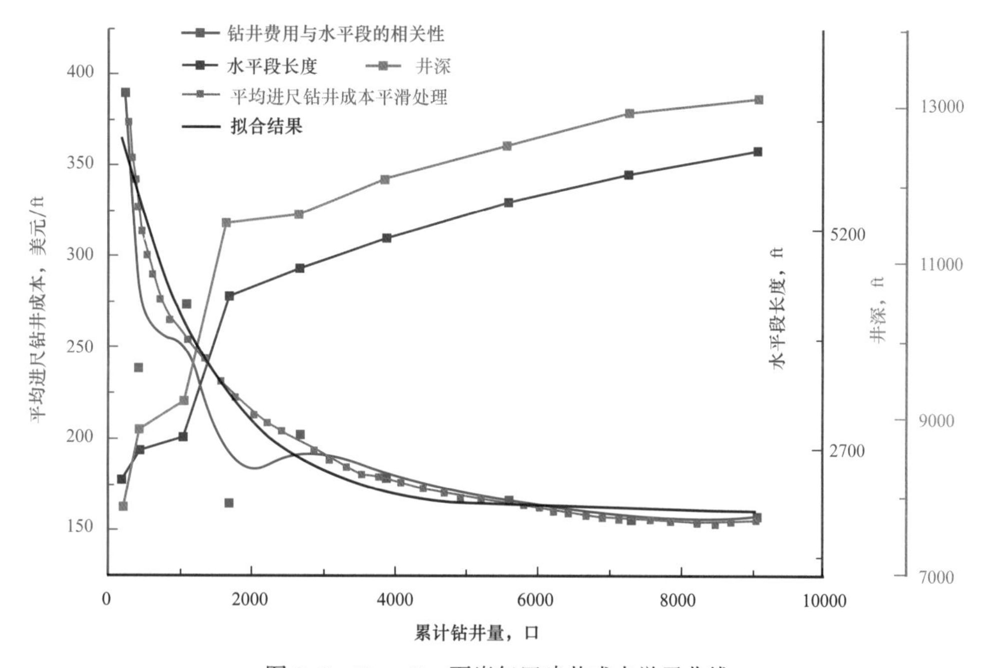

图 2-5　Marcellus 页岩气田建井成本学习曲线

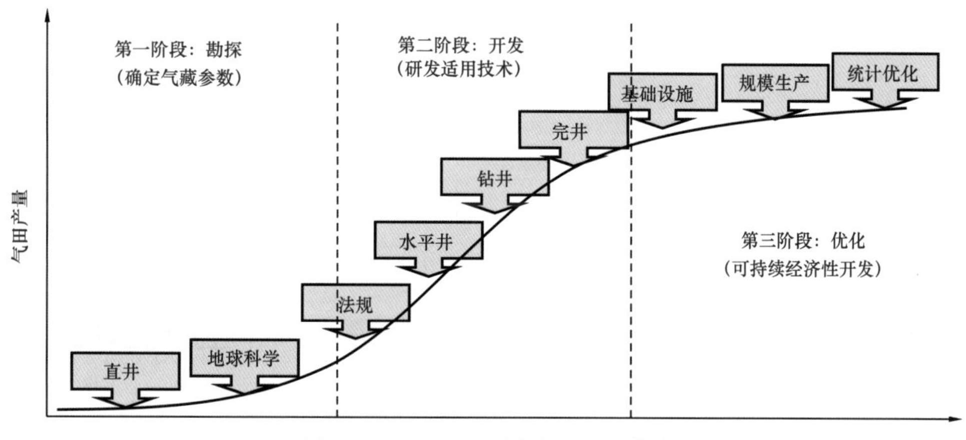

图 2-6　Marcellus 页岩气田学习曲线

第一阶段：勘探，确定气藏参数。通过钻直井获取气藏参数，进行气藏特征描述，确定裂缝及裂缝方向和是否干井等；通过地球物理分析手段确定地层深度、页岩厚度、总有机碳、孔隙度、压力、渗透率以及地质储量等；处理法律法规方面的问题，获得钻井许可，明确水资源保护及水处理方案。

第二阶段：开发，研发适用技术。确定水平井布井方案，明确裂缝方位、水平段方向和长度、开发井间距等；钻井技术和作业，包括钻机的有效利用、工厂化钻井系统、水平段方向和长度；完井技术和作业，包括压裂设计和机理研究等。

第三阶段：优化，可持续经济性开发。基础设施和市场，包括公路和管线建设、水的处理和利用以及页岩气的采集和压缩；降低成本和规模化经济开发，包括通过工厂化钻井等降低钻井成本，降低单位产量成本；统计优化，包括衰减曲线分析和储量（3P）划分等。

2. Fayetteville 页岩气田应用学习曲线降本增效分析

Fayetteville 页岩气田仅用 6 年时间就达到了每天 $2.7 \times 10^9 ft^3$ 的产量，而 Barnett 页岩气田为此用了 28 年时间，分别如图 2-7、图 2-8 所示。

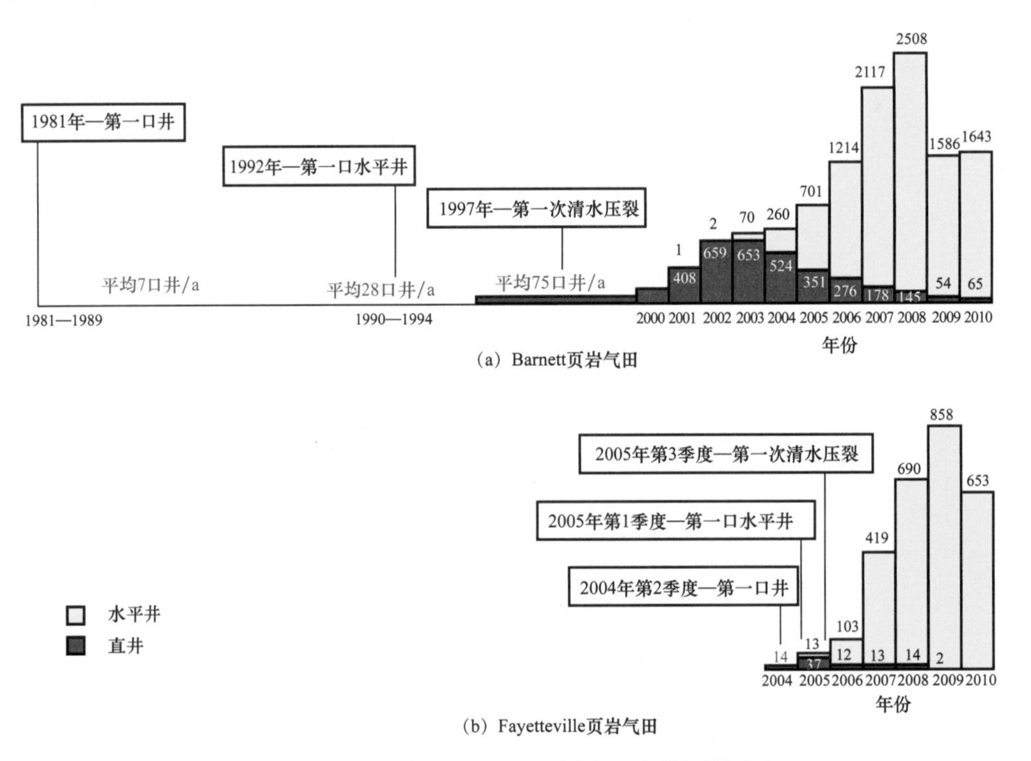

图 2-7　Barnett 和 Fayetteville 页岩气田发展历程对比

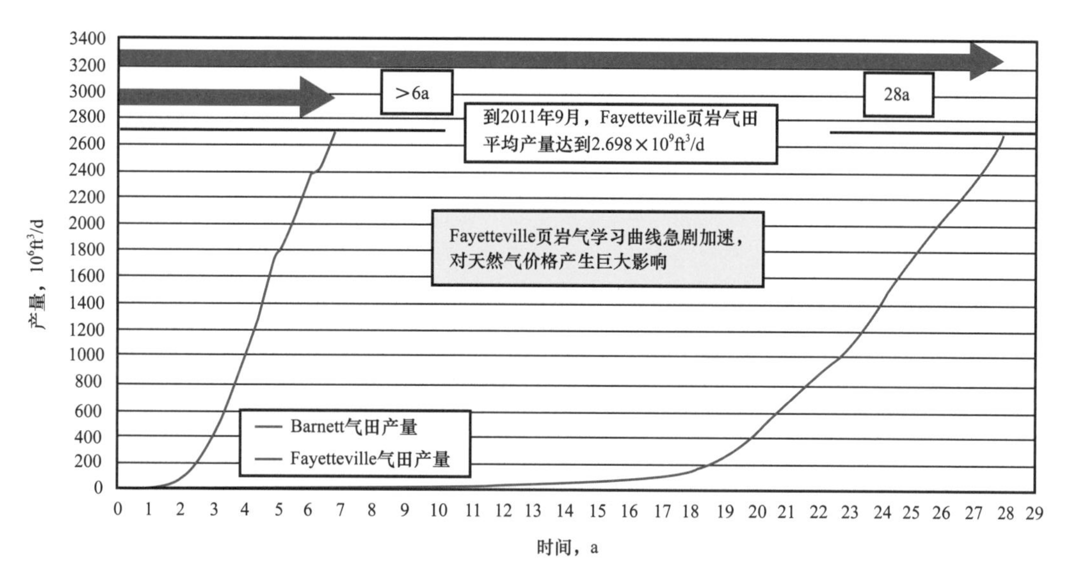

图 2-8　通过学习曲线加快开发步伐

借助学习曲线的加速效应，美国在页岩气开发中的技术优势逐步转化为成本优势（图 2-9），从而推动了页岩气开发蓬勃发展。

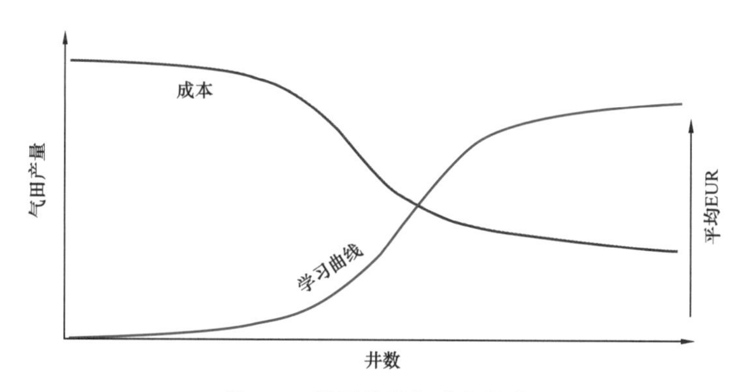

图 2-9　学习曲线与成本关系

案例3　美国 Southwestern Energy 公司一体化管理降本增效配套措施

本案例分析了美国Southwestern Energy公司一体化管理降本增效配套措施，主要通过组建全资的钻井公司、压裂公司、集输公司，实施页岩气钻完井一体化和集输一体化管理，实现高效率运行和综合效益最大化。

一、案例背景

Southwestern Energy公司是一家总部在得克萨斯州（Texas）休斯敦（Houston）的大型天然气生产商，在阿肯色州（Arkansas）、宾夕法尼亚州（Pennsylvania）和路易斯安那州（Louisiana）生产天然气和致密油。该公司天然气产量大多数来自Arkansas的Fayetteville页岩气田，2010年12月31日拥有矿区面积9.16×10^5acre（相当于约1400$mile^2$）。Fayetteville页岩气田埋深在4042～8084ft，井底温度49～104℃。从2004年开始开发，仅用6a时间产量就达到$27\times10^8ft^3/d$，平均钻井周期和钻完井成本逐年下降。

当Southwestern Energy公司在该区域开发页岩气并走向商业化时，成本审核说明其主要费用发生在钻井、压裂和集输设施建设上，他们确定在上述3个方面实施纵向一体化管理是实现成本节约的关键。

二、降本增效措施

1. 钻完井一体化管理

Southwestern Energy公司由一个全资子公司德索托（DeSoto）钻井公司负责钻井管理。购买了压裂砂供应公司（DeSoto Sand，LLC），拥有独立的用于压裂施工的水资源。这就保证了材料供应和设备运行均衡以保持连续施工。

DeSoto钻井公司在Fayetteville页岩气田采取了一系列措施，简化井身结构，应用高效实用的主体技术和个性化技术。根据2010年完钻井数据，平均垂直井深3727ft，平均水平段长度4418ft，平均井深8616ft，平均压裂段数10段。降低钻井液成本48%，降低后期处理成本55%，减少基础油31%。逐步将水平井平均钻井周期缩短至8d以内。主要措施介绍如下。

1）简化井身结构

该地区水平井井身结构由早期的三开井身结构简化为二开井身结构。除 16in 导管外，$9^5/_8$in 表层套管通常下至 1000ft 左右，$5^1/_2$in 生产套管下至井底，井身结构如图 3-1 所示，简化后可有效减少套管费用，显著降低钻完井成本。

2）高效个性化钻头

用空气和三牙轮钻头钻表层井眼，然后固井及安装防喷器，接着用空气和聚晶金刚石复合片（PDC）钻头钻直井段至造斜点。用定制的 PDC 钻头和油基钻井液钻造斜段和水平段。通常，钻 1 口水平井只需起下钻 3 次，“造斜段 + 水平段”一般只用 1 只钻头，即实现“一趟钻”。

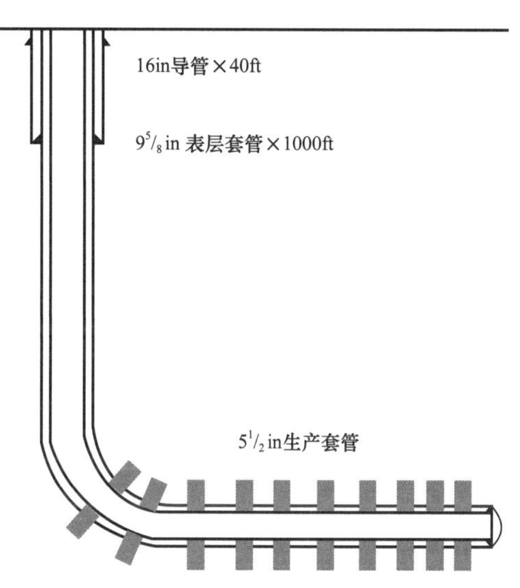

图 3-1　Fayetteville 页岩气田简化后的水平井井身结构

3）实用导向技术

常规导向钻井因成本相对较低，得到了广泛应用。使用高效实用的 MWD 和导向马达，主要以滑动钻进方式钻造斜段，以旋转钻进方式钻水平段。为了提高导向精度和效率，缩短靶前距，增加水平段长度，提高油气产量，旋转导向钻井的应用不断增加。

4）工厂化作业

普遍应用工厂化作业模式。钻井过程中，先用车载小钻机钻表层井眼并固井；安装好防喷器以后钻直井段至造斜点，然后将车载小钻机移到同井场的下一口井进行同样的操作，直到完成同井场各井直井段钻井作业。随后用大钻机依次完成各井的造斜段和水平段钻井作业，接着下生产套管并固井。

拥有专门定制的步进式移动钻机，该钻机实现了 8 个方向移动，大幅提高了钻机的灵活性，移动速度达 0.2m/min，可大幅缩短钻机搬安时间，实现了从一口井移至下一口井整体搬迁。通过安装在钻机底座 4 个角上的液压大脚实现井间快速移动，从一个井口移动到另一个井口一般只需 1～2h。均为电驱动自动化钻机，配备了顶驱、顶驱下套管设备、井口自动化设备、一体化司钻控制室等自动化设备。利用该钻机在 Fayetteville 页岩气田实现了在一个平台钻 5 口水平井仅作业 34d 的优异成绩，见表 3-1。

表 3-1 快速移动钻机与传统钻机经济性对比

钻机类型	搬迁需要货车数量 台	安装时间 h	移动到下一口井时间 h	钻 5 口水平井时间 d
快速移动钻井	12	24～36	8	34
传统钻机	19	216	48～72	48

2. 页岩气集输一体化管理

Southwestern Energy 公司也将地区集输和压缩设施纳入其一体化管理模式中。建立了两家全资的集输公司，即 DeSoto 集输公司和 Angelina 集输公司。拥有集输和压缩设施的优势在于保证该公司有权接入管道，保证其产品输出，同时集输系统独立运行，给公司带来更多的收益。图 3-2 为该公司在 Fayetteville 页岩气田开发中拥有和运行的集输系统。

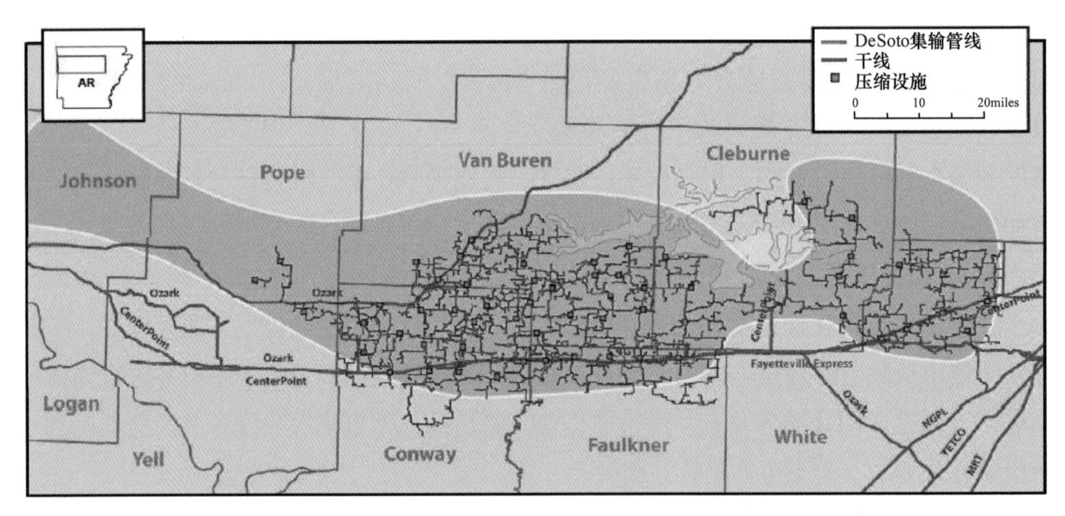

图 3-2 Southwestern Energy 公司 Fayetteville 页岩气田集输处理系统

Boardwalk 管道的 Fayetteville 支线 1 期于 2008 年 12 月投入运营，Fayetteville 支线输送能力为 8×10^{11}Btu/d，Greenville 支线输送能力为 6.4×10^{11}Btu/d。Fayetteville 高速管道于 2010 年 10 月投入运营，输送能力为 1.2×10^{12}Btu/d。2011 年 10 月 27 日通过 1745mile 长的管线集输天然气 2.0×10^{9}ft^3/d，而一年前集输天然气 1.7×10^{9}ft^3/d。2010 年中游管道息税折旧摊销前利润（EBITDA）2.205 亿美元，2011 年达到 2.80 亿美元，中游管道资产使总体收入和未来资金来源快速增长。

三、实施效果分析

图 3-3、图 3-4 分别是 2007—2010 年 Southwestern Energy 公司钻完井成本构成、降本增效关键指标总体效果。在钻完井成本中，排在前 3 位的分别是压裂费、钻机施工费、石油管材费，分别占 25%、10%、8%。平均钻井周期从 17d 缩减到 8d；水平段平均长度增加了近 1 倍，从 2657ft 增至 4889ft；而平均单井钻完井成本无太大变化，大约 290 万美元，单位进尺钻井成本下降达 30% 以上。在此期间，平均发现和开发成本从 2.05 美元 $/10^3ft^3$ 降至 0.86 美元 $/10^3ft^3$，新投产水平井的平均初始产量增长 1 倍以上，页岩气年产量从 $5.35 \times 10^{10}ft^3$ 增至 $35.02 \times 10^{10}ft^3$，储量由 $71.6 \times 10^{10}ft^3$ 增至 $434.5 \times 10^{10}ft^3$，公司净利润从 2.22 亿美元增至 6.04 亿美元。

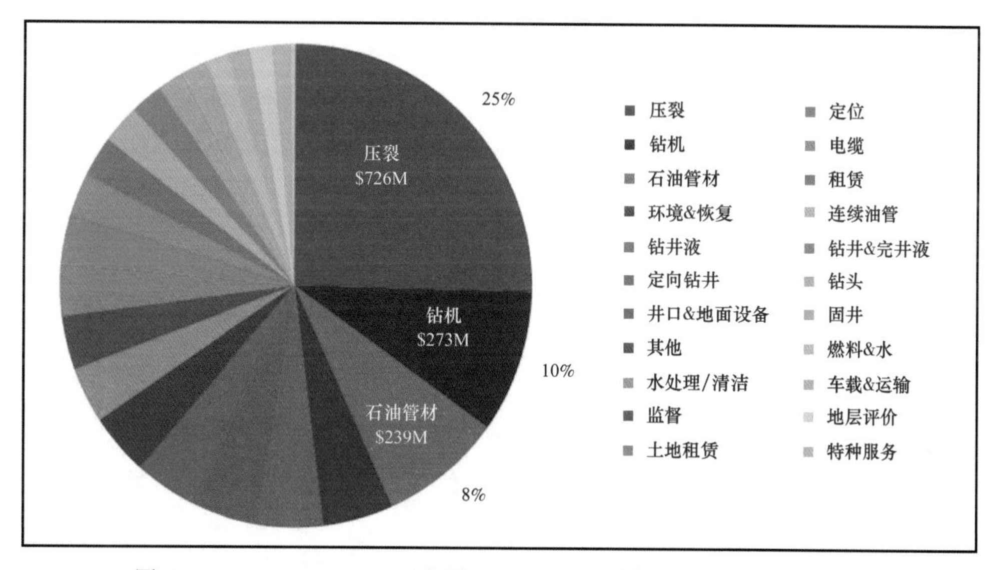

图 3-3　Southwestern Energy 公司 Fayetteville 页岩气开发钻完井成本构成

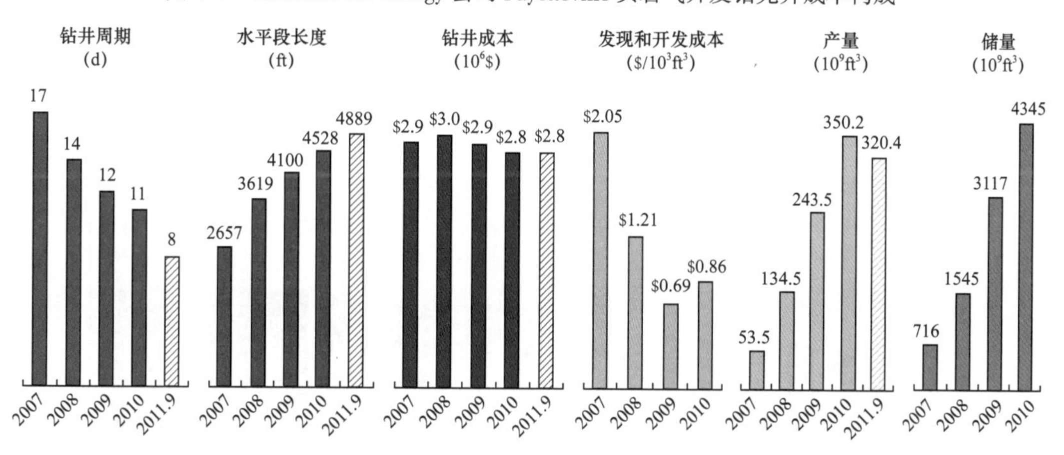

图 3-4　Southwestern Energy 公司降本增效关键指标

在 Fayetteville 页岩气田的作业持续改进后，大约 6×10^5acre 的面积上还有 8000 余口井未钻，以当时的钻井速度，钻井时间要在 15 年以上，连续的区域开发为实现规模效益、实施纵向一体化和灵活作业提供了条件。通过纵向一体化管理方式，Southwestern Energy 公司（SWN）已设法将发现和开发成本、生产成本降至 1.0 美元 /10^3ft^3 以下，在美国 18 家页岩气主要生产商中成本最低，如图 3-5 和图 3-6 所示。其余 17 家页岩气生产商分别是：Ultra 石油公司（UPL）、Noble 能源公司（NBL）、EOG 能源公司（EOG）、Range 资源公司（RRC）、Forest 石油公司（FST）、Chesapeake 能源公司（CHK）、Cabot 石油天然气公司（COG）、Anadarko 石油公司（APC）、Sandridge 能源公司（SD）、Newfield 勘探公司（NFX）、Devon 能源公司（DVN）、Cimarex 能源公司（XEC）、Occidental 石油公司（OXY）、SM 能源公司（SM）、Pioneer 自然资源公司（PXD）、阿帕奇公司（APA）和 Denbury 资源公司（DNR）。发现和开发成本为 2008—2010 年 3 年的 12 月 31 日油气勘探和开发发生的成本之和除以 3 年的发现和扩展储量、提高采收率储量、修正储量和购买储量之和，生产成本为 2008—2010 年 3 年的 12 月 31 日租赁操作费加上生产税除以产量。

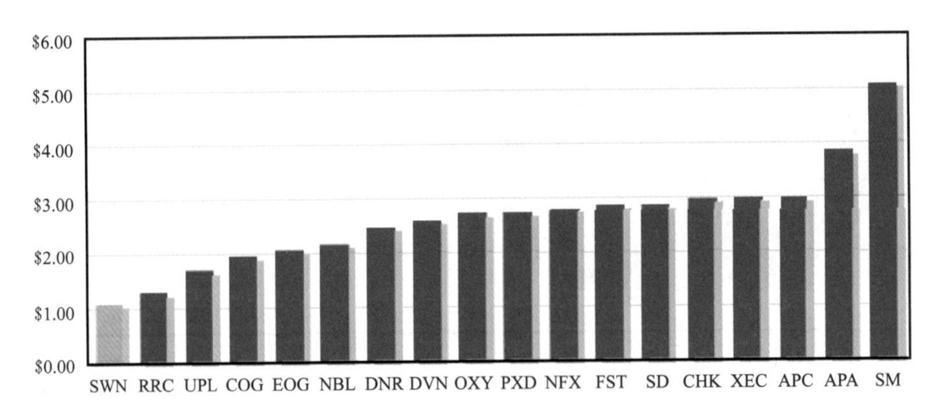

图 3-5　2008—2010 年美国主要页岩气生产商平均发现和开发成本

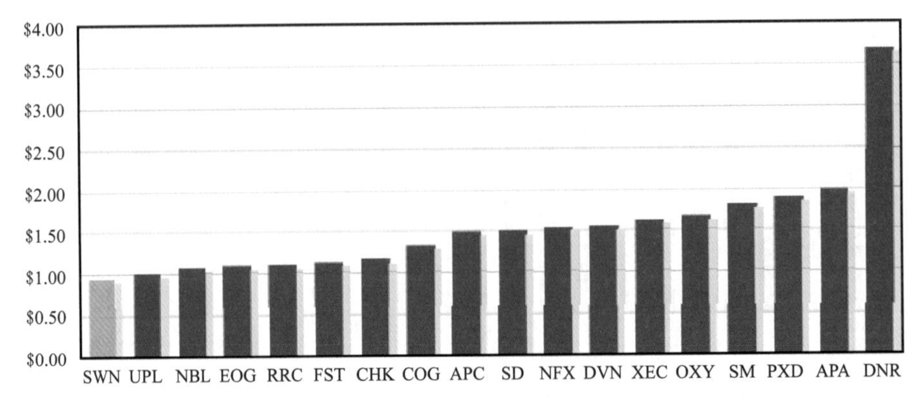

图 3-6　2008—2010 年美国主要页岩气生产商平均生产成本

案例 4　挪威 Statoil 公司页岩气钻井降本增效配套措施

本案例介绍了挪威 Statoil 公司接管 Eagle Ford 区块后，为进一步降本增效所实施的综合配套措施，包括钻井作业流程标准化、钻井工艺优化、强化钻井学习与分享、强化项目风险与成本控制、强化承包商绩效管理 5 个方面。

一、案例背景

2010 年在 Eagle Ford 启动了页岩油气大规模开发，因缺乏足够的经验和合适的设备，导致钻井成本较高，但由于石油价格仍处于高位，页岩油气开发商仍有效益空间。Statoil 公司于 2013 年 7 月开始获得 Eagle Ford 东部的经营权，并开始在 DeWitt、Karnes、Bee、Live Oak 和 McMullen 县的东部地区开始作业，如图 4–1 所示。

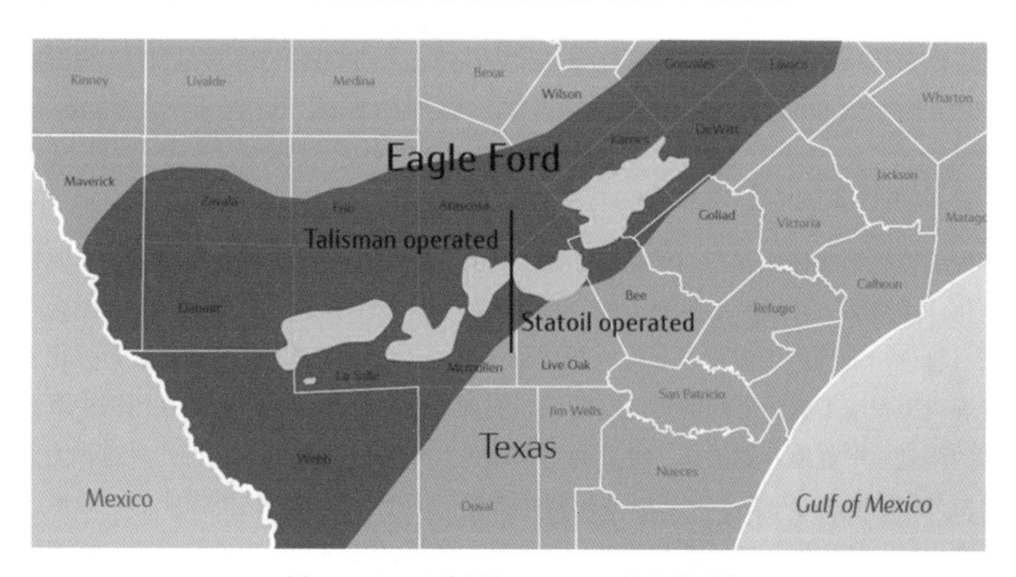

图 4–1　Statoil 公司在 Eagle Ford 的经营区域

采用前期技术，该区域钻井周期超过 50d，经济效益差。该区域虽同属于 Eagle Ford 区块同质页岩地层，但东部地区地质条件更复杂，开发过程中存在以下困难与挑战：

（1）区域个人租赁土地较为复杂，人口稠密，在土地许可和土地管理方面难度更大。

（2）目的层垂直深度超过 4275m，水平段长度超过 1800m，已接近钻机工作能力极限。

（3）复杂断层发育，影响区域井身结构设计、地质导向作业和井筒稳定性。

（4）井底温度超过 170℃，对钻具组合设计要求较高。

（5）浅部发育易水化黏土层，存在钻头泥包风险。

（6）Eagle Ford 靶点上方的次地震断层和天然裂缝性奥斯汀（Austin）白垩系地层存在溢流等井控风险。

（7）Wilcox 砂岩层研磨性较高，钻头进尺短，并经过多年生产，地层压力低，存在循环漏失或压差卡钻风险。

（8）深部地层存在可用的优质水源，需要额外的工程设计以确保适当的隔离和保护。

（9）在作业流程及人员管理方面，发现缺乏作业标准化，表现在办公室和现场工作人员之间的设计、执行和沟通上缺乏标准化，相同钻机作业操作形式多样，钻机搬迁耗时非常长。

同时，2014 年下半年油价大幅下跌，要实现 Eagle Ford 东部地区效益开发，必须优化钻井技术措施与作业流程，进一步降低 Eagle Ford 地区作业成本。

二、降本增效措施

1. 钻井作业流程标准化

为了提高钻井作业效率，Statoil 公司组建了一支优秀技术团队，实现钻井作业程序标准化。优秀团队必须满足两个条件：一是项目管理与工程施工人员之间完美融合；二是项目管理与工程施工流程及相应人员的标准化。为实现条件一，Statoil 公司强化了项目管理与工程施工人员之间的沟通与联系，实现了高度合作，每个人都在团队中掌握了自己的职责而平等地开展工作，并开通了为改进合作条件提出反馈意见的渠道；为实现条件二，Statoil 公司开发了一套标准化钻井流程，用于保证所有钻机作业的一致性，并将标准化钻井流程推广到所有钻井平台。此外，随着钻井现场流程的标准化，也促进了钻井设备和布置的标准化，从而消除了不同钻机之间作业的差异性。

2. 钻井工艺优化

1）井身结构优化

Eagle Ford 初期开发阶段，井身结构主要使用三开结构。采用 ϕ508.0mm 导管；表层套管井段采用 ϕ444.5mm 钻头、水基钻井液钻至 825m，下 ϕ339.7mm 表层套管并固井；技术套管井段采用 ϕ311.1mm 钻头、油基钻井液钻完 Midway 页岩地层，下 ϕ244.5mm 技术套管并固井；生产套管井段采用 ϕ203.2mm 钻头、油基钻井液钻至垂深 3600～4000m 后开始造斜，钻至 Eagle Ford 中靶后继续水平钻进 1300～2100m，下入 ϕ127.0mm 生产套管并固井，完钻井深在 5200～6450m 之间。

Statoil 公司对该地区前期 40 多口井分析后认为，上述井身结构设计方案偏保守。为此，对井身结构进行了优化设计，分为两种方案，如图 4-2 所示。方案一：对地层压力相对较复杂的区域仍采用三开井身结构，但对表层套管下深进行了优化，下深从 850m 减少到 520m。方案二：在地层压力系统相对较简单的条件下，优化为二开井身结构。并综合考虑目标井的垂深、钻井液密度和邻井资料，制订了套管层次设计区域选择指南，用以指导现场作业。新的井身结构设计方案与原三开井身结构相比，二开井身结构节省了 10% 的钻井时间，并且节省了超过 15% 的成本；优化表层套管下深后的三开井身结构也进一步节约了建井成本和钻井时间。

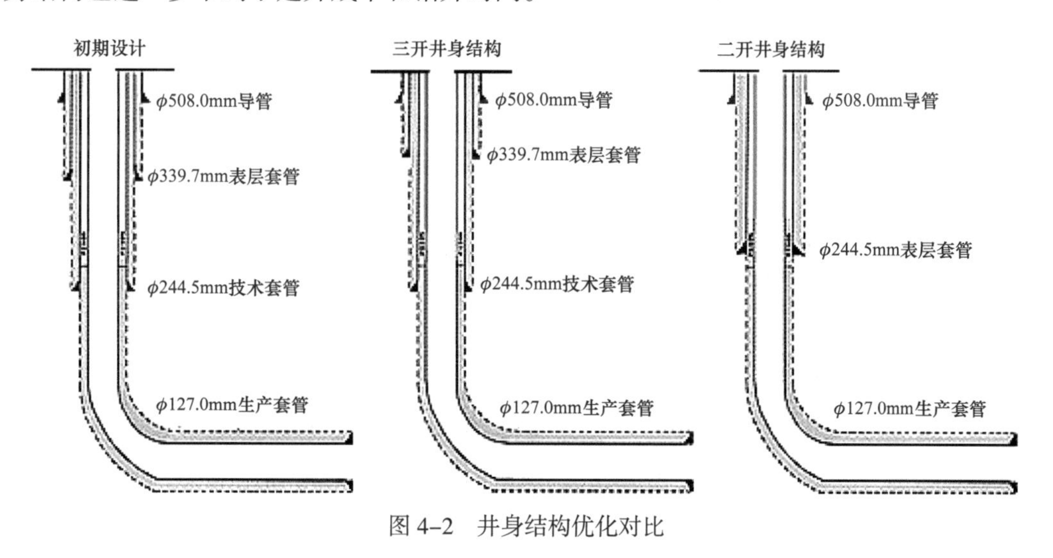

图 4-2　井身结构优化对比

2）定向钻井优化

前期 Eagle Ford 定向工具故障造成的非生产时间占总非生产时间的 60%，是造成停钻的主要原因。43% 的底部钻具组合钻井作业发生了故障，其中储层段钻进时底部钻具组合故障率为每井 1.7 次。在定向井工具故障中，58% 为马达定子弹性元件失效，35% 为随钻测量系统故障，其次是不能达到预期造斜率的故障等。主要原因为地层温度较高，井底实际温度达到 170℃，对工具耐温性能要求高。前期的容积式马达定子橡胶件抗温性能达不到要求，而 Eagle Ford 地区所有 ϕ311.1mm 和 ϕ203.2mm 井眼井段均需采用带有弯角的容积式马达进行钻进。

为此，Statoil 公司重点对定向钻井工具进行优化，减少因定向工具失效而损失的作业时间，主要措施包括：（1）对不同制造商的马达橡胶件进行大量测试，采用不同转子/定子过盈配合度马达，采用等壁厚马达试验，增加钻井液冷却器降低循环温度，但这些方法效果并不明显，钻具失效仍占所有非生产时间的近50%；（2）采用高角度12°/30m和高温（高达180℃）旋转导向系统（RSS）钻井，应用后钻井机械钻速增加近1倍，钻具组合故障率降至26%或每井减少0.9次。由于非生产时间的减少和机械钻速的提高，全井的机械钻速平均提高27%；造斜段机械钻速提高240%，且没有出现造斜率不足的情况；水平段钻进中应用旋转导向系统并可实现边旋转边地质导向调整，机械钻速提高68%，同时保障了良好的井眼条件，水平段延伸超过1500m。尽管应用旋转导向技术成本有所增加，但其获得的高机械钻速、低故障率，相比前期常规导向技术仍可降低总体作业成本。

3）钻井液体系优化

前期中间井段和水平井段的钻井作业主要使用柴油油基钻井液，相比成本较高。Statoil公司对中间井段采用水基钻井液进行了评估，并开始实施，从而节省了成本。此外，在水平井段钻进中，采用低毒低芳香烃含量的矿物油基钻井液代替原有的柴油油基钻井液，减轻了后期钻井液处理成本以及其对环境的影响，尽管新油基钻井液的成本略高于柴油油基钻井液，但减轻HSE管理压力，可间接节约管理成本。

4）井口优化

Statoil公司与井口服务公司共同设计了新型安全高效井口代替传统的滑套角焊多碗式井口，并制订井口标准化作业程序（SOP）。新型井口具有以下特点：（1）可在所有钻井阶段保障有两个安全屏障，确保钻井作业安全。（2）旋转心轴悬挂器允许套管旋转进入水平段，包括联顶节到悬挂器这一段深度。（3）增加回压阀和井口密封系统，可避免固井等待。新型井口应用后，一定程度上统一了部分作业流程，减少了建井作业时间和成本。

3. 钻井知识学习与分享

1）最优建井计划

为深入解决钻井成本问题，Statoil公司实施了技术效率计划（Statoil Technical Efficiency Program），其中包括了最优建井计划，以期提高钻完井效率。按照计划，专门举行了Eagle Ford钻井提速降本研讨会。多个专业团队详细分析并仔细审查了钻井作业程序，取消了非必要的流程，并对剩下的作业流程进行精简优化，提高钻井作业效率。确定Eagle Ford的最优钻井周期为14.1d。后续该最优钻井周期仍在不断突破，仅1年之后，实现了在10.6d内钻完一口井的目标。应该指出，钻一口最优的井不是一个固定的目标，而是要在质量不断提升的基础上，还能够不断维持这一目标。

2）钻井作业指标监测与改进

Statoil 公司非常重视钻井作业中一些看似很小、很普通的重复性操作效率，并对其进行挖掘，以节省操作时间。通过应用独立高分辨率钻机活动分析工具，可将钻机的不同操作按照秒为单位进行分类，实时记录不同钻机实时作业数据，诸如白班和夜班交班、钻进、起下钻或下套管等作业数据，甚至还包含了定向井作业人员、地层、钻具组合数据，等等。通过追踪这些微小的操作数据，可清楚地掌握哪些钻井平台和作业人员在每次作业中表现优异，并将这些数据与作业区所有员工进行分享，促进钻井平台之间相互学习相互竞争，整体促进所有作业人员提升日常操作效率。

图 4–3 给出了每部钻机按照所钻井先后顺序排列的接单根时间数据。可以看出，钻工通过自我改进和挑战，接单根时间可进一步节约，可以实现钻井整体作业时间的稳步改进。钻进作业平均接单根时间提高了 63%，对于单井来说相当于减少 36h 非生产时间。

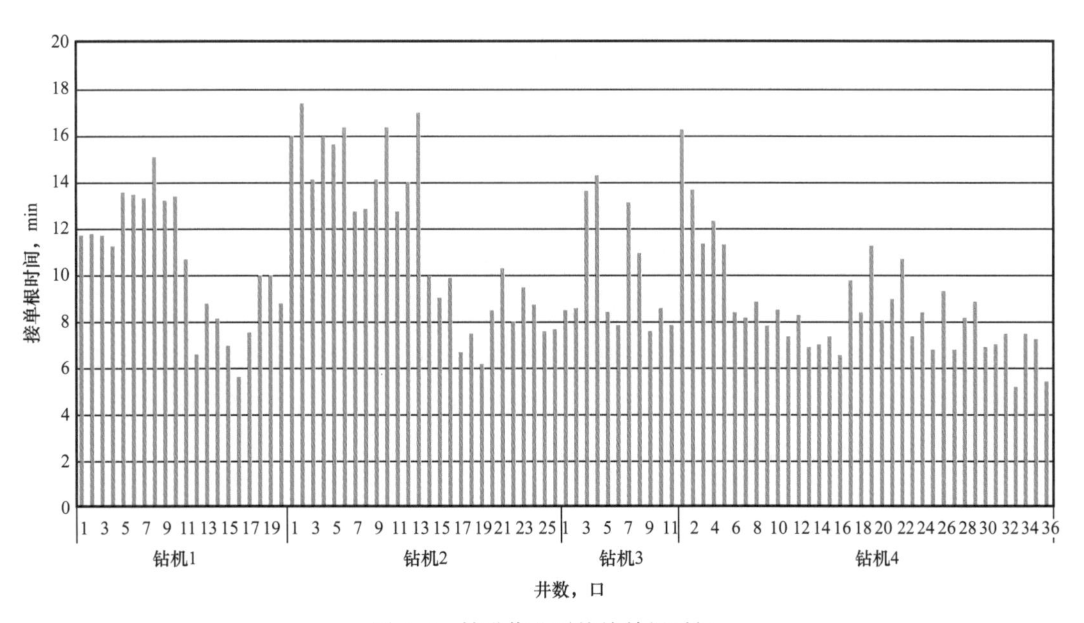

图 4–3　钻进作业平均接单根时间

3）强化内部学习和分享

Statoil 公司要求本公司及服务公司的人员必须参加作业晨会。会上首先由井场监督负责报告前一天作业发生的事件或分享前一天新的作业做法，与会人员针对事件进行讨论并确定采取什么措施，最后钻井工程师会更新下一口井作业程序，并力争应用到未来所有钻井作业中。通过这种方式，积极汲取经验教训，加速作业队伍内部学习，实现总体效率的提高。如采用下套管工具（CRT），该工具早期用于保障下生产套管可靠性、安全性，而不是为了节省时间。然而，随着钻井人员对该工具越来越熟悉，部分钻井平台对钻机进行了适应性改进，使得下套管时间比传统工具更快。这种经验在所有钻机上进行了分享，并在下技术套管和表层套管应用中获得了巨大成功。

4. 强化项目风险与成本控制

1）强化项目风险管理

Statoil公司建立了专门用于陆上作业的风险管理流程，通过使用通用的风险标准和风险矩阵强化作业过程风险识别、评价，统一各个作业流程的要求。风险标准和风险矩阵适用于非常规天然气开发环境，包含一个项目风险指示和一个专用风险指示。项目风险指示主要针对整个项目开始和执行过程中的一些关键时间点，以年度为单位，对项目风险进行审查。而专用风险指示则需在每次风险评估会议上，针对某个具体作业现场及其风险进行描述、分级，并采取相应规避措施。

2）作业成本控制

为了准确掌握成本支出并做好单井成本预算，Statoil公司制订了一套成本控制系统，实现了单井成本预算和实际花费平均偏差控制在5%范围内的目标，具体措施包括：（1）每口井的所有成本被精确到每一天；（2）现场发生的费用发票或单据由钻井现场监督在日报中进行审核和编码，并由工程师检查，确保它们被正确掌握并分配到相应的账户中；（3）将日报中记录的所有成本与Statoil公司开具发票后的实际支出相对应；（4）每月比较并报告与单井成本估算（FCE）和实际支出相关的所有成本。

通过以上措施，实际作业中单井成本预算和实际花费偏差一直控制在3%以内。这使得能够更准确地进行投资估算和资金调配优化，可以通过在同一投资规模估算范围内钻更多的井来实现时间的节约和成本的降低。

5. 强化承包商绩效管理

1）绩效管理主要措施

为持续保持并提高承包商高水平作业热情，Statoil公司对所有服务公司实行了绩效管理。该管理措施主要包括以下几个方面：（1）召开会议对承包商开展强制性培训，明确Statoil公司对承包商作业期望与要求；（2）制订关键绩效指标（KPIs），通常培训会议上必须制订KPIs，在每季度的服务质量会议上进行审查。关键绩效指标设计不仅包含承包商的业绩，还包括Statoil公司对承包商管理绩效考核执行办法，例如多长时间支付费用，以保障对承包商的投入。通过承包商绩效管理，让为Statoil公司工作的服务公司持续保持竞争意识，通过持续改进技术措施实现高水平业绩。

2）实施激励奖金计划

为了实现现场作业安全、高效，提升主人翁意识，Statoil 公司对钻井承包商人员、服务供应商人员以及执行绩效好的分包商人员实施了激励奖金计划，条件是:（1）无美国职业安全与健康管理局（OSHA）记录的事故;（2）符合钻井要求的前提下，相比钻井计划进度曲线最少节省 24h；（3）激励奖金额度按照目标进度曲线，每人每 24h 为一固定金额，在达到最初 24h 这一最低数额后，激励奖金时间段开始并按比例计算。在 2014 年所钻的井中，给 57% 的钻井队伍发放了奖金，奖金总数占节省钻井总成本的 16%。

三、实施效果分析

由于实施了前面提到的降本增效综合配套措施，Statoil 公司在 Eagle Ford 成功钻了 100 多口井，钻井时间和钻井成本分别降低了 52% 和 45%。图 4-4 显示了 2013—2015 年每年平均钻井绩效的改善以及成本的削减效果，2013 年第一季度作为基准线 0%。

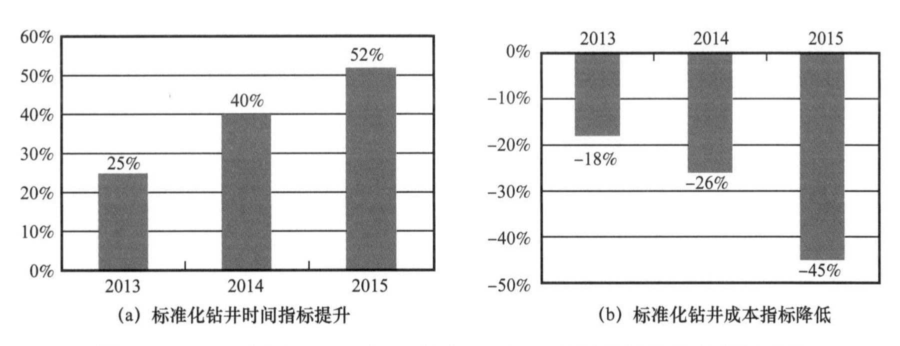

图 4-4　Statoil 公司 2013—2015 年在 Eagle Ford 区块钻井作业指标变化

案例5 加拿大 EnCana 公司页岩气开发降本增效配套措施

本案例重点从宏观方面介绍了加拿大 EnCana 公司的资源调配中心开发模式、工厂化作业、服务集约化等综合配套措施，并分析了运行效果和推广应用情况。

一、案例背景

北美天然气销售价格在2008年高达10.50美元/10^3ft^3，受高收益影响，加之水平井钻井技术和多级水力体积压裂技术的进步，促进了北美页岩气的大力开发。但到了2012年，天然气价格下降到1.75～2.50美元/10^3ft^3之间，下降幅度高达70%。价格的回落导致许多勘探开发公司面临经济效益的挑战，尤其对于加拿大西部的页岩气勘探开发公司。面临挑战分析如下。

1. 页岩气开发钻井的季节性影响

加拿大很大一部分非常规天然气资源分布在受季节性影响较大的地区，季节变化不仅影响作业能力，同时也会因极端天气影响增加作业成本。如 Horn River 盆地和 Cordova Embayment 资源区，受沼泽地面条件限制，通常钻机难以到达现场，只能在冬季施工。而在冬季2～3个月这样一个较短的时间窗口内开发钻井，会导致成本大幅增加，表现在：（1）冬季提供设备和物资，会大幅增加运输成本。（2）为保证钻井设备不会因极低的温度冻结或破裂需要加热炉、蒸汽车和管线，从而增加额外设备和施工成本。（3）低温环境下钻井和生产线设备故障率增加，为保证作业，需在井场增加备用设备。（4）受到恶劣天气影响，人力作业效率下降，成本增加。

2. 页岩气资源区的位置影响

由于页岩气资源区地面基础设施薄弱，作业设备的进入和油气资源的运输存在问题，同时与设备材料供应中心的距离也影响页岩气资源的高效开发。如 Horn River 盆地、Cordova Embayment 和沿 British Columbia 东北部的 Montney 西部边界地区，因缺乏进入井场和集输天然气必要的基础设施，Horn River 盆地北部地区试验平台多建在靠近一两条过去建成的全天候公路附近，且承担着高额的维护成本。又如 Horn River 盆地与主要设备材料供应及服务中心的距离也影响作业效率，Fort Nelson 是距 Horn River 开发区块最近的社区，但有 3～4h 的车程，提供服务和材料供应需要提前计划，如果设备失效，替换件则可能需要 2～3d 才能送到，在以小时和天为单位计算成本的非常规油气开发中，这一问题尤为重要。虽然部分作业公司通过实施一场多井和设置材料库的方式，解决了部分问题，但要求材料库具备较高的物流能力，以保证在多井作业前和作业期间有充足的材料送达和储存。

3. 天然气价格周期性波动的影响

天然气销售价格的波动对油气开发服务商影响很大。价格高时，钻完井作业活跃，对服务需求大，服务利润丰厚，钻井和完井成本明显上升。当天然气销售价格下降时，钻完井作业活跃度下降，服务商竞争性更高，油气公司通常利用这段时间压低服务价格，使得服务商获得的利润更低，将成本压力施加在他们的服务能力上，如采用重复利用设备来提供服务。这种来自生产商和服务商的周期性的供求高峰或低谷对天然气开发的产量和效率均有一定的负面影响。

4. 服务和人力资源供应的影响

天然气行业活跃度的周期性给服务和人力资源供应同样带来了相似的环境。当天然气销售价格高时，服务商面临的挑战是提供钻完井所需的设备，同时吸收足够的人力资源以操作不同的设备。相反，当天然气销售价格下降时，钻井数量减少，提供的设备过剩，同时需要缩减人力开销。服务公司在被迫裁员的同时，也意味着失去一支训练有素的员工队伍。近些年来，一些公司认识到在员工队伍上投资的价值，为了留住人力，创新一些雇佣办法，但尚未真正解决问题。当天然气市场发生波动，并且持续影响生产效率时，仍然面临着服务和人力资源供应周期性问题。

一直以来，Horn River 盆地的油气作业受有限的道路和沼泽地表条件约束，只能在冬季地面冻结后才可以进井场，导致钻完井作业必须限制在冬季的 100d 内。如何建立全年连续作业实现降低成本至关重要。

二、降本增效措施

作为北美地区最大的天然气生产商，加拿大 EnCana 公司认识到气候和地表条件的限制，提出了资源调配中心（Resource Play Hub）开发理念，资源调配中心 = 钻井平台 + 集中资源 + 工厂化作业 + 服务集约化，采用丛式井组的钻井平台开发模式及钻井压裂同步作业的方案。

1. 资源调配中心

如图 5–1 所示，钻井平台能够容纳 16 口井，靠一条建成的全天候道路提供井场运输服务，钻井平台上所有井的钻完井作业需要耗时 1 年，水平段长度在 2500～3000m 之间，一个钻井平台的总泄流面积达到 19km²，使全部页岩气开发对地面条件的依赖程度降到最小。油气勘探开发的各个阶段要求大量设备，多数情况由于设备要由相距很远的服务中心负责运输，动迁费用很高，如动迁一部钻机的费用可能占到单井成本的 10%～15%。通过同时钻多口井，会大大降低总的钻井服务动迁费支出。除降低动迁费之外，服务商能够更好地明确和安排人力资源，降低人力资源成本，同时对人员生活营地实行统一管理与服务以节约成本。

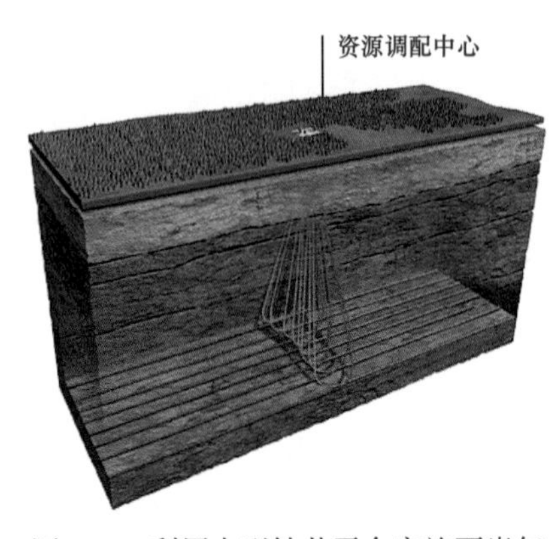

图 5–1　利用大型钻井平台实施页岩气开发示意图

2. 工厂化作业

EnCana 公司根据季节特征，对钻井和水力压裂作业进行了优化。冬季期间由于气温低无法满足压裂用水要求，主要完成钻井作业，在春季和夏季安排水力压裂施工。采用一小一大两部钻机进行钻井作业。小钻机钻表层井眼，大钻机专门用于钻直井段和水平段。采用两部钻机同步作业模式，每部钻机具备平移功能，能从一个井口平移到下一个井口，从而将几天甚至十几天的钻机移动和安装时间缩减至几天甚至几小时。

压裂作业可采用与钻井交叉作业方式，即在井场上一批井完钻后，在下一批井钻井作业的同时压裂上一批完钻井。如在图 5–2 中，平台上已完钻 8 口井，钻机正在钻下一组 6 口井。在这种情况下，对第一组井进行压裂作业。压裂砂、化学药剂和燃料已经在冬季储存，满足压裂施工需要。这种规模效益的优势在于，除了减少动迁费之外，压裂施工能以更有效的方式开展，节约施工人员和服务人员的费用。

3. 服务集约化

为进一步降低作业成本，在采用资源调配中心模式的同时，将服务集约化，让服务公司为作业者提供多项服务。如钻井公司不仅提供钻井施工作业，而且提供支持实际钻井中的生活保障和其他服务；又如完井和压裂作业由一家承包商提供。在这种模式下，承包商的多项服务捆绑在一起，相比单项服务可以节约更多的成本。

图 5-2　Horn River 盆地 14 口页岩气井同时作业平台

三、实施效果分析

EnCana 公司资源调配中心开发模式在 Horn River 盆地运行效果良好，在不包括土地费或相关管理费、达到内部收益率 9% 的条件下，供应美国纽约商品交易所（NYMEX）的成本气价如图 5-3 所示。2009 年为 5.00～6.00 美元 /10^3ft^3，2010 年下降到 3.90～4.40 美元 /10^3ft^3，目标是下降到 3.50～3.75 美元 /10^3ft^3。其中单井投资和操作成本分别占 66%、60%、54%，环保处理、运输、销售和税分别占 34%、40%、46%。

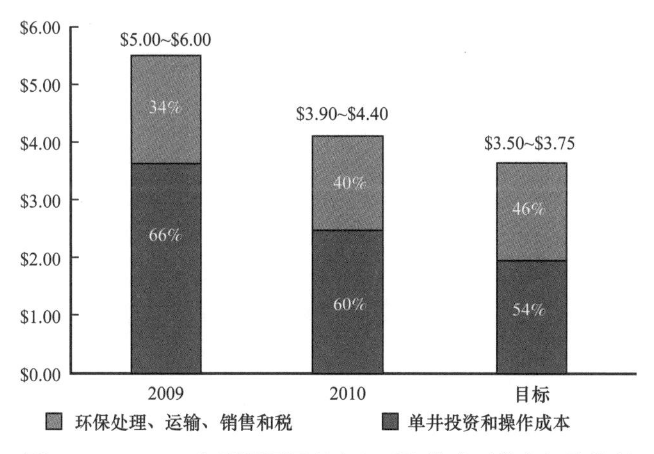

图 5-3　EnCana 公司资源调配中心开发模式下供应气价情况

EnCana公司采用资源调配中心开发模式开发海恩斯维尔（Haynesville）页岩气田项目实现了降本增效的目的。Haynesville区块井较深，垂深大于4000m，水平段长可达3000m。图5-4所示为EnCana公司2008—2011年在Haynesville页岩气田项目钻井和压裂作业获得的效率提高情况。采用钻井平台开发方式，利用专用设备和滑轨式钻机，每口井的钻井周期从80d缩短到40d，每个压裂施工队伍每月压裂段数提高了3倍。

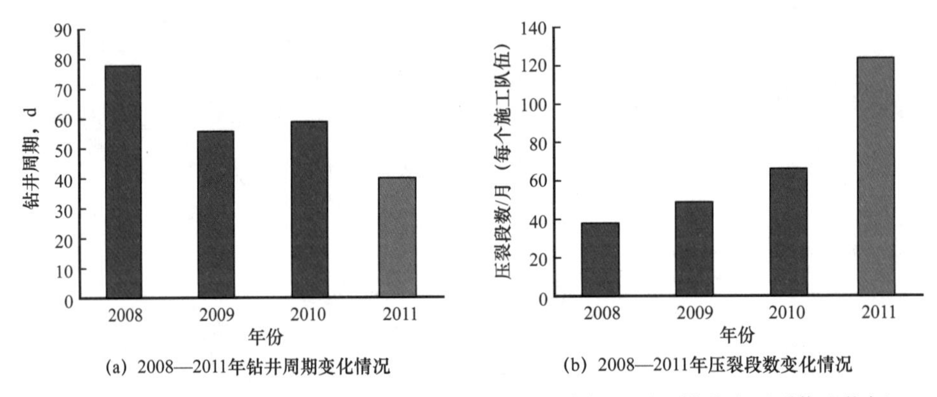

(a) 2008—2011年钻井周期变化情况

(b) 2008—2011年压裂段数变化情况

图5-4　EnCana公司2008—2011年Haynesville页岩气田项目钻井和压裂作业指标

案例 6　中国石油长宁—威远页岩气田开发降本增效配套措施

本案例介绍了中国石油西南油气田分公司在长宁—威远国家级页岩气示范区实施的综合地质评价、开发方案优化、钻井工艺优化、完井工艺优化、工厂化作业、高效清洁开采 6 项配套技术和管理措施。

一、案例背景

2012 年 4 月国家设立“长宁—威远国家级页岩气示范区”，以推进国内页岩气开发进程。与北美页岩气开发相比，长宁—威远国家级页岩气示范区在开发地质条件、工程条件和地面条件方面具有独特的特点，无法简单复制北美页岩气成熟的开发经验和开发技术，其页岩气规模效益开发仍面临着地质评价、工程技术、开发政策、地面建设、安全环保等多个方面的挑战。

（1）地表条件复杂。长宁—威远区块位于中国西南部，地表主要为山地或丘陵地貌，地势自北西向南东倾斜，海拔为 300～800m，区域人口稠密，交通网络复杂，水资源丰富。这使得页岩气开发过程中，钻井井场选址易受地形、公路、煤矿、城区、水源等因素制约，且钻前工程量大，建设成本高。

（2）地层条件复杂。四川盆地志留系龙马溪组泥页岩沉积后，经历 5 次大的构造运动，区域整体表现为由北西向南东方向倾斜的大型宽缓单斜构造。地层整体较为平缓，大型断裂不发育，倾角小；但局部倾角大，微断裂、微幅构造发育，造成钻井过程中井漏、卡钻等复杂事故较多。

（3）储层非均质性较强。长宁—威远页岩储层沉积时海平面升降频繁，垂向上储层物性、有机碳含量、含气性、脆性矿物含量差异较大；受沉积时古构造及后期多期构造运动影响，平面上储层物性、有机碳含量、矿物组成、裂缝分布特征等差异明显，致使纵向和平面甜点预测难度较大。

（4）储层改造难度大。长宁—威远大部分页岩储层埋藏较深，压力系数较高，压裂施工压力高，加砂难度大；储层垂向非均质性强，且经过多期构造运动后，天然裂缝和最大主应力方向不一致，水平应力差较大，影响体积压裂改造缝高及复杂缝网的形成，限制储层改造体积。

面对以上挑战，中国石油西南油气田分公司依托长宁—威远国家级页岩气示范区建设，围绕地质评价及开发方案优化、水平井钻井及压裂、水平井工厂化作业、高效清洁开采 4 个关键环节持续开展技术攻关。

二、降本增效措施

1. 综合地质评价

四川盆地长期以常规天然气勘探开发为主，缺乏页岩气地质研究和资源评价方法和技术体系。中国石油西南油气田分公司借鉴北美的经验做法，结合长宁—威远实际情况，建立了适合中国南方多期构造演化、高—过成熟海相页岩气资源评价和有利区优选技术体系。

1）页岩气分析实验技术

由于页岩纳米孔隙发育、有机质大量散布、气源多成因等特点，传统分析实验技术已无法分析页岩储层特征。为此，系统建立了页岩气分析实验技术体系，形成了页岩岩石矿物学、有机地球化学、含气性、物性、岩石力学和地应力分析关键实验技术，包括脉冲法衰减、颗粒法等渗透率测试技术，高压压汞、液氮吸附、低温二氧化碳吸附等孔隙结构分析技术以及 FIB 三维立体重构等微观结构可视化技术。页岩孔径分布如图 6–1 所示。

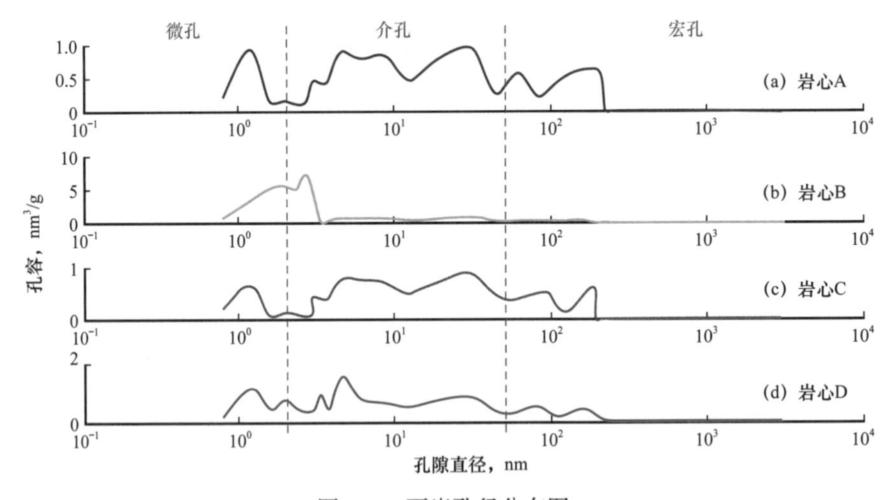

图 6–1　页岩孔径分布图

2）地震储层预测技术

长宁—威远页岩气示范区在地震储层预测方面存在“地表主要出露石灰岩、地形起伏大、激发接收条件差”的技术难题。为此，在常规地震预测技术基础上，发展了复杂山地石灰岩出露区三维地震采集技术，有效提高了采集资料品质。通过精细表层结构调查、复杂山地石灰岩出露区观测系统设计与测试技术进行三维地震采集设计，建立了三分量多波采集处理技术，可获得更丰富的地震信息，为地震处理解释精度提高奠定了基础。地震频带由 10～60Hz 拓宽至 8～70Hz。同时，发展完善了页岩气各向异性及叠前深度偏移处理技术，可提高成像精度，断点更清楚，深度偏移计算效率提高 3.6 倍。形成了页岩气三维地震精细构造、小断层、埋深解释、特征参数及裂缝预测技术，深度误差小于 0.5%，主要评价参数符合率达到 80%。形成了多波联合反演页岩储层预测技术，多波联合反演相对于单一纵波反演，横波阻抗反演结果更稳定、分辨率更高，下志留统龙马溪组底部的优质页岩层刻画更加清楚。多波联合与单一纵波叠前反演 v_p/v_s 剖面对比如图 6-2 所示。

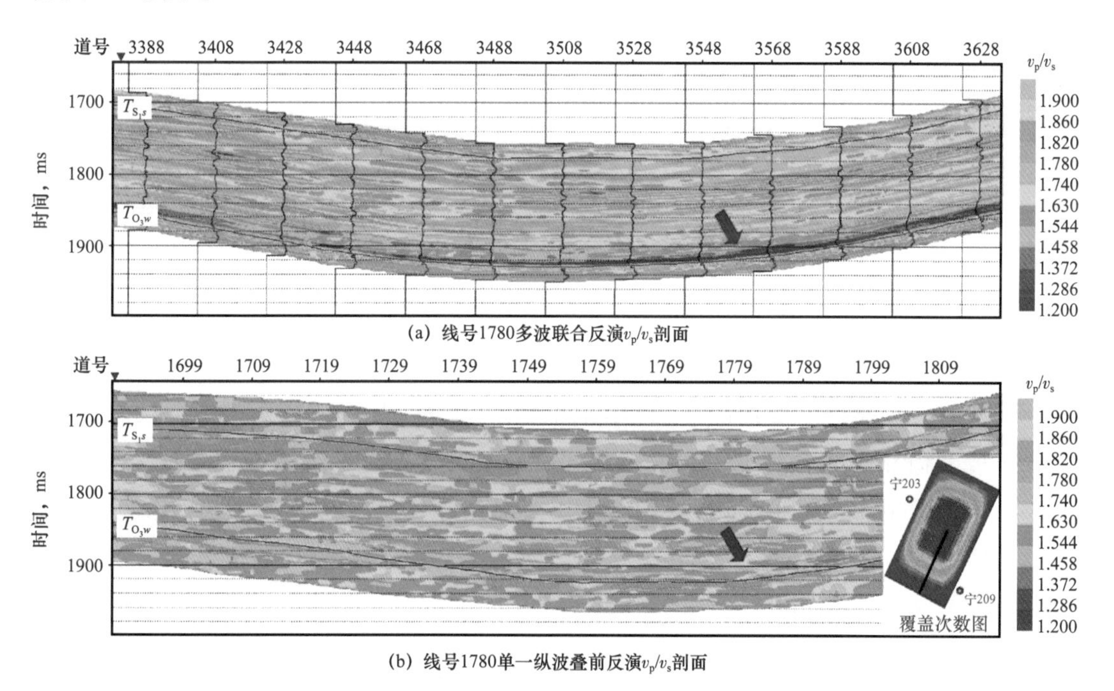

(a) 线号1780多波联合反演v_p/v_s剖面

(b) 线号1780单一纵波叠前反演v_p/v_s剖面

图 6-2　多波联合与单一纵波叠前反演 v_p/v_s 剖面对比图

3）测井储层评价技术

页岩气深层长水平段测井存在采集困难、常规测井方法耗时长、成本高的问题。通过不断摸索与实践，完善了存储式常规测井仪器系列，配套了测井采集工艺，提高了作业能力和效率。建立了页岩气水平井测井解释技术，实现矿物组分、孔隙度、总有机碳（TOC）、含气量、脆性指数等关键评价参数精细计算。开展页岩岩电和岩石物理实验工作，建立了页岩岩石力学动静态转换、吸附气等参数的计算模型，计算的 TOC 等页岩气特征参数与岩心实验对比误差小于 10%，测井解释符合率超过 90%。长宁 H5-2 井页岩气储层测井综合评价成果如图 6-3 所示。

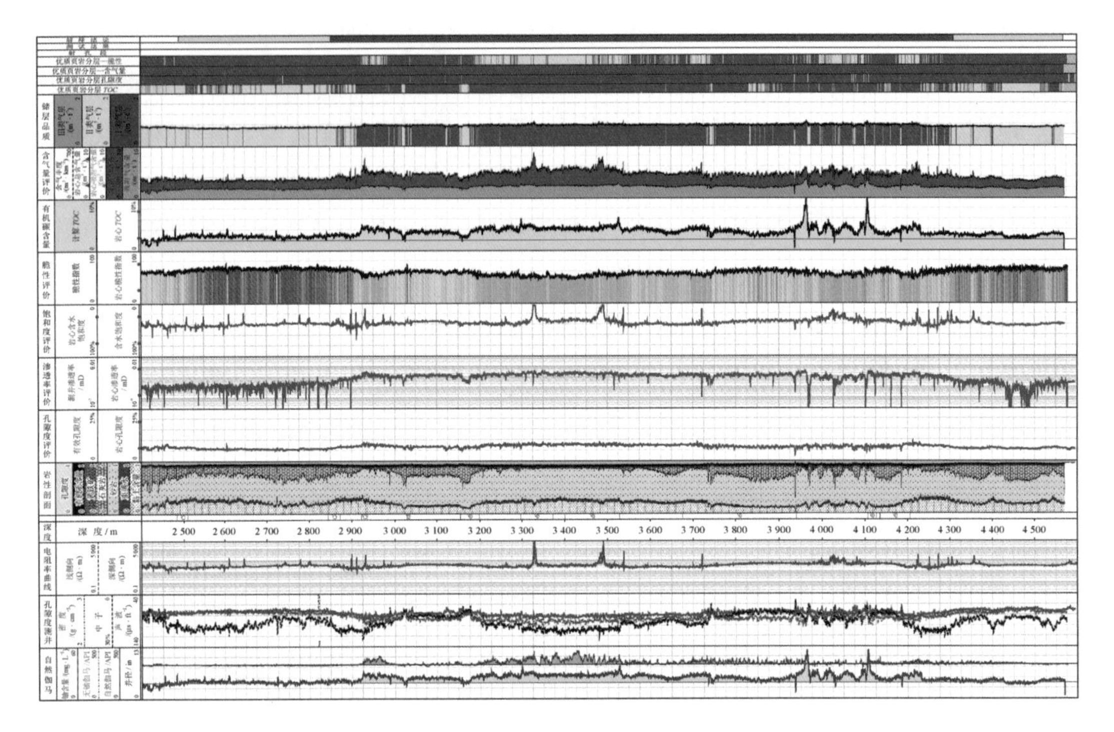

图 6-3　长宁 H5-2 井页岩气储层测井综合评价成果图

4）评层选区技术

借鉴北美成熟的评层选区方法和指标体系，建立了适合中国南方多期构造演化、高—过成熟海相页岩气评层选区技术体系，核心是增加了保存条件等关键指标，见表 6-1，技术的针对性和适应性更强。应用评层选区技术明确了上奥陶统五峰组—龙马溪组是最有利的开发层系，优选出长宁、威远、富顺—永川 3 个有利区和宁 201、威 202—204 井区 2 个建产区。

表 6-1　选区评价参数与北美评价参数对比

序号	评价项目	南方海相有利区优选指标	北美有利区优选指标
1	TOC，%	＞2	＞2
2	成熟度，%	＞1.35	＞1.35
3	脆性矿物含量，%	＞40	＞40
4	黏土矿物含量，%	＜40	＜30
5	孔隙度，%	＞2	＞2
6	渗透率，mD	＞100	＞100
7	含水饱和度，%	＜45	＜40

续表

序号	评价项目	南方海相有利区优选指标	北美有利区优选指标
8	含气量，m^3/t	＞2	—
9	埋深，m	＜4000	—
10	优质页岩厚度，m	＞30	＞30
11	压力系数	＞1.2	—
12	距剥蚀线距离，km	7～8	—
13	距断层距离，m	＞700	—
14	地震资料	二维地震	—
15	地面条件	可批量部署平台井	—

2. 开发方案优化

为解决页岩气藏如何开发的难题，依托常规气藏开发理念和技术，针对页岩气独有的流动、生产等特征建立了独具特色的页岩气开发方案优化设计。

1）地质工程一体化建模

针对示范区建设过程中存在的 I 类储层钻遇率较低、井筒完整性较差和体积压裂效果仍需提高等难题，借鉴北美地质工程一体化理念，发展完善了页岩气地质工程一体化建模技术。建立了涵盖构造、储层、天然裂缝、地质力学等各种要素的地质工程一体化模型，定量刻画了储层关键地质和工程参数在三维空间的展布规律，实现了页岩气藏的可视化，打造“透明页岩气藏”。宁 201 井区地质工程一体化三维模型如图 6–4 所示。

2）地质工程一体化设计

基于地质工程一体化模型，可直观地优化井位部署和井眼轨迹设计，实现水平段沿“甜点”钻进，有效避开断裂复杂带。同时也可为井下定向钻具组合优选、地质导向方案设计、钻井液密度窗口优化等钻井工程应用提供依据，甚至判断可能发生的井漏、滤失、套损等工程问题的位置，指导钻井、压裂等工程实施。

3）渗流与试井分析技术

页岩中含有大量的吸附气，且微孔和介孔发育，页岩气流动机理特殊，不同于常规气藏，不但有渗流，还存在扩散流动，故传统渗流与试井分析技术已不适用。鉴于此，建立了页岩气水平井分段压裂渗流的物理数学模型，分析了分段压裂水平井压力动态响应特征，形成了适用于四川盆地龙马溪组页岩分段压裂水平井的试井分析技术。页岩分段压裂水平井典型双对数试井曲线的阶段特征如图 6–5 所示。定量解释的压后裂缝参数与地层压力为优化开发方案提供了重要依据。

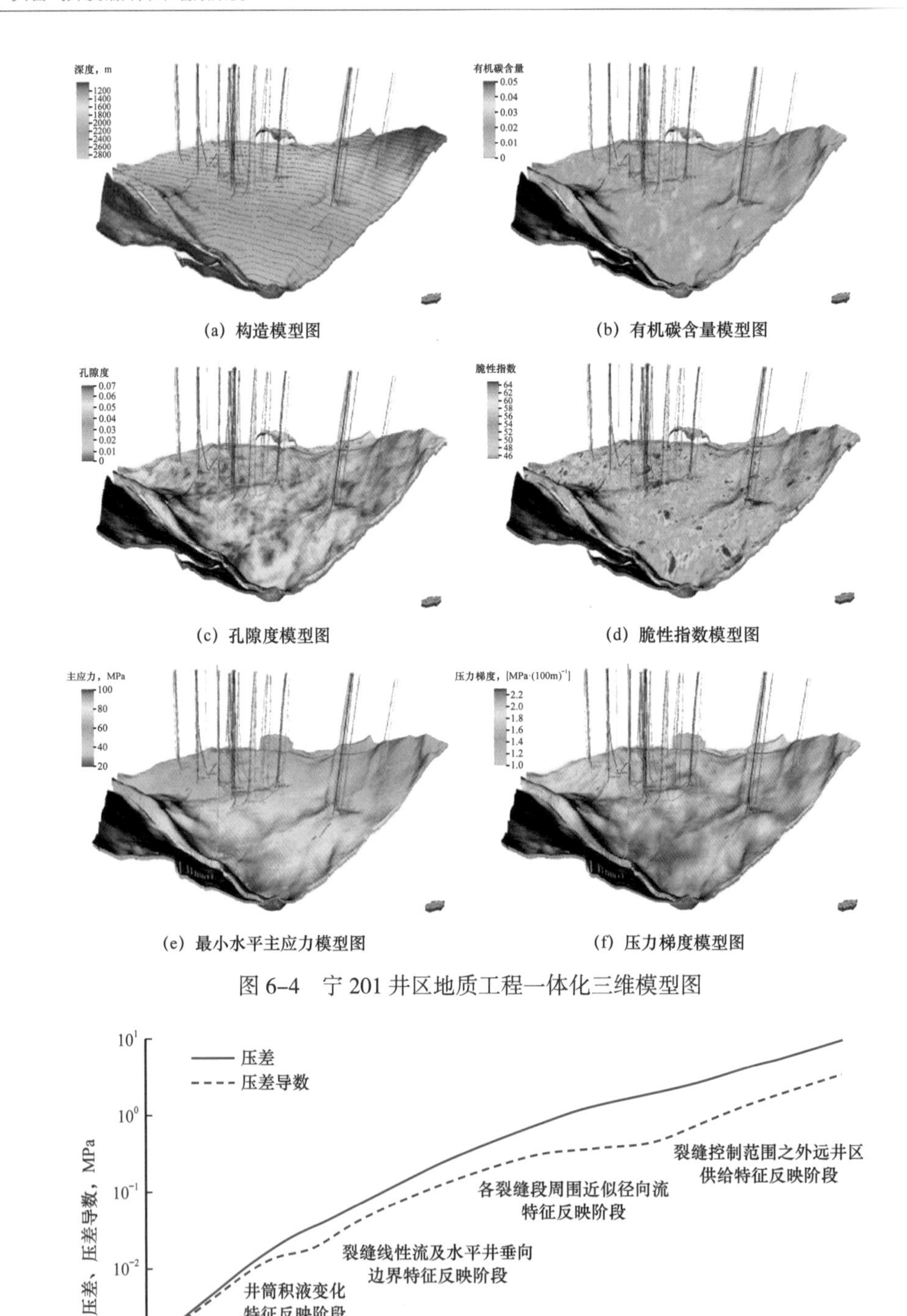

(a) 构造模型图　　(b) 有机碳含量模型图

(c) 孔隙度模型图　　(d) 脆性指数模型图

(e) 最小水平主应力模型图　　(f) 压力梯度模型图

图 6-4　宁 201 井区地质工程一体化三维模型图

压差
压差导数
压差、压差导数，MPa
时间，h
10^{1}
10^{0}
10^{-1}
10^{-2}
10^{-3}
10^{-4}
10^{-3} 10^{-2} 10^{-1} 10^{0} 10^{1} 10^{2} 10^{3} 10^{4} 10^{5}
井筒储集效应特征反映阶段
井筒积液变化特征反映阶段
裂缝线性流及水平井垂向边界特征反映阶段
各裂缝段周围近似径向流特征反映阶段
裂缝控制范围之外远井区供给特征反映阶段

图 6-5　页岩分段压裂水平井典型双对数试井曲线的阶段特征示意图

4）产能评价与动态分析技术

页岩气井受储层人工裂缝、吸附气解吸及特殊流动机理影响，投产初期与中后期的产量递减趋势差异大，表现出初期递减指数变化较快、后期趋于稳定的特征，传统递减分析方法不再适用，而现有的商业软件一般基于渗流模型增加页岩气解吸—扩散理论，或借用煤层气理论，难以真实、客观地反映页岩气流动机理与生产动态规律。基于此，对经典的产量递减分析方法进行创新性改进，建立了符合页岩气水平井生产特征的产量递减分析和 EUR 评价方法，预测了 3 个井区 100 余口页岩气井产量、递减规律及 EUR，指导了开发生产。以分段压裂水平井返排特征为基础，研究了返排规律和返排影响因素，建立了返排评价指标体系，如图 6–6 所示，依据返排评价指标可以评价页岩气水平井的压裂效果和生产效果。

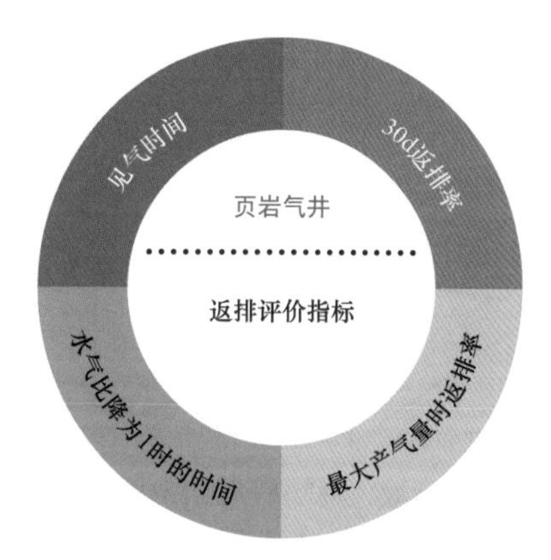

图 6–6　返排评价指标示意图

3. 钻井工艺优化

为解决页岩层水平段钻井井壁失稳、井眼轨迹控制难度大、机械钻速低、油基钻井液依靠引进等问题，积极试验集成钻井工艺技术，持续改进井身结构，优化井眼轨迹，自主研制油基钻井液，形成页岩气水平井优快钻井工艺技术，有效减少了钻井复杂情况。

1）井身结构优化

为满足旋转导向、气体钻井提速、页岩层水平段井壁稳定性以及大规模体积压裂的要求，优化了井身结构。增下导管，解决宁 201 井区部分山地井的表层套管井段漏垮复杂难题。长宁 H13 平台地表为上三叠统须家河组堆积体，漏、垮、出水、卡钻频繁，井身结构调整为增下 3 层导管。宁 201 井区技术套管上移至中志留统韩家店组顶部，为韩家店组—下志留统石牛栏组难钻地层采用氮气钻井创造条件，威 201、威 202 井区技术套管上移至龙马溪组顶部，充分发挥旋转导向工具的提速作用。采用 ϕ139.7mm 生产套管，满足 15m^3/min 大排量体积压裂的需要。

2）井眼轨迹优化

为发挥旋转导向、气体钻井提速技术优势，优化井眼轨迹，形成以“双二维”为主、龙马溪组顶集中增扭为辅的丛式井组大偏移距三维井眼轨迹设计方案，示例如图 6–7 所示。将造斜点下移至龙马溪组，增斜率提高至 8°/30m，石牛栏组—韩家店组

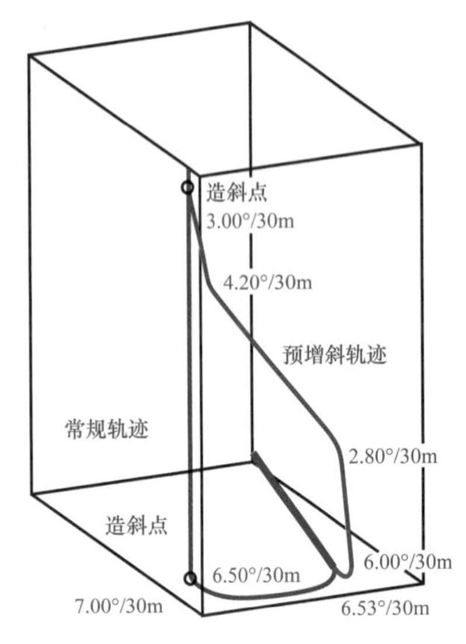

图 6-7 “双二维”与龙马溪组顶集中增扭井眼轨迹设计对比

难钻地层不定向，采用气体钻井提速；采用高造斜率旋转导向工具进行增斜扭方位着陆段作业，井下作业风险显著降低；水平段采用旋转导向或螺杆钻具组合钻进。“双二维”井眼轨迹方案将三维井眼轨迹剖面分解为“双二维”井眼剖面，上部“预增斜”即完成横向位移，降低了井碰风险，在水平段所在铅垂面内完成增斜及水平段作业，理论上可避免扭方位，减小摩阻，井眼轨迹控制难度降低，实钻狗腿度较低。

3）钻井提速技术

通过持续优化试验，形成了以个性化 PDC 钻头 + 长寿命螺杆、旋转导向、油基钻井液、气体钻井为核心的钻井提速技术。形成成熟的个性化 PDC 钻头序列，威远地区平均机械钻速提高 107%，长宁地区平均机械钻速提高 61.8%。针对表层套管井段易恶性井漏，采用气体钻井技术提速、治漏，同比常规钻井，单井减少漏失 2242m^3。上部地层采用 PDC 钻头 + 螺杆 + MWD 防碰绕障提速，同比 PDC 钻头机械钻速提高了 30%。韩家店组—石牛栏组高研磨地层开展气体钻井提速，机械钻速同比常规钻井提高超过 2 倍，节约钻井周期 10d 以上。造斜段应用旋转导向技术，平均机械钻速提高了 52%。

4）钻井液体系优化

基于页岩储层失稳机理，自主研发了乳化剂、封堵剂、降滤失剂等 6 种关键处理剂，形成了白油基钻井液体系，现场应用 42 井次，单井油基钻井液费用（按 300m^3 消耗计算）同比引进油基钻井液费用降低 21%。为缓解油基岩屑环保处理压力，在长宁—威远区块 21 口井水平段成功试验高性能水基钻井液，提高了机械钻速，缩短了钻井周期，降低了环保风险。

5）地质工程一体化导向

全面推广“自然伽马 + 元素录井 + 旋转导向”页岩气水平井地质工程一体化钻井技术，长宁区块储层钻遇率由 47.3% 提高到 96.5%，威远区块储层钻遇率由 37.1% 提高到 94.9%。在国内最深页岩气井——足 201-H1 井，垂深 4374.35m，完钻井深 6038m，水平段长 1503m，储层钻遇率达 100%，其中 Ⅰ 类储层占比 96.4%，Ⅱ 类储层占比 3.6%，无Ⅲ类储层。

4. 完井工艺优化

1）地质工程一体化精细压裂设计

为解决长宁—威远地区水平应力差大、缝网形成困难等压裂难题，综合利用三维地震预测、录井、测井、固井等资料，对水平段的储层品质和完井品质进行综合评价，根据评价结果进行精细分段，示例如图 6–8 所示。（1）将物性参数相近、应力差异较小、固井质量相当、位于同一小层的井段作为同一段进行压裂改造。（2）优选脆性高、含气量高、最小水平主应力低的位置进行射孔；平台相邻井之间采用错位布缝；对于水平段偏离优质页岩的井段采用定向射孔，确保优质页岩有效改造。（3）根据不同压裂段的储层特征，差异化设计压裂液和支撑剂组合、排量及泵注程序：对于天然裂缝发育井段，采用前置胶液并提高 70/140 目石英砂用量，支撑天然裂缝，降低滤失；对于井眼偏离优质页岩的井段，采用前置胶液，扩展缝高；对于位于优质页岩的井段全程采用滑溜水段塞式注入。

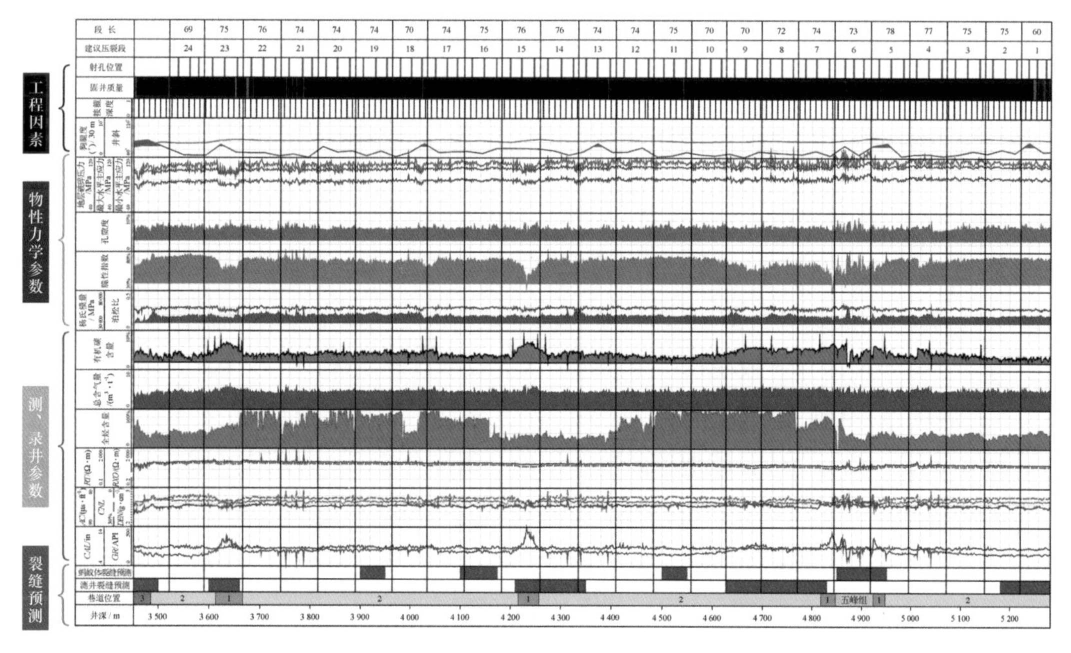

图 6–8　基于地质工程一体化的压裂分段方案优化图

2）地质工程一体化压裂技术

通过页岩露头压裂模拟实验和矿场对比试验，明确了采用低黏滑溜水体系，有利于沟通天然裂缝和提高储层改造体积；簇间距由初期的 25～35m 逐渐优化为 20～25m，有效利用缝间应力干扰形成复杂裂缝。施工排量由前期平均 8～10m^3/min 提高到 12～14m^3/min，进一步提高了单孔流量，确保了每簇射孔孔眼被有效改造，提高了缝内净压力。压裂过程中裂缝内净压力在 19.2～30.9MPa 之间，大于地层水平应力差值，满足形成复杂裂缝需要。针对部分井段天然裂缝发育，压裂过程中压裂液滤失大、砂堵频繁等问题，采用前置胶液 + 阶梯排量、提高 70/140 目支撑剂用量等措施，有效减少了砂堵的发生，并提高了加砂量。

3）体积压裂监测及优化技术

施工过程中实时监测及分析施工压力响应情况，结合三维地震预测成果和微地震监测，实时调整压裂参数及泵注程序，确保压裂泵注程序最大程度适应地层特征。针对早期 30% 的井在压裂过程中发生了套管变形的问题，探索形成了缝内砂塞压裂、暂堵球压裂两种工艺，确保了对套管变形段的有效改造。推广应用井筒化学清洗及胶液冲洗技术清洁井筒，确保了泵送桥塞及射孔作业顺利实施。自主研发了速钻桥塞、大通径桥塞、套管启动滑套等压裂工具和可回收滑溜水体系，有效降低了成本。

4）压裂后评估技术

强化压裂后评估，形成了以流体注入诊断测试（DFIT）、压裂示踪剂、微地震监测、产气剖面测试、净压力分析、干扰试井等为一体的压裂后评估技术体系，有效评价地层压力、施工规模合理性、裂缝特征、储层特征与产能贡献等，为地质评价、开发技术政策及压裂方案的持续优化提供支撑。

5. 工厂化作业

立足四川盆地地形地貌及人居环境特征，实现了钻井、压裂、排采多工种交叉作业、各工序无缝衔接、资源共享，有效解决了复杂山地地形条件下场地受限、大规模、多工序、多单位同时作业效率较低的难题，作业效率显著提升，成本大幅下降。

1）钻井工厂化作业

针对长宁—威远山地丘陵地形限制了钻机、橇装设备、单边压裂车摆放和 24h 连续作业的应用问题，实施“双钻机作业、批量化钻进、标准化运作”的工厂化钻井模式。研制了滑轨式和步进式钻机平移装置，制订了平移评估流程和平移方案，钻机平移时间大幅缩短，钻前工程周期节约 30%，设备安装时间减少 70%。

2）压裂工厂化作业

针对四川山地环境、井场大小、供水能力、作业噪声等影响因素，形成“整体化部署、分布式压裂、拉链式作业”的工厂化压裂模式，压裂效率提高 50% 以上。采用平台储水、集中管网供水，实现区域水资源的统一调配及返排液就近重复利用。

3）井区工厂化作业

采用“工厂化布置、批量化实施、流水线作业”井区工厂化作业模式，减少了资源占用，降低了设备材料消耗，精简了人员及设备，提升了效率，降低了费用。井位平台、设备材料、水电讯路（供水管线、供电线路、通讯线路、进井道路）工厂化布置，为资源共享、重复利用奠定基础。同一区块、同一平台多口井人员、设备共享，钻井液、工具重复利用，达到批量化实施的目的。同一区块、同一平台多口井钻井压裂各工序间有序衔接，流水线作业，简化了流程，优化了资源，提高了效率，降低了成本。

6. 高效清洁开采

为了实现快建快投和自动化生产、智能化管理，节约土地和水资源，防止地下水和地表水污染，实现清洁开发，形成了页岩气地面集输、数字化气田建设及清洁开发技术。

1）高效地面集输

为达到“快建快投、节能降耗、无人值守”的目的，结合页岩气田滚动接替开发特点，地面集输采用整体部署、分期实施、阶段调整、持续优化；井区气、电、水、通信“四网”采用统筹布局，管道和增压优化设计，集输、外输与市场一体化，确保全产全销。采用地面标准化设计和集成化橇装，实现了不同生产阶段的任意橇装组合和平台间快速复用。

2）数字化气田建设

打造数字化气田，助推信息化条件下开发管理转型升级。充分运用“互联网＋”的新理念、新技术，强化“云、网、端”基础设施建设，深化信息系统与应用的集成共享，全面提升自动化生产、数字化办公、智能化管理水平。提高了运行效率和安全管控水平，革命性转变一线生产组织方式，节约了人力资源和生产成本。

3）清洁开发技术

广泛采用与北美标准一致的成熟清洁开发技术，形成了两控制（温室气体排放、噪声）、三利用（水基岩屑、含油岩屑、压裂返排液）、四保护（地表水、地下水、土地、植被）为核心的页岩气清洁开采环保技术，建产区环境质量与开发前保持在相同水平，实现了资源的高效利用和绿色开发。

三、实施效果分析

长宁—威远页岩气示范区综合实施综合地质评价、开发方案优化、钻井工艺优化、完井工艺优化、工厂化作业、高效清洁开采 6 项配套技术和管理措施，初步实现了页岩气有效开发，2017 年建成日产气能力 $900\times10^4m^3$、年产气能力 $25\times10^8m^3$，日产气量 $700\times10^4m^3$ 以上。在长宁区块，单井井均测试日产气量 $23\times10^4m^3$，最高测试日产

气量 $43\times10^4m^3$，井均首年日产气量 $12\times10^4m^3$，最高首年日产气量 $21\times10^4m^3$，井均累产气量 $4200\times10^4m^3$，最高累产气量 $1.05\times10^8m^3$，井均 EUR 达 $1.13\times10^8m^3$，最高 EUR 达 $1.83\times10^8m^3$。在威远区块，单井井均测试日产气量 $17\times10^4m^3$，最高测试日产气量 $30\times10^4m^3$，井均首年日产气量 $8\times10^4m^3$，最高首年日产气量 $17\times10^4m^3$，井均累产气量 $2800\times10^4m^3$，最高累产气量 $8600\times10^4m^3$，井均 EUR 达 $0.78\times10^8m^3$，最高 EUR 达 $1.32\times10^8m^3$。

案例 7　中国石油黄金坝页岩气田开发降本增效配套措施

本案例介绍了中国石油浙江油田分公司针对黄金坝页岩气田山地地形地貌、地质条件复杂、项目管理难度大等问题，采取了项目管理一体化、勘探开发一体化、地质工程一体化、科研生产一体化、生产组织工厂化的降本增效配套措施。

一、案例背景

滇黔北页岩气勘查探区位于云贵川三省交界处，由浙江油田分公司于 2009 年 7 月取得页岩气勘查矿权，是国内首个页岩气区块，其中黄金坝页岩气田位于四川省宜宾市，属于昭通国家级页岩气示范区下的一个区块。与已成功开发页岩气的北美地区不同，黄金坝页岩气田面临着山地地形地貌、地质条件复杂、项目管理难度大等问题。

（1）山地地形地貌。黄金坝页岩气田地处四川盆地南部边缘山地向云贵高原过渡区，为山地地貌，区域内地形复杂、人多地少、水源分布不均，严重影响井场位置优选、井场交通建设、井场资源供应。

（2）地质条件复杂。与北美地区及四川盆地内稳定分布的页岩气勘探开发区块相比，黄金坝建产区页岩气储层评价静态参数基本相当，但地下断层、派生的微构造及天然裂缝发育，地应力状态复杂，为高应力值的挤压走滑构造应力机制，页岩层水平方向的主应力差值大，造成了地质评价、水平井钻井、储层改造难度大，技术挑战性高。

（3）项目管理难度大。黄金坝建产区处于页岩气上产初期，经济、高效、适合的钻完井工程技术和项目组织管理模式尚未成型，同时面临着气井产量不确定性大、道路条件差、井场面积有限、施工用水缺乏、钻完井工程成本高和效益开发风险大等一系列问题。

针对以上问题，浙江油田分公司结合自身优势，强化页岩气开发全过程一体化项目组织管理，有效规避复杂地质、工程条件下页岩气钻完井工程风险与气井产量不确定性风险，提高钻完井工程建设品质和作业效率，有效降低页岩气开发成本。

二、降本增效措施

1. 项目管理一体化

针对黄金坝页岩气田山地复杂地质背景、尚未形成钻完井工程配套技术、缺乏

页岩气建产项目组织管理经验等问题，浙江油田分公司基于纯甲方项目管理模式及自身技术人员的实际，本着“责任共担、互利双赢”的技术合作服务思路，以产量为导向，建立一套从研究评价、工程实施、气井生产到项目组织管理的黄金坝页岩气田一体化开发模式——IPDP（Integrated Project Development by Production），即以产量为导向的一体化风险共担效益开发模式，如图 7–1 所示。该模式以勘探与开发、地质与工程、科研与生产一体化综合研究和现场实施为基础，以一体化项目运作、精细管理及一体化技术团队支撑为保障，以“效益产量为导向、逆向设计、技术保障、正向施工”的工厂化作业为实施手段，确保实现高质、高产、高效开发，规避山地页岩气开发投资风险。

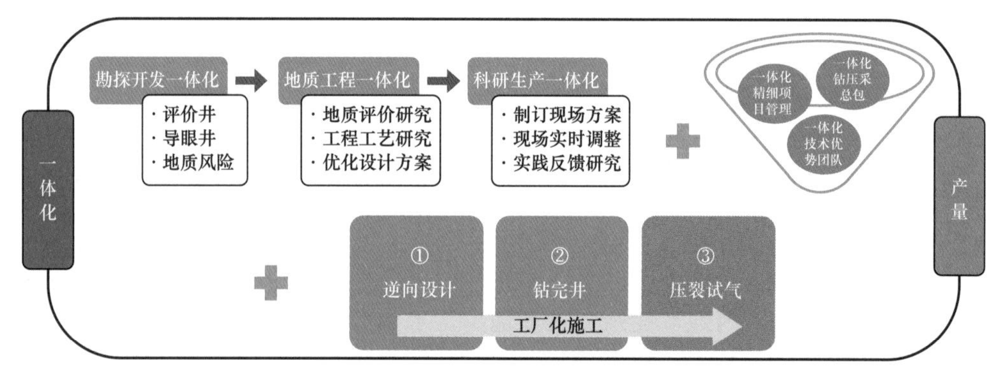

图 7–1　黄金坝页岩气田一体化开发模式

通过应用 IPDP 模式，形成了建产平台一体化总包作业 + 产量考核相结合的一揽子解决方案，即以效益产量为目标导向，以适应性的系列技术保障为基础的逆向思维设计、正向施工为思路，从设计、钻井、压裂到测试工程由国内外单一油田技术服务公司或者联合体总承包，通过强化油田技术服务企业资源的集中统一调配和管理，以综合项目管理为导向，提升生产协作能力、综合管理能力、商业运作能力、工程设计能力和风险收益能力，实现资源和成本共享，增强了油气勘探生产活动各环节技术服务业务的紧密性，提高整体资源利用效率和施工效率。

在借鉴国际先进技术和管理经验的基础上，形成了两种一体化项目管理模式，如图 7–2 所示。第一种模式采取与国外油田技术服务公司一体化项目合作管理模式（IPMP），主要是针对地质工程风险相对较大的页岩气开发井组平台。该模式具有享受全球先进技术、资源优势和本土化费用低等特点，通过甲乙双方一体化技术支撑团队的培养，为技术研发、装备应用国产化奠定基础。项目一体化总承包模式实行项目投资与产量挂钩的风险合同，调动了技术服务承包方的积极性，增强了承包方的责任意识，避免了只片面追求完成工作量，降低了甲方的投资开发风险。第二种模式采取与国内工程技术服务队伍签订钻井总包和压裂总包模式，主要是针对多井控制、地质工程较为简单的页岩气开发井组平台。通过一体化总包控制，页岩气开发井钻完井工程成本较单项作业模式总费用下降了30%。

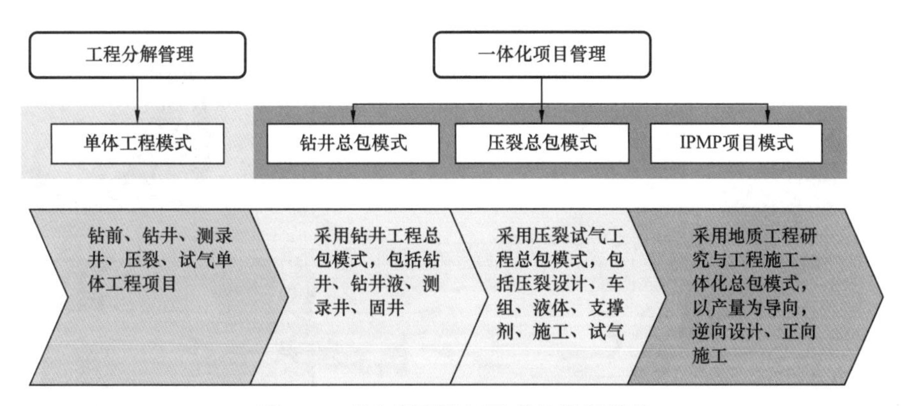

图7-2　黄金坝页岩气田项目管理模式

2. 勘探开发一体化

黄金坝页岩气田储层非均质性较强，地层压力系数与地应力纵横向变化大，通过推行勘探开发一体化，实现滚动勘探开发，降低无评价井控制边界的建产区域及地质评价不确定区域的开发风险。根据黄金坝页岩气田“一井一藏、井井不同”的特点，对先期没有评价井控制的建产区边部及复杂断层分割的不同地区，通过贯彻勘探开发一体化的思路，部署实施评价井及水平井的导眼井，增强面上的有效井控制以规避地质风险。与此同时，从有评价井控制的水平井平台出发，及时有效地优化开发井位部署与水平井箱体轨迹设计，滚动实施开发井钻井工程，稳妥地用已知区域信息来控制和推测未知区域，切实提高认识的精度和可靠性，提高部署设计实施的符合率，有效地控制未知区域的开发风险。

3. 地质工程一体化

页岩气藏不同于常规气藏，页岩层系的海域沉积相带、整体封闭保存条件及有机质成熟度严格控制南方海相山地页岩气分布格局，而水平井钻完井和储层改造技术则是页岩气能否获得高产的决定性因素。为此，加强多学科一体化系统研究，以储层品质评价、钻井品质评价和完井品质评价（品质三角形）为核心，综合研究评价页岩储层、钻井工程和储层改造工程中关键参数，并将研究成果与现场实施及时反馈迭代更新，强化页岩气地质工程一体化，指导页岩气钻完井施工，降低开发风险。黄金坝页岩气田地质工程一体化评价流程如图7-3所示。

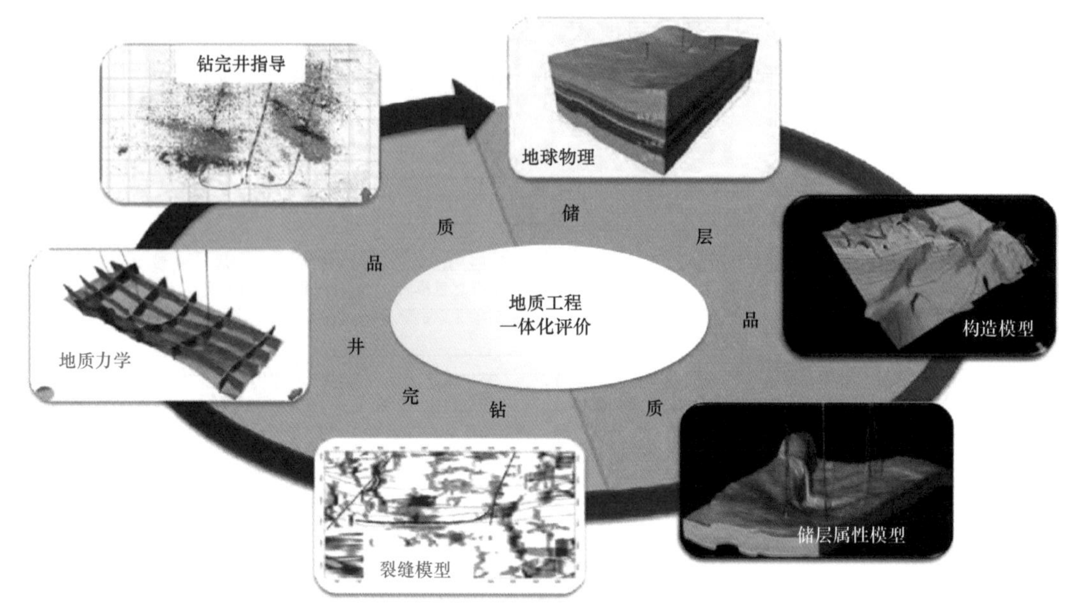

图 7-3　黄金坝页岩气田地质工程一体化评价流程图

品质三角形评价主要包括：（1）研究查明优质页岩深度、厚度、展布特征，寻找页岩层内有机质丰度高、含气量高、渗透性好、裂缝发育的优质储层，即进行储层品质评价，优选储层甜点；（2）通过岩石力学、地应力和裂缝分析，研究钻井工程和压裂工程所涉及的储层工程参数特征，寻找落实与工程条件相匹配的钻完井工程技术对策。通过品质三角形评价，为开展甜点预测、水平井轨迹优化设计、水平井导向及储层改造实时监测调整等关键环节，提供三维可视化的地质工程一体化储层研究成果。

地质工程一体化评价体系中，地球物理技术是核心，三维地质建模技术是手段，钻完井实时反馈和模型迭代更新是关键。一是利用地球物理技术，即通过三维地震数据目标处理与精细解释来预测工区的微构造、页岩 TOC、含气量、地层压力系数、天然（微）裂缝以及杨氏模量、泊松比、地应力等参数，各关键参数可达到地震面元级别横向分辨率和 10～20m 垂向分辨率。二是以岩心分析和测井资料为基础，通过钻井控制和地震协同地质建模，可以达到 1m 以内的属性垂向分辨率。地震属性储层反演成果可以很好地控制储层特征参数区域分布趋势，将其作为“软约束”，而大量钻井数据是“硬约束”，融合地震储层反演与钻井和测井资料，即利用“软约束”与“硬约束”数据进行三维地质建模可以得到比单一利用钻井数据建模预测更为合理的结果。三是钻完井工程实施效果资料的实时反馈回到研究中，并对储层模型持续深化研究，实现储层地质模型的迭代更新，即通过钻井、压裂、测试生产跟踪，实时更新动态模型，最终得到一个精度越来越高的三维模型，实时指导页岩气钻完井施工，降低开发风险。

4. 科研生产一体化

为了确保水平井的井筒完整性、储层钻遇率和压裂效果，浙江油田分公司邀请中国石油相关研究院所、国际知名的油田技术服务公司和技术承包队伍，在黄金坝页岩气现场一起组建由浙江油田分公司主导的地质工程一体化技术支撑团队，实现科研生产一体化。技术团队在三维地质建模、井位部署与轨迹优化、钻井实施、压裂作业、试气投产方面全过程参与，各环节均以工程质量、产量、周期为目标，全方位实行一体化目标精细项目管理，在资源重复利用、工程质量控制、储层压裂改造、成本控制等方面取得了较好效果，单井获得高产气量并好于开发方案的预期。

1）科研成果及时指导优化钻井工程参数

页岩气开发前期，考虑到页岩地层易垮塌的风险，优质页岩段钻井液密度多在 $2.2g/cm^3$ 以上，但部分井频繁出现井漏，随钻设备故障频发。通过利用岩石力学、天然微裂缝等一体化模型研究成果，开展井壁稳定性分析，预测安全合理钻井液密度可降至 $1.85g/cm^3$ 以下，实施后有效降低了水平井段井漏复杂和页岩气溢涌的发生，提高了水平井钻井效率。

建产区丛式水平井组部署 3～8 口井，采用井口位置近、地下轨迹穿插的交叉布井方式，设计靶前距 225～630m，存在轨迹倾角变化大（76°～109°）、微构造发育、水平井三维勺型、大偏移距井眼及长水平段、靶体段微构造起伏多和变化大的情况，导致钻井地质导向困难、防碰风险大、井壁稳定周期短、套管下入困难。通过建立工程与地质相结合的水平井旋转地质导向模式，确保水平井钻井轨迹平滑，提高储层钻遇率。典型井 YS1 井地层局部构造复杂，钻井设计轨迹先下倾、后上翘，构造反转的具体位置不确定。根据地质工程一体化成果和钻进过程中的认识，利用地层真厚度对比及模拟、下探五峰组高自然伽马标志层、成像测井等方法卡准地层，实时预测水平井区域地层倾角和走向变化趋势，最终实现了在龙一 I_4 层 6m 厚高伽马靶体内的 100% 钻遇率，钻井轨迹控制在狗腿度 3° 以内，如图 7-4 所示。利用该项技术，在黄金坝页岩气田已完钻的 25 口水平井水平段长度平均为 1526m，最长达 2005m，优质储层钻遇率达 95% 以上。

2）科研成果及时指导优化压裂施工

受走滑构造高应力背景、水平应力差大、天然微裂缝发育、储层非均质性强影响，黄金坝页岩气田压裂时普遍存在施工压力高、加砂困难、人工裂缝展布复杂的情况，造成不同构造位置、不同平台、不同井甚至单井每一级压裂施工参数都有较大差异，强烈地表现出“一井一藏、一级一策”的特点。为此，以区域平台 / 单井储层三维模型为基础，充分利用井中微地震裂缝实时监测成果，可视化地适时调整压裂泵注作业方案并指导压裂施工。黄金坝 YS2 井储层压裂改造时，由于受局部低杨氏模量和低最小水平主应力区域控制，第 13 段、第 14 段压裂微地震信号相互重叠，表现为新形成人工裂缝的重复叠加，由此造成第 14 段施工时加砂难度大，如图 7–5 所示。通过综合储层模型与微地震事件的融合研究，将射孔簇数由原 3 簇减为 2 簇后的第 15 段加砂平稳，第 15 段与第 13 段、第 14 段压裂微地震信号有序分开，重叠区域减少，作业施工顺利。

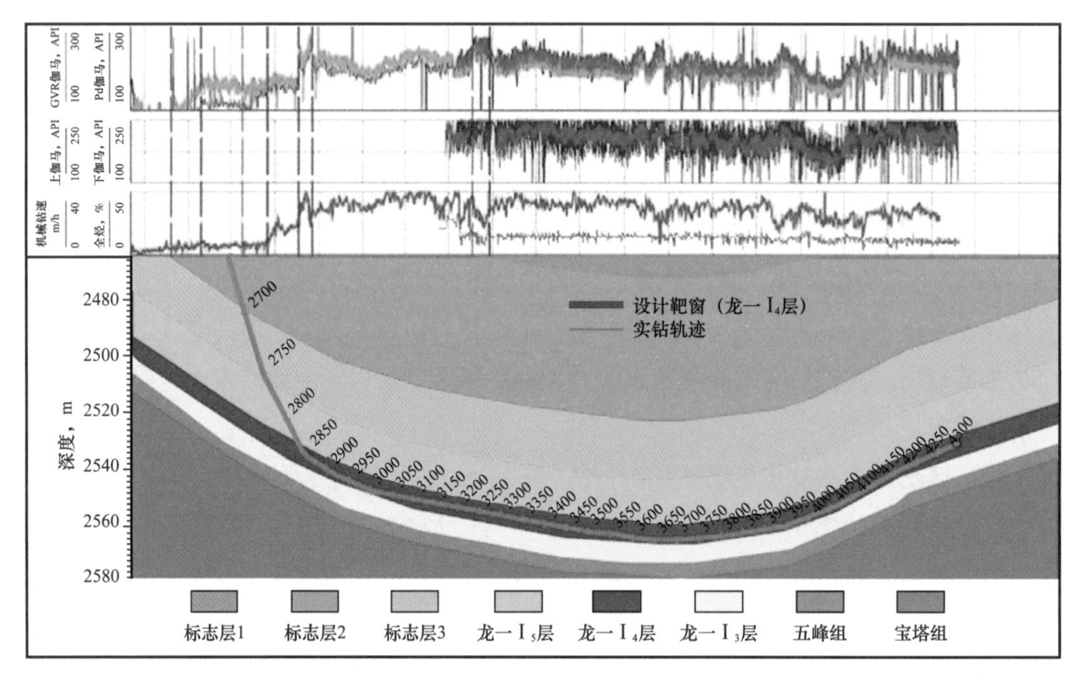

图 7–4　黄金坝 YS1 井旋转地质导向技术应用实例

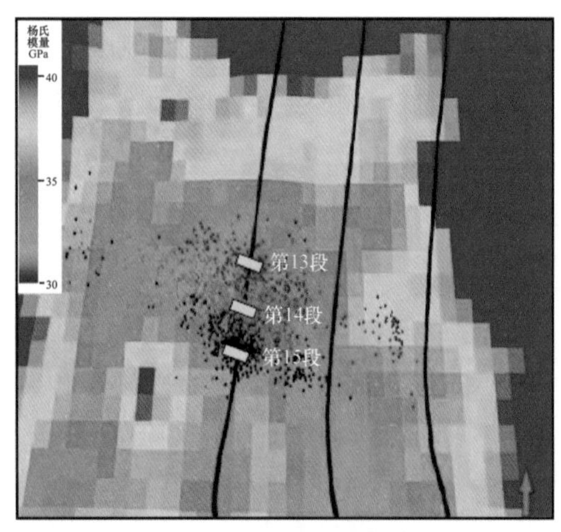

(a) 岩石力学模型

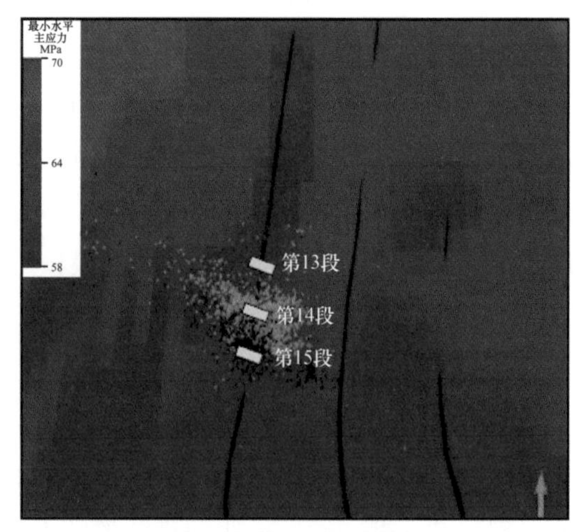

(b) 微地震监测优化施工应用实例

图 7–5　黄金坝 YS2 井岩石力学模型和微地震监测优化施工应用实例

5. 生产组织工厂化

基于试验探索，浙江油田分公司在黄金坝页岩气田建立了以页岩气产量为目标导向的“逆向思维设计、正向作业施工”工厂化工作路线，依靠以一体化的地质工程技术与先进实用的配套工具设备实现目标。以单井 / 平台产气量和井筒完整性为目标，进行逆向思维，构建从分段体积压裂效果、优质页岩气储层钻遇率和固井质量为目标的技术与设备工具保障，逐步回归到开发井位部署和轨迹优化要求，最终溯源到建产区的地质工程精细与深化认识的根基上来。按照“目标导向、逆向思维、技术保障”思路，首先以地质工程一体化综合研究成果为基础，结合单井 / 平台的储层特征，系统优化水平井钻井、压裂、试采工艺设计。在完成设计后，以精细迭代式的三维页岩气地质工程模型认识为指导，按照“精细、优化、可靠、可行”的钻井工程方案和水平井平台“钻井→压裂→测试投产”工厂化作业的路径进行工程实施。在钻完井工程实施过程中，充分结合实时更新的三维地质模型、旋转地质导向、微地震裂缝实时监测成果，对关键技术进行实时优化与调整，有效提高钻井工程作业效率。黄金坝页岩气田实现了同平台 3 口井同时钻井、同平台 3 口井拉链式压裂及同平台边钻井边压裂的工厂化作业模式，形成了工厂化施工作业管理与技术操作规范。

1）钻井工厂化作业

针对黄金坝山地页岩气开发区地表地形受限、地下页岩气钻井复杂的特点，采用丛式井开发逆向思维的理念，从地质与工程一体化井位优选设计出发，优化不同井数的井场标准化建设，形成配套的钻机改造、设备布局、滑轨配置和钻机平移技术。一方面采取分段批量钻井模式，对一开、二开井段采用水基钻井液批量钻井，待平台所有井完成一开、二开井段完井之后，再统一进行三开井段油基钻井液批量钻井，从而实现钻井液重复循环利用，减少钻井液池占地面积。另一方面同平台多钻机作业，实现了技术、设备、人力等资源共享，降低资源的占用和作业成本，而且同平台施工促进了队伍间的学习和竞争，有助于钻井工程技术及施工管理水平的提高。与传统单井钻机搬运、安装相比，平台单井钻机搬迁安装时间可节约 3.5d，一个平台可节约 15～20d，水基钻井液、油基钻井液重复利用率可分别达 60%、95% 以上，机械钻速提高 127%，每米钻井费用降幅超过 50%，钻井提速提效效果明显。

2）压裂工厂化作业

针对黄金坝山地地形、水资源缺乏及分布不均、交通不便的特殊情况，实施了山地多井拉链式压裂作业模式，重点强化一体化压裂方案实时调整、连续供水、在线液体混配工艺体系与连续输砂工艺、现场组织管理及后勤保障一体化。

根据黄金坝页岩气田大雪山—乌蒙山北麓水源差异分布，采用直接供水、二级连续供水与三级连续供水 3 种模式。工厂化压裂过程中，利用在线液体混配工艺与连续输砂设备实现连续泵注，在一口井进行分段压裂的同时，另一口井进行交错分簇射孔准备。当一段主压裂完成，通过高压管线快速切换系统，可实现不重连管线的情况下完成压裂井的切换，从而快速进行另一口井的主压裂。如此循环往复，两口井如拉链齿般进行互相交错的多工种施工。3 口井作业模式相似，在实施第二口井之后，将高压管线快速切换至第三口井实施压裂。通过两三口井的拉链式工厂化压裂作业，一天可连续完成 3 级压裂，大幅提高页岩气储层压裂改造作业效率，压裂作业成本降低了 36%，同时实现了压裂返排液和水资源重复利用，大大降低了环保风险。

三、实施效果分析

黄金坝建产区初步实现了高效开发。多井压裂后试气相继获得较高产能，平均测试产量每天达 $20\times10^4m^3$，建成黄金坝 YS108 井区年 $5\times10^8m^3$ 产能规模，其中生产时间较长的 3 口井累计产气量均已近 $5000\times10^4m^3$，按控压降生产制度下的单井平均日产量近 $10\times10^4m^3$。

案例 8　中国石化涪陵页岩气田钻井降本增效配套措施

本案例介绍了中国石化在涪陵焦石坝页岩气田优化钻井工程设计、优化钻井生产组织、研发新设备新工具、综合实施配套技术等降本增效配套措施。

一、案例背景

涪陵页岩气田分布于重庆市涪陵、南川、武隆等区县境内，其中五峰组—龙马溪组目的层埋深小于 3500m，资源量大、分布广，已累计提交探明地质储量 $6008.14\times10^8m^3$，分布面积 $486km^2$。

涪陵页岩气田地质分层为：嘉陵江组、飞仙关组、长兴组、龙潭组、茅口组、栖霞组、梁山组、黄龙组、韩家店组、小河坝组、龙马溪组、五峰组等。嘉陵江组、飞仙关组地层主要为石灰岩、白云岩；长兴组、龙潭组、茅口组、栖霞组、梁山组、黄龙组地层以灰色白云岩为主；韩家店组为绿灰色泥岩、粉砂质泥岩；小河坝组以灰色泥岩、粉砂质泥岩为主；龙马溪组中部有 30m 左右厚的“浊积砂”岩，下部以泥页岩为主。龙马溪组、五峰组为主要的页岩气层段，焦石坝龙马溪组富有机质泥页岩厚度 80～114m，优质页岩气层厚度 38～44m。龙马溪组—五峰组页岩气有利区面积 $177km^2$，通过含气量综合评价结果计算，有利区域资源量（737.53～871.43）$\times10^8m^3$，资源量丰度（4.17～4.92）$\times10^8m^3/km^2$。

由于涪陵地区地表地质条件复杂，加之我国页岩气钻井工程技术研究起步较晚，涪陵页岩气田钻井面临着极大挑战，主要表现在以下 6 个方面。

（1）地表条件复杂，钻前工程投资大。涪陵地区地表出露地层为嘉陵江组灰色、深灰色石灰岩，在地表水和地下水的岩溶作用下，喀斯特地貌发育，沟壑纵横，山体高陡，暗河溶洞发育，井位优选困难，钻前施工作业难度大，工程投资大。不适合单井开发，宜采用丛式井组开发。

（2）地质条件复杂，钻井工程复杂多。浅表地层溶洞多、暗河多、裂缝多，且呈不规则分布，钻井过程易发生严重漏失，JY8-2HF 井在井深 71～81m 钻遇暗河，漏失清水 $2400m^3$。三叠系地层存在水层，二叠系长兴组、茅口组、栖霞组在局部地区存在浅层气，且部分可能含硫化氢。志留系地层的坍塌压力与漏失压力之间的区间较小，井壁容易失稳导致井下复杂，JY10-2HF 井二开钻进志留系地层时发生垮塌，被迫填井重钻，损失时间 20d。目的层龙马溪组页岩储层层理发育、易水化膨胀，水平段钻井过程中井壁稳定性差，易井漏、垮塌。龙马溪组底部页岩地层压力差异大，JY40-2HF 井钻井液密度 1.55g/cm^3 发生溢流，JY33-3HF 井钻井液密度 1.35～1.42g/cm^3 发生多次井漏，累计漏失油基钻井液 1178m^3。岩相类型多，岩石类型复杂，地层岩石硬度大、可钻性差，钻头损坏严重，机械钻速低，钻井周期长。

（3）井眼轨迹复杂，钻井施工难度大。涪陵页岩气田采用长水平段水平井组开发，多数是三维井眼轨迹水平井，具有偏移距大（一般 300m）、靶前距大（一般 800m）、水平段长（一般 1500m）等特点，井眼轨迹复杂，钻井过程中摩阻和扭矩较大，工具面摆放与控制较困难，钻井施工难度较大。

（4）页岩层理发育，井壁易失稳。涪陵地区页岩地层层理及微裂缝发育、泥质含量高、水化膨胀应力较强，导致井壁失稳与漏失风险高。常规水基钻井液无法满足长水平段安全钻进要求，初期使用的油基钻井液油水比普遍为 90：10～80：20，与国外相比偏高，部分处理剂加量大。

（5）固井环境严峻，固井质量要求高。水平井分段射孔及大型压裂对水泥环损伤严重，对水泥浆体系的弹韧性及水泥石与地层胶结质量、密封完整性提出了更高的要求。涪陵地区页岩气井三开钻进均采用油基钻井液，油基钻井液条件下的井壁油膜难以冲洗干净。长水平段套管下入过程中摩阻大，套管居中困难，顶替效率低，给长水平段油基钻井液条件下固井技术带来巨大挑战。

（6）生态环境脆弱，环境保护压力大。涪陵地区为重要饮用水源地，长江及乌江穿境而过。区内人口密集，青山绿水，环境和生态脆弱，对油基钻屑等废渣、钻井废液及污水、噪声控制等提出了更高的要求。

与北美页岩气开发相比，涪陵地区地表条件、地质条件和页岩气储层特征更加复杂、储层埋藏更深。同时，我国页岩气配套钻井工程技术研究起步较晚，部分关键工具和材料依赖进口，造成开发初期页岩气钻井机械钻速低、钻井周期长、成本高。针对这些问题，中国石化在借鉴国外页岩气田先进钻井技术经验的基础上，以重庆涪陵国家级页岩气示范区建设工程为依托，开展了涪陵页岩气田水平井组优快钻井技术研究。

二、降本增效措施

1. 优化钻井工程设计

1）建立工厂化平台经济评价模型

工厂化作业在显著减少钻前工程、钻井液、压裂施工等费用的同时会增加套管、定向施工及钻机与压裂设备改造等费用及钻机日费。为此，建立了页岩气工厂化技术经济性评价模型，利用模型可优化工厂化最优作业模式。优化后，涪陵页岩气田工厂化平台最优布井数量为 4～8 口，最优作业模式为“30 型钻机 + 70 型钻机”的流水线双钻机工厂化作业模式。形成了以经济型工厂化平台布局方法、全覆盖交叉式布井方法、正反向对称式及鱼钩式井眼轨迹设计方法为核心的工厂化地面布局与井眼轨迹优化设计技术。实现了地下储层资源利用最大化，可达 100%；地面土地节约最大化，与单井相比节约土地达 80% 以上，与丛式井相比节约土地 11.83%～21.42%；同时可满足当年完成建平台、钻井、压裂、试气、投产的开发需求。

2）水平井井眼轨迹优化

建立了基于地层漂移的井眼轨迹设计模型，提出了正反向对称型和“鱼钩”型井眼轨迹设计方案，如图 8-1 和图 8-2 所示，研发了三维地质模型下的井眼轨迹设计方法，形成了丛式水平井组三维井眼轨迹优化设计技术。应用结果表明，水平段扭方位工作量减少 19.58%，摩阻降低 30%。

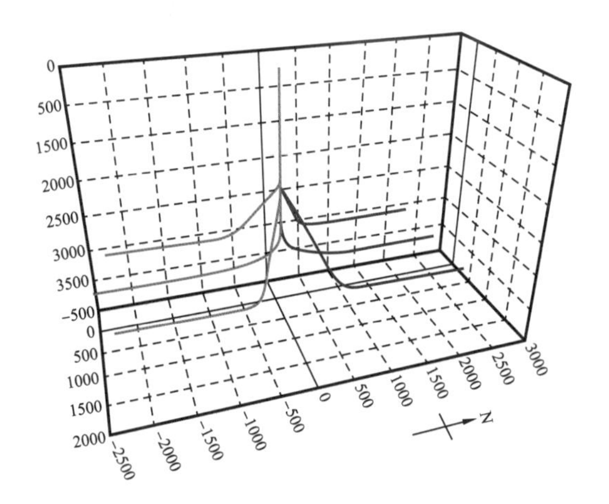

图 8-1　正反向对称型井眼轨迹设计方案

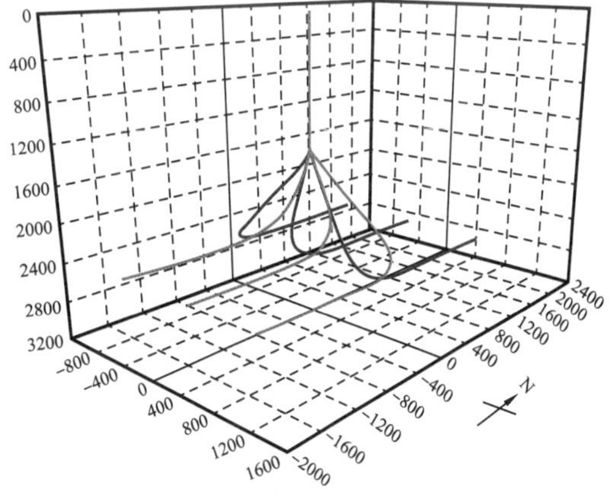

图 8-2　“鱼钩”型井眼轨迹设计方案

3）页岩岩石动力学与井壁稳定性评价

针对页岩地层岩心钻取困难的问题，引进了岩石强度连续测试仪，通过实验分析与拟合，建立了基于连续刻画与常规抗压耦合校正的岩石强度综合测定方法，突破了单点评价页岩力学特性局限，提高了岩石强度测试精度和范围；形成了基于声发射的页岩地层地应力大小求取方法，突破了页岩层理闭合、开裂对声发射信号影响的难题，明确了涪陵地区地应力大小；建立了基于声发射和古地磁测试与井壁垮塌信息反演的地应力方位综合确定方法。现场应用结果表明，岩石力学参数及地应力求取准确度不低于 93%。建立了考虑层理产状、井眼轨迹和流体侵入的坍塌压力计算模型，得到了涪陵地区页岩地层坍塌压力随井眼轨迹变化规律，如图 8-3、图 8-4 所示，有效指导了三维井眼轨迹设计、钻井液密度以及技术套管下深优化，现场优化技术套管下深上提 100m 左右，为井斜 55°～60° 井段，定向井段钻井液密度控制在 1.25～1.31g/cm^3，解决了二开井段漏、垮并存难题。

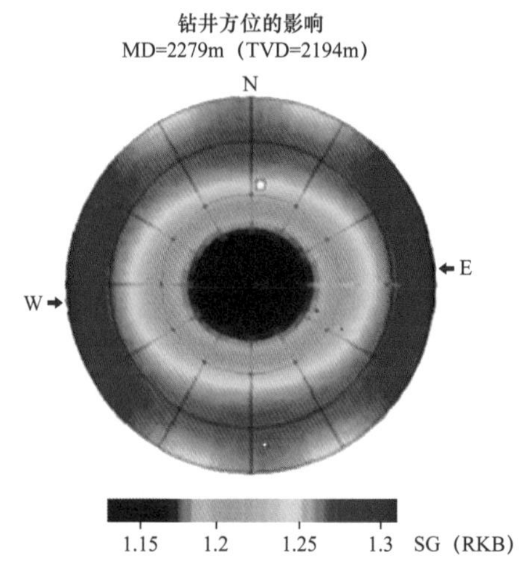

图 8-3　坍塌压力随井斜方位角的变化云图

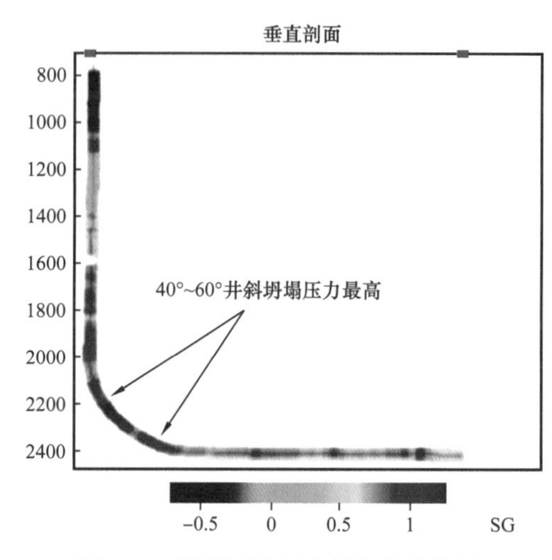

图 8-4　坍塌压力随井斜角的变化图

4）井身结构优化

针对涪陵地区长兴组、茅口组浅层气发育、井控风险大的技术难题，建立了考虑二开井控安全的表层套管下深计算模型，形成了适用于涪陵页岩气水平井的井身结构方案，即“导眼 + 三开”井身结构设计方案，如图 8-5 所示。导眼井段采用 ϕ609.6mm 钻头下 ϕ473.1mm 套管至 50m 左右。一开井段采用 ϕ406.4mm 钻头下 ϕ339.7mm 表层套管，

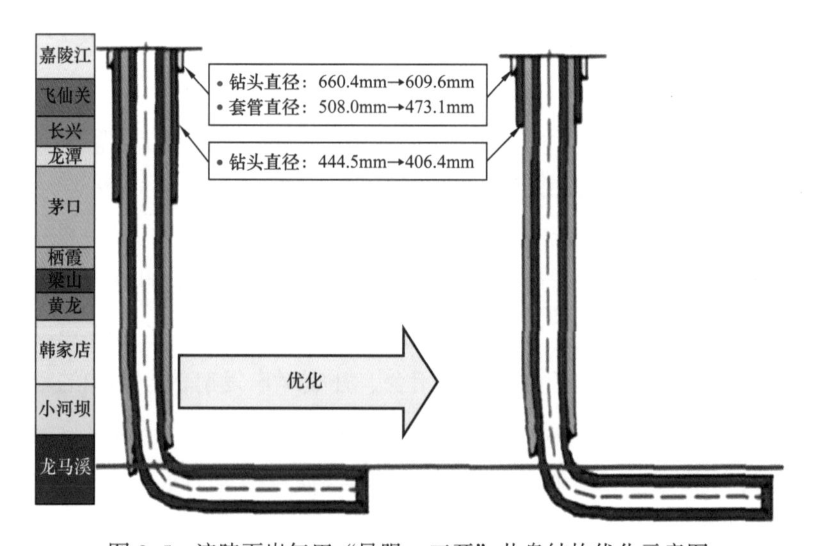

图 8-5　涪陵页岩气田“导眼 + 三开”井身结构优化示意图

套管下深由长兴组上提至飞仙关组三段，上提200m左右。与原设计相比，一是将井眼尺寸从ϕ444.5mm缩小到ϕ406.4mm，二是将表层套管下深由700m减小到500m，这样有利于提速和降本增效。二开井段采用ϕ311.1mm钻头下ϕ244.5mm套管，套管下深由龙马溪组浊积砂岩底上提至浊积砂岩顶3～5m，以便在三开井段采用ϕ215.9mm钻头钻穿浊积砂地层，提高机械钻速。三开井段采用ϕ215.9mm钻头下入ϕ139.7mm套管射孔完井。该井身结构在涪陵一期建产区全面推广应用，单井套管成本降低60万元，提速提效效果显著。

5）提高水平井套管密封完整性

针对页岩气储层压裂改造具有较高的水平井套管完整性需求，开发了壁厚12.34mm、气密封扣、高强度接箍的ϕ139.7mm页岩气专用生产套管以及套管密封性氦气检测方法，如图8-6所示。研发了套管密封失效修复技术，制定了套管密封完整性控制技术规范。一期建产区完钻交井256口井，套管90MPa试压一次合格率98%，修复后试压合格率达100%。

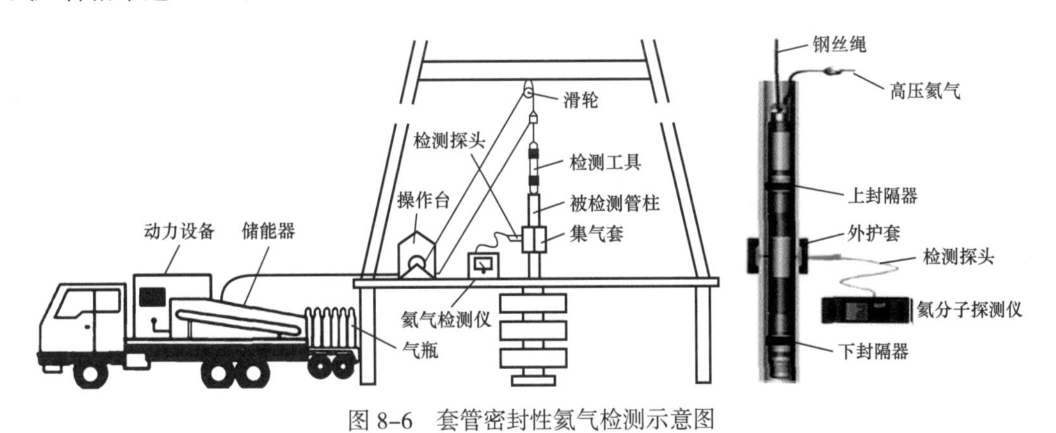

图8-6　套管密封性氦气检测示意图

2. 优化钻井生产组织

针对山地地貌特点，提出了工厂化钻井设备配套方案与地面布局方案，形成了“依次一开、二开、三开、完井”的工厂化流水线钻井作业模式，如图8-7所示。JY30号平台平均建井周期53.70d，比同期井缩短了34.35%。平均搬迁安装时间3.16d，比同期井缩短了61.42%。平均中完作业时间6.10d，比同期井缩短了55.51%。平均使用油基钻井液240m^3，比同期井减少了41.46%。此后又先后在JY50号平台等17个平台共71口井中进行了推广应用，单平台布置井数2～8口井，平台最多井数为8口井。钻井周期缩短32.67%，钻机设备作业效率提高了40%，平均单井废液排放量减少了400m^{3}以上。

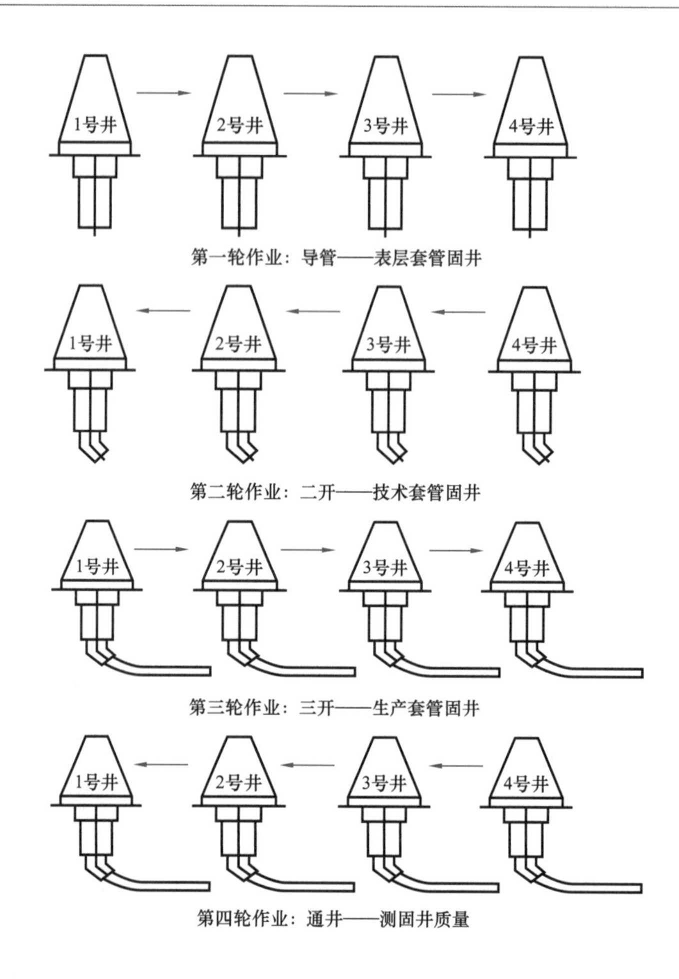

图 8-7　工厂化流水线钻井作业模式

3. 研发新设备新工具

1）研发了全方位步进式钻机移运系统

研发了全方位步进式钻机移运系统，实现了任意井口布置下钻机整体移动。研制了重负荷轮轨式移运装置，解决了传统导轨移动摩擦大、速度慢的难题。实现了钻机辅助设备模块化设计，配套了钻井快速拆装设备，编制了钻井设备快速移运技术规范，形成了钻机与防喷器组整体移动的钻机设备移运。10m 井间距 1h 即可将钻机移动到位，满足了工厂化钻井作业对钻机快速移动的要求。

2）实施了网电钻机改造

形成了以网电变压与控制、钻机动力机组改造、电气系统设计、谐波治理和无功补偿等技术为核心的网电钻机技术。工区 81% 的井实现了网电钻机作业，据不完全统计，涪陵页岩气一期 $50\times10^8m^3$ 建产区减少柴油消耗 4.97×10^4t，降低二氧化碳排放

15.48×10^4t。

3）研发了用于长水平段的新型 PDC 钻头

针对五峰组地层含硅质、研磨性强，PDC 钻头寿命短、进尺少，通过地层破碎机理研究，优化了 PDC 钻头结构设计，研发了个性化的兼顾龙马溪组和五峰组的新型 PDC 钻头。经现场试验和推广，机械钻速得到显著提高，实现了 1500m 水平段“一根螺杆、一只 PDC 钻头、一趟钻”的目标。

4）研发了水力振荡器

水力振荡器依靠涡轮驱动阀盘转动，周期性地改变工具流道过流面积，产生压力脉冲，作用在心轴以产生轴向振动，可缓解钻具的托压问题，降低摩阻和扭矩。在 JY18-3HF 井中保障了定向作业工具面稳定，钻压传递平稳，未发生托压现象，机械钻速与邻井相比提高了 42.3%。

5）研发了耐油螺杆钻具

开发了耐油基钻井液橡胶技术，设计加工了密封万向轴，研发了高耐磨性、长寿命的传动轴，设计了等壁厚马达定子 / 转子结构。现场应用结果表明，螺杆寿命和机械钻速等指标接近国外先进水平。

6）研制热解析油基钻屑处理装置

该装置全面应用于现场，在涪陵工区建设了 7 个处理厂站，处理后的钻屑含油率低于 3‰，实现了油基钻屑 100% 无害化处理。

4. 综合实施配套技术

1）国产低成本油基钻井液技术

针对涪陵地区页岩地层的地质特点与长水平段水平井的施工要求，研发了柴油基钻井液。用超低加量的高效乳化剂，研发了能吸附在亲水固体表面、使其转变为亲油性固体的润湿反转剂，研发了对松散、破碎和遇水失稳地层的井壁稳定影响至关重要的降滤失剂，形成了适应涪陵页岩地层长水平段钻进的油基钻井液体系。体系基础配方为：柴油 +（1.2%～2.4%）主乳化剂 +（0.8%～1.6%）辅乳化剂 +（0.5%～1.5%）储备碱 +（0.5%～2%）有机土 +（0.5%～1%）增黏剂 +（2%～3%）降滤失剂 +（0～0.6%）润湿剂。该体系具有低滤失、低黏度、低加量、低成本、高切力、高破乳电压、高稳定性的“四低三高”特点。

应用结果表明，该体系能够有效防止页岩地层井壁失稳，降低水平段钻进及电测、下套管过程中的摩阻，满足了页岩气水平井安全钻井的要求。与邻区国外公司相比，体系外加剂加量较国外同类产品减少 30%，成本降低 40%。

2）长水平段水平井固井技术

针对页岩气水平段大型多段压裂对水泥石密封性的高要求，通过在水泥中加入优选的弹性、增韧性材料，有效改善了水泥石抗冲击性能和耐久性，弹性提高 50% 以上，韧性提高 91% 以上，形成了适合页岩气水平井固井的弹韧性水泥浆体系。体系基础配方为：嘉华 G 级水泥 +5%SP-1+0.15%FP-2+1.5%DZS+6%FSAM+0.1%DZH+43%H_2O。针对水平段使用油基钻井液的特点，研发了高效冲洗隔离液，7min 冲洗效率即可达到 100%，提高油基钻井液条件下的水泥环胶结质量。研发了旋转自导式浮鞋等专用下套管工具，开发了长水平段下套管技术，基本满足了页岩气井不同井眼轨迹条件下的水平段套管下入及居中度要求，水平段长 1500～2000m 一次性下到预定井深成功率 100%。

自主研制的弹韧性水泥浆、多功能冲洗隔离液等产品全部替代进口产品，在涪陵地区推广应用 256 口井，固井质量合格率 100%，优质率 89%，固井成本节约 40% 以上。

3）低成本井眼轨迹控制技术

优化形成了国产低成本的“大功率螺杆 +MWD+ 自然伽马”导向工具，替代了高成本旋转导向工具，实现定向、稳斜“一趟钻”。

4）钻井提速集成技术

形成涪陵页岩气田钻井提速集成技术系列：（1）导眼井段采用山地水力机械双加压导眼钻井技术，即顶驱 + 水力加压器 + 超重钻铤钻井技术；（2）一开井段采用清水 + PDC 钻头 +244.5mm 大功率螺杆复合钻井技术；（3）二开井段采用 PDC 钻头 + 螺杆 + 低密度钻井液技术；（4）三开水平段采用新型 PDC 钻头 + 水力振荡器 + 耐油螺杆复合钻井技术。

现场应用结果表明，机械钻速较前期提高 2～3 倍。其中，JY12-4HF 完钻井深 4720m，水平位移 2505.83m，水平段长 2130m，创当时国内页岩气水平井水平位移最长纪录；JY32-4HF 井平均机械钻速 13.13m/h，创当时国内页岩气水平井单井机械钻速最高纪录。

三、实施效果分析

经过系统攻关和试验应用，攻克了山地特色工厂化钻井、绿色环保钻井、国产油基钻井液、长水平段水平井固井等关键技术，形成了涪陵页岩气田水平井组优快钻井技术体系及规范，实现了涪陵页岩气田高效、安全、绿色开发。攻关形成的优快钻井技术系列在涪陵页岩气田推广应用了 290 口井，完井 256 口。机械钻速由技术攻关前的 2.85m/h 提高至 8.03m/h，提高 182%，如图 8-8 所示；钻井周期由 151d 缩短到 68d，缩短了55%，如图8-9所示；单井钻井成本由5237万元降低到3468万元，降低了34%，如图8-10所示。

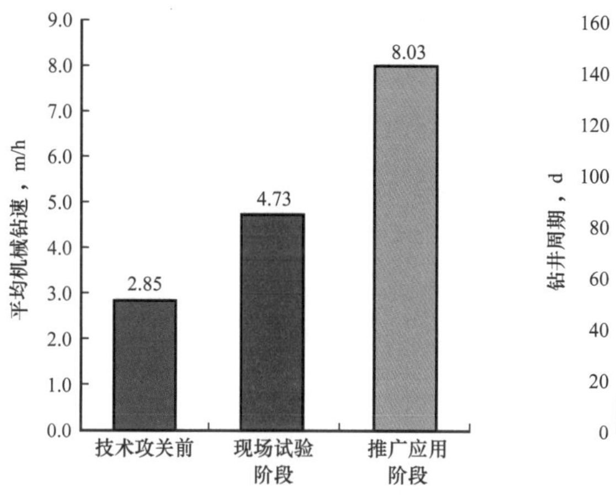

图8-8　平均单井机械钻速统计

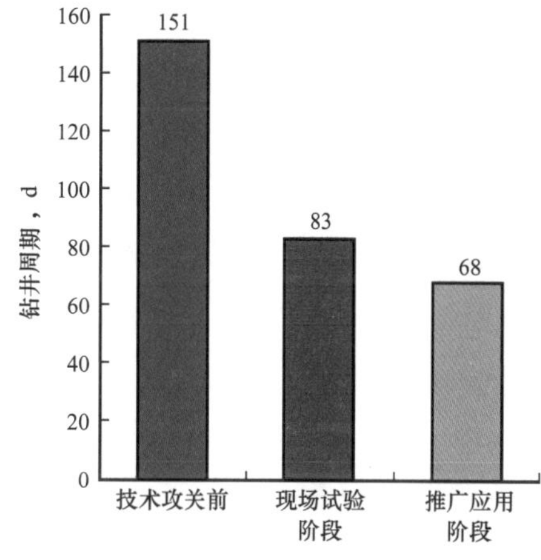

图8-9　平均单井钻井周期统计

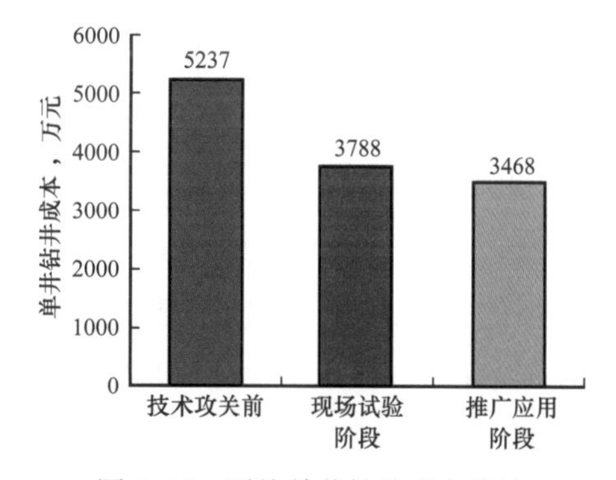

图8-10　平均单井钻井成本统计

案例 9　中国石化川渝地区深层页岩气田开发降本增效配套措施

本案例介绍了中国石化针对川渝地区深层页岩气特殊地质特点，实施地质工程一体化设计、随钻地层精细评价、优质快速钻井技术、优化油基钻井液、优化固井设计、体积压裂工艺、新型压裂工具、高效压裂液体系、测试及产能评价、研发大型压裂机组等降本增效配套措施。

一、案例背景

近年来，中国石化加快了江东、平桥、丁山、威远—永川等深层页岩气区块（储层埋深 3500m 以下）勘探开发的步伐。相比浅层页岩气，深层页岩气区块地质条件更为复杂，商业化开发难度更大，对工程技术提出了新的挑战，主要表现为：（1）储层埋藏更深，温度更高，压力体系复杂，对钻井提速、钻井液、固井提出了更高要求；（2）深层页岩塑性增强、闭合压力高、水平应力差异大，页岩地层的缝网改造难度更大。

针对上述挑战，中国石化围绕深层页岩气勘探开发在提高钻井速度与建井质量、实现有效压裂与提高产量等方面的技术需求，开展了基于甜点评价的地质工程一体化设计、随钻地层精细评价、优质快速钻井技术、优化油基钻井液、优化固井设计、体积压裂工艺、新型压裂工具、高效压裂液体系、测试及产能评价、研发大型压裂机组等技术攻关，初步形成了深层页岩气工程技术链，支撑了深层页岩气的勘探开发。

二、降本增效措施

1. 地质工程一体化设计

研究形成了基于甜点评价的地质工程一体化设计技术，即地质构造建模、地质力学分析、气藏描述、井位布置与钻井工程设计、压裂工程设计、完井测试及压后评价为主体的一体化设计方法，工作流程如图 9–1 所示。具体包括：（1）页岩构造建模、气藏建模及“甜点”精确描述方法；（2）基于地应力方向和“甜点”富集特点的水平井方位与井眼轨迹设计方法；（3）综合考虑地质特征及水平井井网布置模式等因素的体积压裂设计理论及精细分段、簇射孔方法；（4）通过裂缝监测、完井测试、产能评价及后评估技术，持续完善、优化地质工程一体化设计方法。

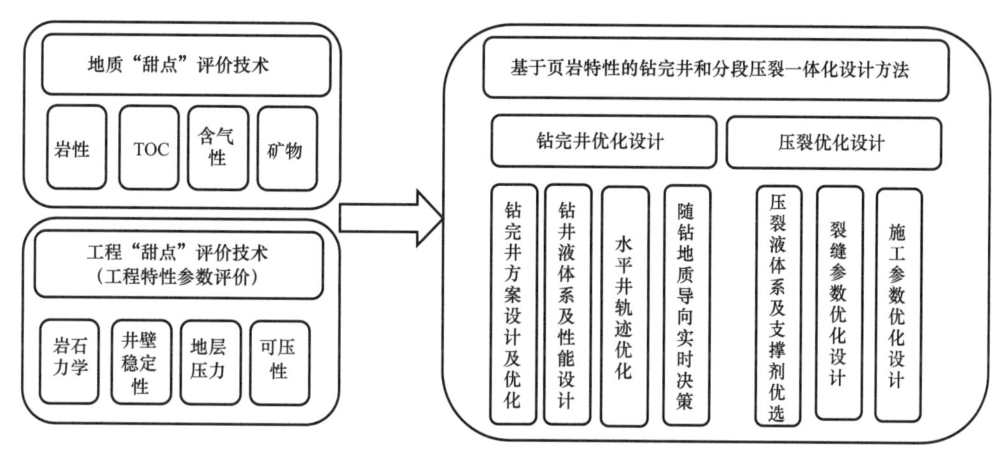

图 9–1　基于甜点评价的地质与工程一体化设计技术工作流程

2. 随钻地层精细评价

开发了适用于页岩气水平井的三维地质导向建模与预警系统，形成了基于随钻数据实时传输的随钻地层精细评价技术，提高了地质导向工作效率及优质页岩储层钻遇率。

1）建立了页岩储层品质、完井品质评价方法

提出了页岩岩性、孔隙度、TOC、含气量等页岩储层品质计算方法；引入断裂韧性指数评价页岩脆性，提高了评价效果；优选了页岩地层岩石力学参数和地层孔隙压力、破裂压力、坍塌压力等完井品质参数的计算方法；基于 X 射线荧光（XRF）分析技术的页岩工程、地质多参数随钻求取方法，提出了页岩地层工程甜点和地质甜点的随钻评价方法。

2）开发了随钻地质导向建模与预警系统

在利用区域地震、地质、测井、录井等数据进行三维地质建模的基础上，实现了基于 OpenGL 技术的井眼轨迹、地层模型三维可视化，建立了基于三维建模、二维地层等厚对比、电磁波电阻率正反演和随钻成像伽马测井的 4 种地质导向方法，如图 9–2 所示；形成了基于地层界面、靶点位置、测井曲线数值等参数的 4 种工程预警模式，有效提高了井眼轨迹、随钻数据异常情况下的决策时效性。

3. 优质快速钻井技术

针对深层页岩气井钻井周期长、成本高等问题，持续开展页岩气水平井钻井优化设计、钻井提速技术集成、工厂化高效钻井等技术攻关，初步形成了深层页岩气井优质快速钻井技术，实现了安全、优质、快速钻井。

1）井身结构与井眼轨迹优化

针对页岩气井钻井提速降本要求，钻头直径由“660.4mm—444.5mm—311.1mm—215.9mm”优化为“609.6mm—406.4mm—311.1mm—215.9mm”，技术套管下入深度由龙

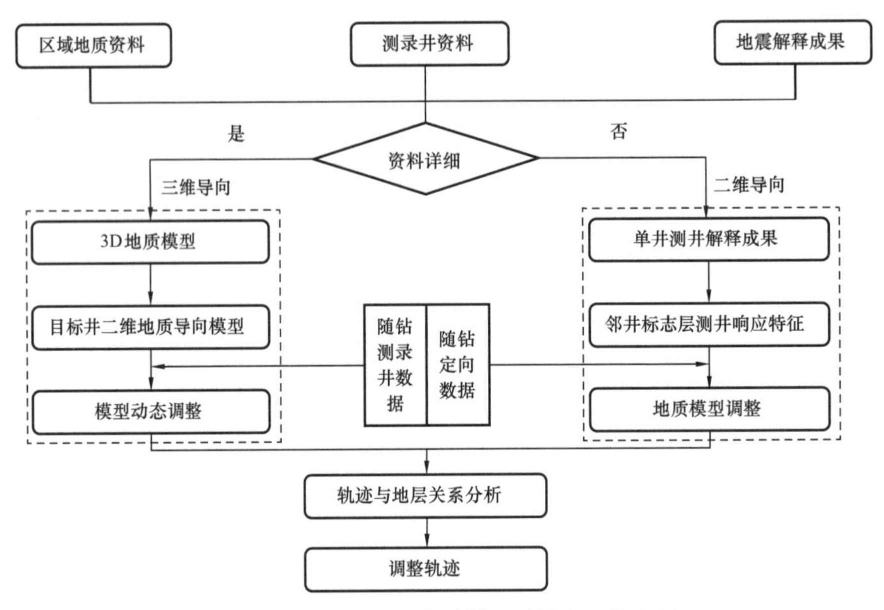

图 9-2　页岩气水平井随钻地质导向工作流程

马溪组中部上提为龙马溪组顶部，在显著提高上部井段机械钻速的同时减少了技术套管费用。为了满足储层动用最大化的布井需求，提出了大靶前距大井距三维井眼轨迹和鱼钩形井眼轨迹设计方案，如图 9-3 所示，储层有效动用率最大可达 100%。

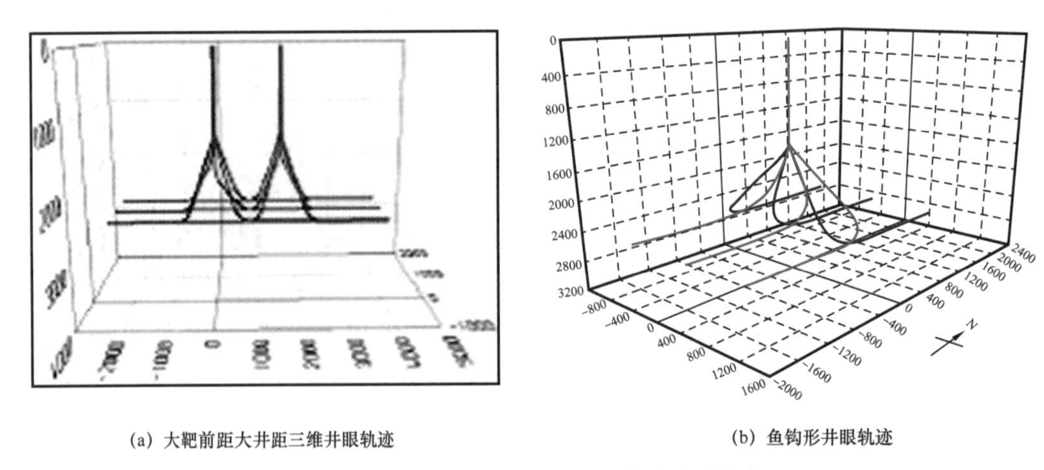

图 9-3　页岩气水平井三维井眼轨迹设计方案

2）钻井提速技术集成

为提高深层页岩气井钻井速度，应用了“LWD/MWD+ 短钻铤 + 稳定器”精准导向钻具组合及配套钻井工艺，并研发了涡轮式水力振荡器、短弯螺杆、高效 CDE（圆锥形金刚石切削齿）PDC 钻头，提高了定向钻井效率，解决了定向钻井托压问题。同时，配套研发了机械式冲击螺杆和射流式冲击器，实现了页岩气水平井钻井提速技术集成。

3）深化工厂化钻井模式

针对南方海相页岩气地质特征与地貌特点，提出了适用于不同地形、地势的井场地面布局设计，形成了滑轨式、轮轨式和步进式不同移动方式的钻井配套设备及推荐做法，形成了以钻井开次为单元的工厂化流水线钻井作业模式。

4. 优化油基钻井液

为满足永川、丁山等地区深部高应力页岩气地层的地质与工程需求，研发了高温高密度油基钻井液 LVHS-III 型，钻井液主要技术指标见表 9-1。

表 9-1　LVHS-III 油基钻井液主要性能

钻井液	密度 g/cm^3	油水比	破乳电压 V	塑性黏度 mPa·s	动切力 Pa	静切力 Pa	动塑比	高温高压滤失量 mL
LVHS- Ⅲ	2.20	85：15	821	52	16	8.0/13.0	0.28	2.2

自主研发了抗高温乳化剂 SMEMUL-H、流型调节剂 SMASA，形成了高温高密度油基钻井液体系，其抗温可达 200℃，密度可达 $2.40g/cm^3$，具有良好的高温稳定性与高密度沉降稳定性。该体系已在永川、丁山、威远等地区多口页岩气井应用，均取得了良好效果。

5. 优化固井设计

针对深层页岩地层高温、高应力的特点，系统开展了水泥环密封完整性试验评价、新型耐高温弹韧性水泥浆体系和泡沫水泥固井技术研究。

1）建立了水泥环密封完整性设计方法

基于全尺寸水泥环密封完整性评价研究，建立了基于生命周期内水泥环长效密封保障设计方法，提出了深层页岩气井固井水泥石性能设计要求，见表 9-2。

表 9-2　深层页岩气井固井水泥石性能要求

压裂施工压力 MPa	压裂段数	水泥石性能设计要求		
		弹性模量，GPa	抗折强度，MPa	抗压强度，MPa
50～70	3～5	＞10	＞3.0	＞30
	12～16	7～9	＞3.0	＞25
	22～32	5～7	＞3.0	＞16
90～110	1	＞10	＞3.5	＞30
	5～8	7～9	＞3.5	＞25
	15～26	4～6	＞3.5	＞14

2）研发了新型耐高温弹韧性水泥浆体系 SFP- Ⅱ型

在前期弹韧性水泥浆体系 SFP- Ⅰ型的基础上，开展了结晶相塑化和最优颗粒级配的水泥石改性技术及关键耐高温外加剂的研发，形成了耐温达 150℃的新型耐高温弹韧性水泥浆体系 SFP- Ⅱ型。SFP 系列水泥石的主要性能见表 9–3。

表 9–3　SFP 系列水泥石主要性能

水泥浆体系	使用温度，℃	抗压强度，MPa	弹性模量，GPa	抗折强度，MPa
SFP- Ⅰ	30～110	＞18	7.0～8.0	＞3.1
SFP- Ⅱ	50～150	＞20	5.0～7.0	＞3.5

3）研发了泡沫水泥固井技术

针对涪陵外围易漏失井的固井难题，研制了机械注氮装置及控制系统，设备耐压 25MPa 以上，泡沫水泥浆地面密度小于 0.8g/cm^3，实现了供浆、供气、密度自动控制。研发了泡沫水泥浆体系，水泥石弹性模量小于 5GPa，最低密度小于 1.2g/cm^3，满足了不同压力体系页岩气井固井要求，泡沫水泥浆主要性能见表 9–4。泡沫水泥固井技术在涪陵江东与平桥区块已应用 12 井次，较好地解决了页岩气井固井水泥浆易漏失的难题，提高了固井质量。

表 9–4　泡沫水泥浆主要性能

密度 g/cm^3	泡沫体积分数 %	水泥石	
		弹性模量，GPa	抗压强度，MPa
1.74	7	13.0	18.4
1.45	23	4.5	12.6
1.35	28	3.7	8.0
1.17	38	3.0	4.8

6. 体积压裂工艺

形成了“压前评价—压裂设计—压后评估”一体化的页岩气水平井体积压裂工艺技术，包含以下 5 个方面。

1）沿水平井筒连续的页岩“甜度”评价方法

页岩“甜度”为实际页岩参数与标杆页岩参数（用模糊集合表示）的欧氏贴近度，其值为基于 13 个独立地质参数的地质甜度和基于页岩施工特征参数的工程甜度的加权值。页岩“甜度”可为段簇精细划分提供定量依据，与测试产量的相关性较以往的“甜点”更强。

2）提高有效改造体积（ESRV）的差异化设计技术

针对不同小层页岩地质特征、地应力及岩石力学参数，建立了水力压裂大型物理模型和考虑层理弱面的三维水力压裂模型，揭示了双簇射孔水力压裂裂缝起裂与扩展规律，如图 9–4 所示。试验结果表明，裂缝干扰可降低裂缝周围水平应力差异系数，有利于裂缝转向及沟通层理面，使裂缝形态更为复杂。这有利于指导和优化不同小层体积改造的排量、规模、砂液比、前置液比例等压裂参数。

(a) 试样剖切图

(b) 声发射监测结果

图 9–4　双簇射孔模式下的裂缝起裂与扩展物理模拟试验结果

3）工厂化多参数协同压裂优化设计技术

采用系统工程方法，结合 BP 神经网络模型和遗传变异算法，以整个平台经济效益最大化为优化目标函数，同步优化出考虑水平井筒长度、井间距、缝间距、裂缝长度、导流能力、裂缝复杂性、布缝模式、井位及生产压差等 10 余种影响因素的多参数组合，最大限度地实现降本增效目标。

4）特色体积压裂工艺技术

以主缝净压力优化与控制为基础，按照“设计一段 + 施工一段 + 分析一段 + 优化一段”的流程进行分段压裂施工，形成了不同排量组合、不同性质液体组合及不同粒径支撑剂组合为特色的体积压裂工艺技术，即“前置酸 + 滑溜水 + 胶液 + 滑溜水 + 胶液”的注入模式及“70/140 目 +40/70 目 +30/50 目”支撑剂组合的加砂模式。

5）基于施工参数的后评估及排采模拟技术

利用压裂施工曲线表征页岩脆塑性、利用归一化等效砂液比表征远井可压性，建立了“基质—裂缝—井底—井口”的大系统流动节点系统分析方法，模拟储层渗流和井筒流动，形成了一套多段压裂排采优化模拟技术。

7. 新型压裂工具

针对深层页岩气井增产增效要求，研制了全通径无限级分段压裂工具、大通径桥塞以及可溶式分段压裂工具。

1）全通径无限级分段压裂工具

研制了 139.7mm 全通径无限级分段压裂工艺管柱及配套工具，采用连续油管或油管下入压裂工艺管柱，拖动管柱坐封封隔器后实现环空加砂压裂，其主要工具的技术参数见表 9–5。现场试验施工最高压力 45MPa，施工排量 2.2m^3/min，封隔器重复坐封 2 次，施工结束后对提出的封隔器进行测试，未发现损坏且坐封压力仍能达到 70MPa，可以再次入井作业。

表 9–5　全通径无限级分段压裂工具主要技术参数

工具名称	外径，mm	内径，mm	长度，mm	主要性能指标
液压丢手	79	33	520	丢手压力 21MPa
重复坐封封隔器	114	40	1820	耐温 120℃，封隔压力 70MPa，坐封启动力 15kN，重复坐封大于 8 次
喷射器	100	36	240	最大过砂量 45t
接箍定位器	130	38	520	上提拉力 12～22kN
套管滑套	200	121.4	2213	滑套打开压力 16MPa

2）大通径桥塞分段压裂工具

为满足深层页岩气井压裂需求，降低压裂综合成本，研制了 139.7mm 大通径桥塞分段压裂工具。其外径 110mm，通径 70mm，耐压 70MPa，耐温 150℃，坐封压力 180kN，憋压球可降解，压裂结束后无须钻桥塞，较大的内通径有利于压裂液及时返排、快速进行测试投产，从而提高了施工效率，降低了施工成本。

3）可溶式分段压裂工具

为满足高温高压深层页岩气压裂需求，研制 114.3mm、139.7mm 可溶桥塞及配套坐封工具并进行室内联机试验，桥塞顺利实现坐封及丢手。完成了 114.3mm 球座可溶式分段压裂滑套工具试制及地面性能测试，实现了滑套工具打开、液体通道连通、球座溶解功能。其可溶金属材料抗拉强度 400MPa，屈服强度 310MPa，承压环地面承压 70MPa，平均降解速率 30mg/（cm^2·h）。

8. 高效压裂液体系

针对深层页岩气储层特征和体积压裂对压裂液低摩阻、低黏度、低伤害、高携砂等性能要求，以自主研发的高效降阻剂（SRFR）、增稠剂（SRFP）、交联剂（SRFC）、黏土稳定剂（SRCS）和助排剂（SRCA）等关键处理剂为基础，在前期 Ⅰ 型滑溜水体系基础上，研发形成了 Ⅱ 型滑溜水体系。Ⅱ 型滑溜水体系配方为：0.03%～0.1% 高效降阻剂

SRFR-2（粉末型）+0.3% 黏土稳定剂 SRCS+0.1% 助排剂 SRCA。两套滑溜水体系的主要性能见表 9-6。该滑溜水体系在焦石坝、丁山、彭水、南川、东峰等地区现场应用数十井次，成功率 100%，满足了中深层、深层页岩气储层体积压裂改造的需要。

表 9-6　Ⅰ型和Ⅱ型滑溜水体系主要性能对比

滑溜水	降阻剂类型	降阻剂溶解时间 s	降阻剂用量 %	适用温度 ℃	降阻率 %	表观黏度 mPa·s	表面张力 mN/m	防膨率 %
Ⅰ型	乳液型	60	0.07～0.10	150	80	1～3	26	75
Ⅱ型	粉末型	100	0.03～0.10	160	82	2～15	28	80

9. 测试及产能评价

在页岩气井渗流机理研究的基础上，建立了多段压裂页岩气水平井试井分析及产能评价模型，研发了产气剖面测试仪器，建立了页岩气井的产能评价和产气剖面测试技术。

1）页岩气井产能评价技术

基于多尺度流动机理分析，耦合吸附、扩散、滑脱、双孔、应力、复杂裂缝形态等因素，建立了多段压裂页岩气水平井试井分析和产能评价模型，编制了相应软件。并基于国内页岩气井典型流场图版，建立了适合国内高压、高产、长线性流生产时间的页岩气井产能递减模型。该技术在涪陵、丁山、彭水等地区 40 余口页岩气井进行了应用，得到了产量变化规律、储层改造体积（SRV）、可采储量等关键参数，产能评价精度大于 90%，有效评价了储层压后效果和生产潜力。

2）页岩气井产气剖面测试技术

针对页岩气井产出规律认识困难、测试成本高的难点，研发了常规仪器与阵列仪器组合的产气剖面测试仪器，可测量温度、压力、流量、持水率、磁定性、伽马等参数。其外径 43mm，抗温 170℃，抗压 105MPa。同时，配套了水平井连续油管输送组合仪器的测试工艺，确立了连续油管及防喷器、防喷盒、防喷管等井口带压设备优选方法，保障了测试管串安全下入，并形成了适于页岩气水平井复杂流型的测试资料解释方法。现场应用结果表明，测试资料符合率达 92%，测试成本降低 30%，对页岩气井压裂方案优化、压后效果评估起到了借鉴作用。

10. 研发大型压裂机组

中国石化自主研制了 3000 型超高压大功率大型压裂车，包括压裂车、混砂车、高压管汇系统、配液车、供砂装置和集群控制系统等。3000 型压裂车最大输出功率 2200kW，最高工作压力 140MPa，最大控制终端 40 台，输砂能力 20～13000kg/min，混配液排量 $20m^3/min$。完成了 140 余口井共计 2350 层段的压裂作业，最高施工压力达 113MPa，压裂机组单层持续泵注时间最长 7h，最大工作负荷 85%。高档位工况下，负荷较 2500 型压裂车提高 30%，泵头体寿命较其他压裂泵提高 20%。在相同施工总功率的条件下，3000 型成套压裂机组占地面积更小，更加适应复杂山地环境和高施工压力深层页岩气井压裂作业的要求。

三、实施效果分析

随钻地质导向建模与预警系统在涪陵、丁山、武隆等多个地区 50 余口井进行了成功应用，优质页岩储层钻遇率达到 91.2%。钻井提速技术集成获得良好的现场应用效果，定向段稳斜钻进一趟钻最长进尺 1726m，水平段一趟钻最长进尺 1971m，水平段最长 2163m，最大井深 5820m，平均钻井周期较开发初期缩短 30% 以上。

工厂化钻井模式已在 30 个平台 140 余口井推广应用，每口井占地面积与单井模式相比减少 65.9%，与丛式井相比减少 11.8%；钻机井间移动时间由 72h 缩短为 12h，单井搬迁安装周期缩短 61%，中完时间缩短 55%，单井建井周期缩短 31%，钻井液用量减少 41%。

案例 10　美国 Eagle Ford 页岩气田工厂化钻井配套措施

本案例介绍了美国 Eagle Ford 页岩气田开发过程中实施工厂化钻井配套措施，包括工厂化的布井方式、配套钻机、作业流程和应用效果。

一、案例背景

页岩气开发先后经历了直井、水平井、分支井、丛式水平井组的发展历程，美国页岩气钻井大规模应用水平井并已形成了成熟的工厂化开发技术。2010 年起，美国水平井钻井进尺超过直井钻井进尺，2012 年新钻井数 2/3 以上是水平井，水平井钻井数量呈爆发式增长。随着水平井工厂化优快钻井技术的进步，美国页岩气水平井的平均水平段长度不断增加，钻井周期不断缩短，单位进尺钻完井费用持续降低，促成了美国的“页岩气革命”。

采用“群式布井、集中施工、流水作业、资源整合、统一管理、远程控制”的工厂化开发方式，按生产线组织管理模式把各工序衔接起来，利用快速移动钻机对丛式水平井组多口井进行批量钻完井作业，以流水线的方式进行钻井、测井、固井、压裂、完井和试采的连续作业，打破了传统的单一工种生产模式，显著提高了施工效率，强化资源共享利用和集约化管理。应用工厂化优快钻井技术，是美国页岩气低成本高效开发获得巨大成功的关键。这里以美国 Eagle Ford 页岩气田工厂化为例，介绍关键技术措施和集成应用效果。

二、降本增效措施

1. 工厂化布井方式

在钻井作业开始之前，钻井部门会同土地、地质、气藏、生产、销售、财务等部门，分别从 Eagle Ford 组页岩储层厚度、岩性特征、钻完井工艺要求、生产管线及设施等方面进行综合研究，决定采用在一个平台上钻 10 口水平井的布井方式，如图 10–1 所

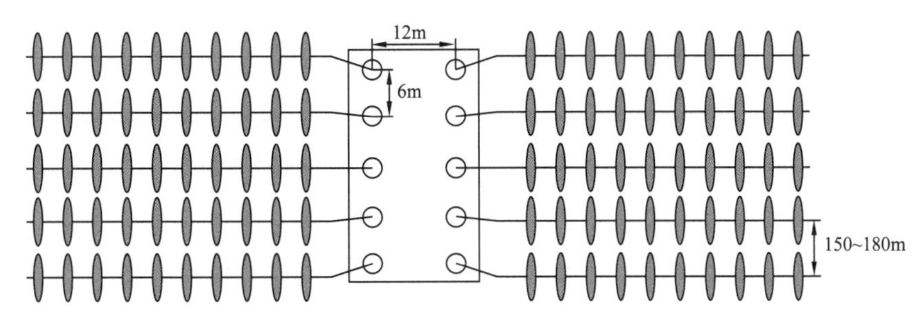

图 10–1　Eagle Ford 页岩气田工厂化 10 口水平井布井方式示意图

示。减少单井井场占用土地面积，保护自然环境，钻井液重复利用，多口井实现“批钻”作业，减少非生产时间，提高作业效率，可有效降低单井的钻井周期和费用。

2. 工厂化配套钻机

针对不同井段的钻井作业，分别选用不同类型的钻机。表层套管井段钻井作业具有周期短、风险可控、地下地质情况明确且相对简单、钻机搬迁频率高等特点，优先选用车载钻机进行表层套管井段钻井作业。车载钻机易于在不同井间进行搬迁，钻机日费相对较低，可使单井平均钻机搬迁安装时间降低 30%。上部直井段、大曲率造斜段及水平段钻进时，由于井段长、地层深、地质情况复杂等因素，选用 7000m 大功率钻机并配备顶驱系统，钻井泵性能也能满足作业需要。大功率钻机增加了设备处理复杂情况的能力，能够保证深部地层钻井作业顺利高效地进行。

3. 工厂化作业流程

实现批量钻井作业，多口井依次一开钻进、下套管、固井，依次二开钻进、下套管、固井，如同“工厂式流水线”作业，作业过程程序化，作业效率得到大幅度提高，且钻井液材料、同一趟钻具组合等可以得到重复利用，钻井成本也相应降低。作业流程如图 10–2 所示。

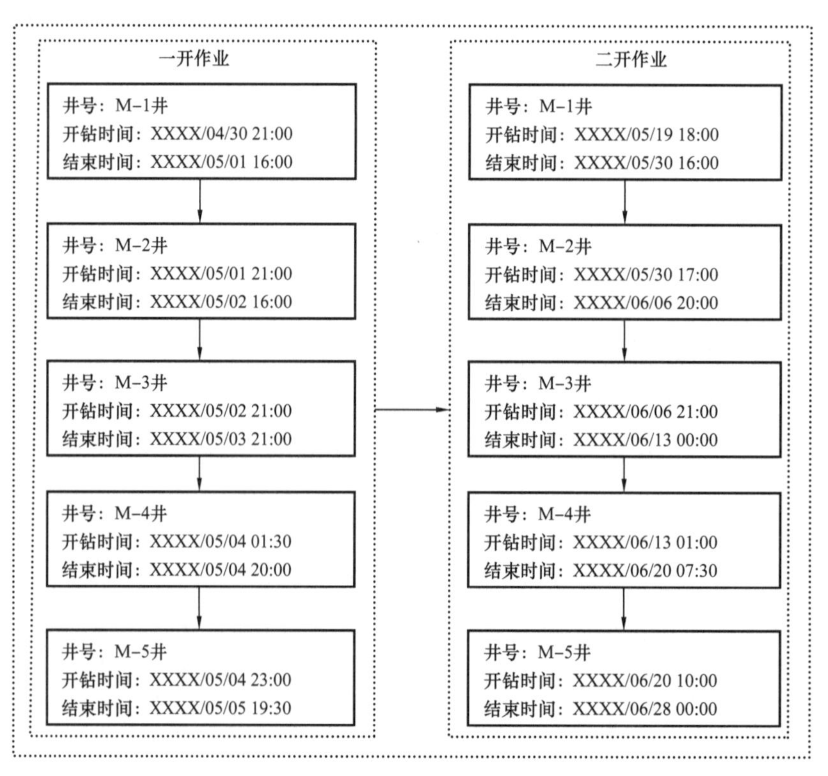

图 10–2　Eagle Ford 页岩气田工厂化钻井平台 10 口水平井作业流程图

三、实施效果分析

一个平台 10 口水平井采用工厂化钻井模式作业，平均钻机搬迁安装时间为 0.73d，平均钻井周期为 9.4d（从开钻至钻机复员时间），平均建井周期为 10.13d。而一个平台采用 2～4 口井单井钻井模式作业，平均钻机搬迁安装时间为 3.4d，平均钻井周期为 14.1d，平均建井周期为 17.5d。对比 2～4 口井单井钻井模式，工厂化钻井模式可使单井建井周期（从搬迁至钻机复员时间）减少 7.37d，缩短 42.1%。

案例 11　中国石油长宁页岩气田工厂化钻井配套措施

本案例介绍了中国石油长宁页岩气田工厂化钻井配套措施，包括工厂化的配套技术与装备、钻井平台部署、批量钻井程序、环保设施建设和现场应用效果。

一、案例背景

四川长宁区块页岩气采用常规钻井模式存在施工效率低、钻井周期长、作业费用高、投产速度慢等问题，影响了页岩气资源的规模效益开发进程。长宁区块地表以丘陵、山区为主，沟壑纵横，同时周围民房、人口、农田众多，交通不便，给工厂化钻井所需的大尺寸井场设计和建设带来较大困难。同时受地形、周边环境等条件限制，实施批量钻井所需的钻机快速移动装置、高泵压大排量循环系统及配套装备等不完善，钻井设备搬迁安装时间长，油基钻井液和钻屑处理能力不足，难以有效发挥批量钻井的效率优势。

在长宁页岩气田的规模效益开发过程中，探索采用工厂化钻井作业模式，通过一系列的技术改造和生产组织的持续改进，形成适用于长宁页岩气田的成熟配套工厂化钻井技术系列，有效提高钻井效率，降低钻井费用，保护环境，达到降本增效的目的。

二、降本增效措施

1. 工厂化配套技术与装备

首先，通过系列技术改造，形成了地面设备标准化布局、动力系统优化与电代油技术措施、钻机移动装置及底座改造、50MPa 高压循环系统改造、岩屑不落地设施、钻井液中转站及回收处理装置、批量气体钻井流程、随钻测井（LWD）/ 存储式测井等工厂化钻井必需的配套技术和装备，为长宁页岩气田工厂化作业提供了必要的技术保障。建立所有技术、装备、操作的标准化管理流程，提高整体效率。

2. 工厂化钻井平台部署

长宁地区设计采用单排和双排井布置的双钻机平台，以双排井布置为主，如图 11–1 所示。综合考虑水平井钻井难度、人员设备搬迁、双钻机共享面积、平台建设费用等因素，平台容量为 6～8 口井，优化了平台功能区和钻机布局，保证了连续、交叉作业安全。

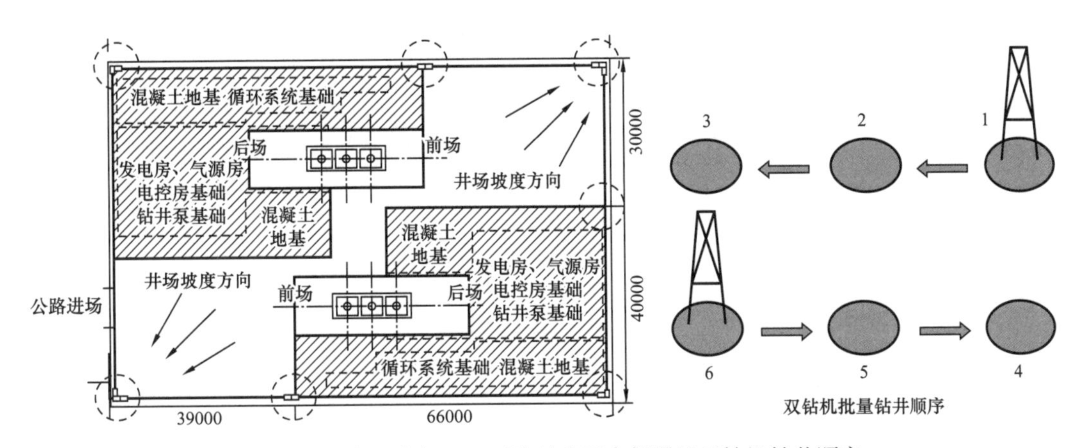

图 11-1　长宁页岩气田工厂化钻井平台部署及双钻机钻井顺序

3. 工厂化批量钻井程序

根据长宁地区水平井钻井过程中气体钻井应用、钻井液类型、井眼轨迹控制要求以及井身结构模版，对详细作业步骤和时长进行了分解，如图 11-2 所示。优化出了错时

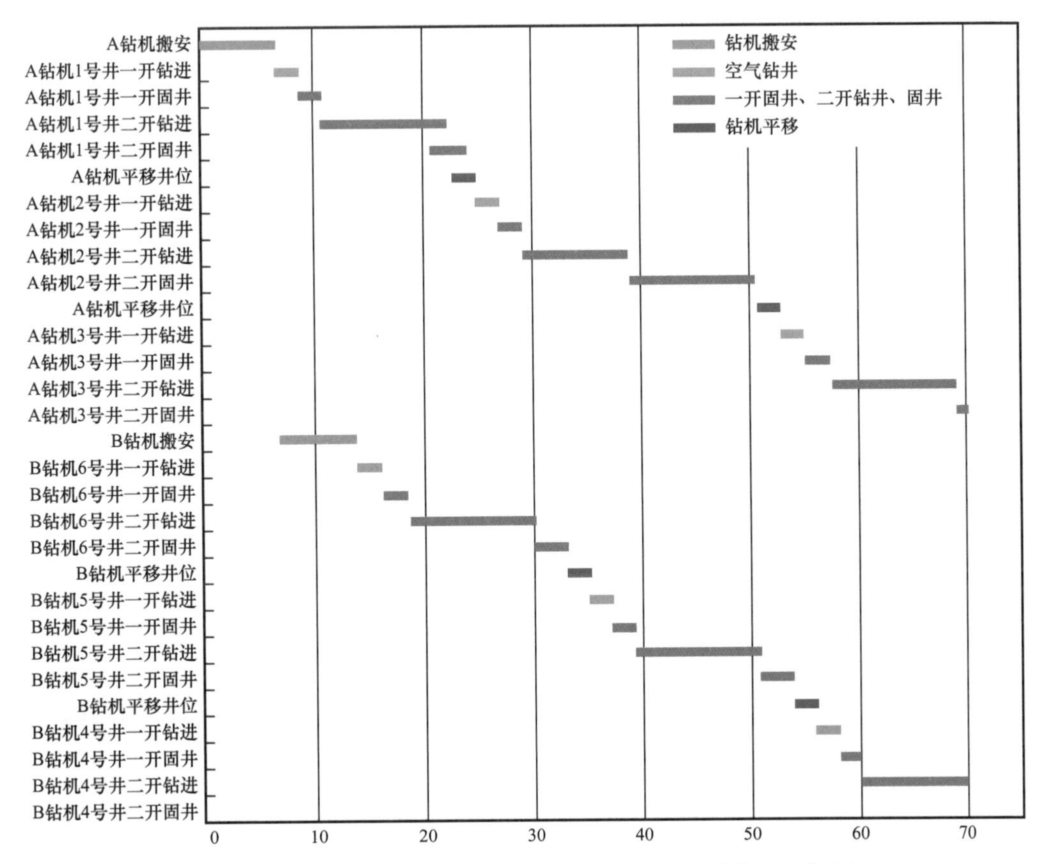

图 11-2　长宁页岩气平台一开和二开批量钻井流水线作业程序分解

开钻方法，实现了单井工序的无缝对接，两部钻机的移动、空气钻井、测井、固井、压裂等工序互不冲突，最大程度上提高了设备利用率，节省了专业化服务费用。

由于聚合物无固相与KCl聚合物之间不需要立即转换，所以一开井段和二开井段钻井不考虑分批次钻井，长宁工厂化平台各井在三开井段转化为油基钻井液，因此，实施2批次批量钻井模式，即水基钻井液和油基钻井液的批量钻井，如图11–3所示。

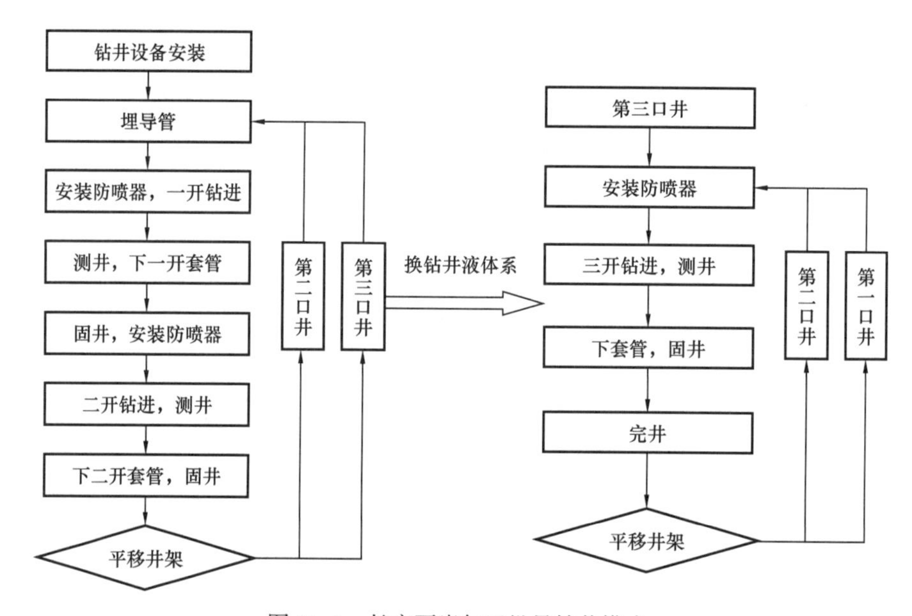

图11–3 长宁页岩气田批量钻井模式

4. 工厂化环保设施建设

长宁页岩气田工厂化平台在环保设施建设方面主要开展3项工作。一是取消了井场废水沟、污水池，仅修建1000m^{3}的应急回用池，实现了真正意义上的污水减量；二是采取真空吸排清掏循环罐，实现了钻井液不落地；三是运用岩屑密闭传输装置集中存放岩屑，水基钻井液的岩屑、废液实时固化处理，实现了岩屑的不落地。

钻井废水的处理采用电磁场分离、筛孔分离、高压驱动分离等进行多级处理，处理后的水达到国家标准《污水综合排放标准》（GB 8978—1996）规定的一级排放标准。钻井过程中产生的岩屑处理可分为3种：（1）清水钻进、空气钻进及部分清洗出来的干净岩屑，直接用于铺设防滑路面、井场或用于混凝土骨料拌制水泥砂浆；（2）聚合物水基岩屑通过固液分离、清洗后，加入适量固化剂制成免烧砖；（3）油基钻屑经专用装置处理与激活后与煤干石、页岩土混配和制成烧结砖，同时还建立了2个容量1200m^{3}的区域性专业油基钻井液处理站，实现了油基钻屑中基础油的回收利用。

三、实施效果分析

实施工厂化钻井作业，给长宁地区页岩气开发带来了巨大经济效益。集约式开发平台布井较单井布井节约土地用量 70%，平均节省费用 300 万元以上。实施批量钻井、钻机整体移动，减少了搬迁费用，钻机平移时间小于 1d，平均复工时间 2～3d，搬迁安装时间缩短 70%，搬迁安装费不到原来的 20%。钻机利用率提高 28%，钻机进尺工作时间稳步提高。双钻机交叉作业相比于单机作业模式，电动双钻机和机械双钻机模式分别优化减少 14 人和 11 人，组织效率提升 28%，年节约用工成本超过 126 万元。此外，水基钻井液重复利用率、油基钻井液一次回收利用率均超过 70%，单井节约钻井液成本 300 万元。

案例 12　中国石化涪陵页岩气田工厂化经济评价与钻井配套措施

本案例介绍了中国石化在涪陵页岩气田开发过程中实施工厂化配套措施，包括工厂化的工程费用分析、经济评价模型、平台布井方案、井眼轨迹设计、钻机运移方式、钻井作业流程和现场应用效果。

一、案例背景

涪陵页岩气田位于川东南山地—丘陵地区，地表为典型的喀斯特地貌，钻前施工、井场建设和钻井材料运输等都面临极大挑战，钻井工程建设周期长、成本高。根据北美地区页岩气开发经验，工厂化技术具有“工程技术整体化、方案设计最优化、生产作业批量化、作业规程标准化、施工作业流程化、资源利用综合化、经济效益最大化、队伍管理一体化”的特征，适合在涪陵地区山地水平井钻井进行规模应用。

为有力支撑涪陵页岩气田一期 $50\times10^8\text{m}^3$ 产能建设，围绕涪陵地区山地的地表特点及页岩气开发钻井工程技术要求，首先需要建立工厂化布井数量和施工模式对其经济性影响的定量评价方法，指导确定合理的布井数量和优选施工模式，进而探索形成适用于涪陵山地特点的工厂化高效钻井配套技术措施，达到减少用地面积、提高钻机使用效率、降低作业成本和提高材料综合利用效率等目的，实现涪陵页岩气田的低成本规模高效开发。

二、降本增效措施

1. 工厂化工程费用分析

1）钻前工程费分析

工厂化采用平台集中布井方式，大大减少了平均单井的用地面积，每个平台只需要修建一条进场公路，平均单井的钻前修路费用也随之降低。根据中国石化钻前工程定额，丛式井井场每增加一口井其钻前工程费用按增加 10% 测算，工厂化钻井平台的单井平均钻前工程费用计算公式可表示为：

$$Q_{zQ}=\frac{1}{N-1}\left(q_{zQ}\times1.1^{N-1}\right)\qquad(12\text{-}1)$$

式中 Q_{zQ}——工厂化单井平均钻前工程费用，万元；

q_{zQ}——单井井场钻前工程费用，万元；

N——工厂化单平台的布井数。

2）钻井工程费分析

（1）钻机日费分析。目前工厂化作业工序主要有 3 种模式，各自的特点及建井周期缩短情况如下：

① 整拖式工厂化作业，该模式为钻机钻完一口井全部开次后，整体拖运至下一口井进行钻井作业，从而节省搬迁安装时间。

② 批量化单钻机工厂化作业，采用一部钻机按照依次一开、二开、三开、完井的顺序完成全部井的钻井、固井作业，该模式下固井后钻机不等待候凝，直接移动到下一口井，钻机移动不需要进行甩钻具和组合钻具作业，缩短了中完时间。

③ 流水线双钻机工厂化作业，先用小钻机钻进一开井段，在完成一定井数一开井段后，应用大钻机开始进行第一口井二开、三开等后续钻井作业，即采用大小钻机配合的流水线作业，小钻机钻进浅部地层，大钻机钻进深部地层，缩短了大钻机的作业时间，从而减少钻机日费。

根据涪陵页岩气田水平井工区搬迁、各开次钻进、中完测井、下套管、固井、候凝等作业的平均时间，得到上述 3 种工厂化作业模式下建井周期缩短的情况，如图 12-1 所示。

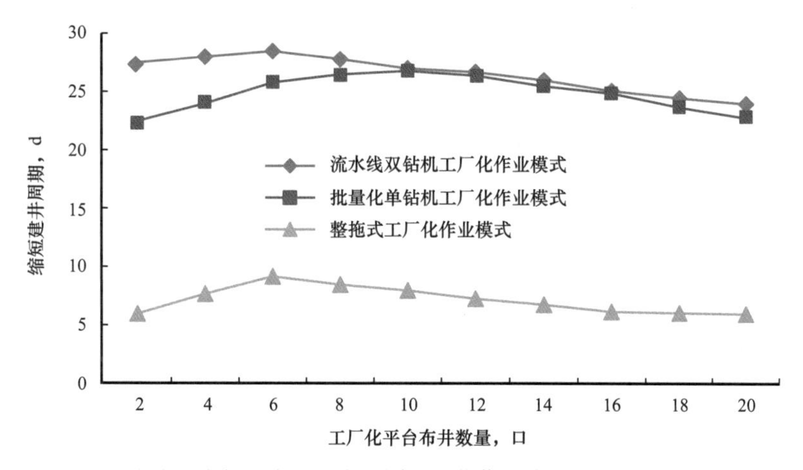

图 12-1 涪陵页岩气田水平井在不同工厂化作业模式下缩短建井周期预测

根据图 12-1 所示结果，与单井钻井相比，整拖式工厂化作业模式下，平均单井建井周期缩短 5～8d。批量化单钻机工厂化作业模式与流水线双钻机工厂化作业模式下，平均单井建井周期缩短 23～28d，相应钻井日费总费用均大幅减少。

（2）套管和定向费用分析。为满足大型压裂要求，水平段钻井方位要垂直或近似垂直于最大水平主应力方向，而工厂化又要求地面井口集中布置，因此需要采用大偏移距三维井眼轨迹设计，随着平台布井数量增加，横向偏移距变大，单井套管用量和费用也随之增加，定向井段长度和费用也随之增加，且平台布井数量越多，平均单井增加的定向井段长度和费用越多。

（3）钻井液费用分析。工厂化模式下同一开次的钻井液体系相同，全部循环利用，从而减少了钻井液倒换造成的浪费，进而降低钻井液成本。以涪陵地区三开油基钻井液用量为例，平均单井油基钻井液费用随着平台布井数量的变化曲线如图 12–2 所示。在平台布井少于 6 口时，随着平台布井数量的增加，平均单井钻井液费用显著降低。平台布井超过 8 口之后，平均单井油基钻井液费用趋于稳定，每口井大约 80 万元。

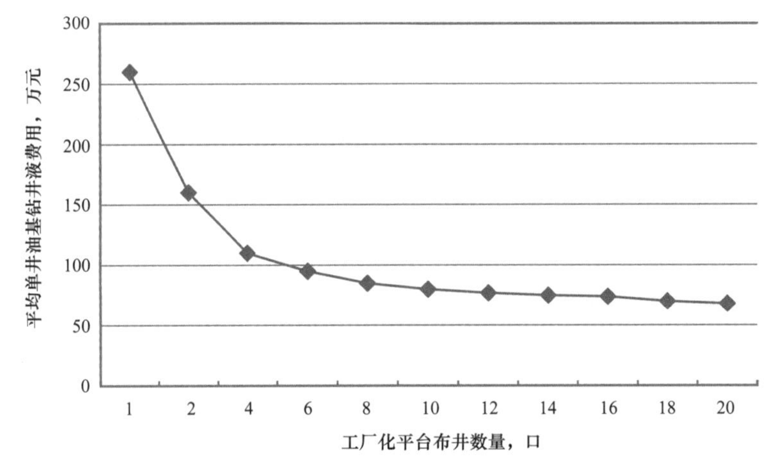

图 12–2　涪陵地区工厂化平台布井数量与平均单井油基钻井液费用关系

（4）钻机移动装置及配套设备费用分析。工厂化作业模式要求钻机实现快速移动，需要配置滑轨、电缆转接房，并需要添置放喷管线、延长高架槽等设备，从而增加了一定费用。上述费用为一次性投入费用，随着平台布井数量的增加，分摊到每口井上的费用会逐渐减少。

3）压裂工程费分析

工厂化作业模式通过优化压裂生产组织，在一个固定场所，连续不断地向地层泵注压裂液和支撑剂，以加快施工速度、缩短投产周期、降低开采成本。一方面是大幅提高压裂设备的利用率，缩短设备动迁和管线安拆时间，减少压裂罐运输、清洗，降低工人劳动强度。另一方面是方便回收和集中处理压裂残液，减少污水排放，重复利用水资源。

（1）压裂车组费用分析。国内页岩气水平井单井分级压裂一般需要 3～5d，其中辅助时间占 60% 左右，平均每天可压裂 2～3 段。工厂化模式下采用交叉或同步压裂方式不仅节省了机械设备搬迁时间，同时大幅缩短了设备摆放、连接管线、压裂液罐清洗等辅助时间，施工效率可提高 1 倍以上。

（2）取水和废水处理费用分析。涪陵页岩气田建产区地处丘陵和山区地带，交通运输不便，剩余水资源和压裂后返排污水回收处理费用高。工厂化模式下压裂作业可以重复利用水资源，大幅减少了污水排放，既保护了环境，也节约了污水处理费。

2. 工厂化经济评价模型

1）工厂化技术经济评价模型建立

工厂化优化设计就是如何在地表和地下井距已知的条件下通过优化工厂化平台的布井数量、钻机选型、施工流程等参数，使页岩气开发工程成本达到最低。为满足涪陵页岩气田工厂化技术经济性评价的需要，需要评价不同井距（300m，600m，900m）、不同工厂化作业模式、不同平台布井数量（2，4，6，…，20）的平均单井费用增减量，建立的涪陵页岩气田工厂化工程费用增减模型如下：

$$\begin{cases} Q = \Delta Q_{ZQ} + \Delta Q_{DR} + \Delta Q_{FR} - \Delta Q_{RQ} \\ \Delta Q_{DR} = \Delta Q_{R} + \Delta Q_{M} - \Delta Q_{C} - \Delta Q_{D} \\ \Delta Q_{FR} = \Delta Q_{S} + \Delta Q_{DF} + \Delta Q_{ZS} \end{cases} \tag{12-2}$$

模型中　Q——工程费用增减量，万元；

ΔQ_{ZQ}——钻前工程费用增减量，万元；

ΔQ_{DR}——钻井工程费用增减量，万元；

ΔQ_{FR}——压裂工程费用增减量，万元；

ΔQ_{RQ}——设备升级改造费用增加量，万元；

ΔQ_{R}——钻井日费增减量，万元；

ΔQ_{M}——钻井液费用增减量，万元；

ΔQ_{C}——套管费用增减量，万元；

ΔQ_{D}——定向费用增减量，万元；

ΔQ_{S}——压裂施工费用增减量，万元；

ΔQ_{DF}——压裂动复员费用增减量，万元；

ΔQ_{ZS}——钻塞动复员费用增减量，万元。

模型中各项参数的计算公式如下：

（1）钻前工程费用增减量计算公式为：

$$\Delta Q_{ZQ} = q_{ZQ}\left(1 - \frac{1}{N-1} \cdot 1.1^{N-1}\right) \tag{12-3}$$

（2）钻井日费增减量与建井周期变化量密切相关，计算公式为：

$$\Delta Q_{\mathrm{R}} = f_{\mathrm{R}}(\Delta T) = \sum_{i=0}^{K}\left(C_{\mathrm{iR}}\Delta T_{\mathrm{i}}\right) \tag{12-4}$$

式中　$C_{i\mathrm{R}}$——第 i 开次所用钻机日费，万元；

ΔT_i——第 i 开次建井周期的变化量，d；

i——开钻次序，一开、二开等；

K——单井总开次。

（3）考虑钻井液循环利用后，工厂化平均单井钻井液费用增减量计算公式为：

$$\Delta Q_{\mathrm{M}} = f_{\mathrm{M}}\left(\Delta q\right) = \sum_{i=0}^{K}\left(C_{i\mathrm{M}}\Delta q_i\right) \tag{12-5}$$

式中　$C_{i\mathrm{M}}$——第 i 开次的钻井液费用单价，万元/m^3；

Δq_i——第 i 开次重复利用的钻井液量，m^3。

（4）套管费用增减量计算公式为：

$$\Delta Q_{\mathrm{C}} = f_{\mathrm{C}}\left(\Delta M\right) = \sum_{i=0}^{K}\left(C_{i\mathrm{C}}\Delta L_i q_i\right) \tag{12-6}$$

式中　$C_{i\mathrm{C}}$——第 i 开次套管的价格，万元/t；

ΔL_i——第 i 开次增加的套管长度，m；

q_i——第 i 开次套管的单位重量，t/m。

（5）定向费用增加量与增加的定向作业时间成正比，计算公式为：

$$\Delta Q_{\mathrm{D}} = f_{\mathrm{D}}\left(\Delta T\right) = \sum_{i=0}^{K}\left(C_{i\mathrm{D}}\Delta T_i\right) \tag{12-7}$$

式中　$C_{i\mathrm{D}}$——第 i 开次定向施工日费，万元；

ΔT_i——第 i 开次增加的定向施工时间，d。

（6）工厂化设备改造与升级费用计算公式为：

$$\Delta Q_{\mathrm{RQ}} = \frac{1}{N} Q_{\mathrm{RQ}} \tag{12-8}$$

式中　Q_{RQ}——工厂化设备升级与改造总费用，万元。

（7）工厂化压裂施工费用增减量计算公式为：

$$\Delta Q_{\mathrm{S}} = f_{\mathrm{S}}\left(\Delta T\right) = \sum_{i=0}^{N}\left(C_{i\mathrm{S}}\Delta T_i\right) \tag{12-9}$$

式中　$C_{i\mathrm{S}}$——第 i 口井的压裂施工费用，万元/d；

ΔT_i——第 i 口井节约的压裂施工时间，d；

i——工厂化平台井次序。

（8）工厂化压裂和钻塞动复员费用增减量的计算公式分别为：

$$\Delta Q_{DF} = \frac{1}{N} Q_{DF} \tag{12-10}$$

$$\Delta Q_{ZS} = \frac{1}{N} Q_{ZS} \tag{12-11}$$

式中　Q_{DF}——单井的压裂动复员费用，万元；

Q_{ZS}——单井的钻塞动复员费用，万元。

2）工厂化经济评价模型实例分析

针对以上经济评价模型，以涪陵地区 2013 年完钻的 JYX 井（未应用工厂化技术）矿场数据进行了计算与分析。所用的基础数据包括：地下井距 600m，水平段长度 1500m，钻井及压裂工艺参数的选择均参考该工区成熟标准的技术方案。该井钻井周期 75d，分 18 段压裂，单井工程费用 7800 万元，其中钻前及征地费用 500 万元、钻机日费 1000 万元（按照工期 85d 测算）、钻井液费用 400 万元、定向井服务费 120 万元、套管费用 400 万元、钻机移动设备改造费用 350 万元、压裂施工费用 1000 万元（包括压裂车辆费、配液费等）、压裂试气动复员费用 100 万元。根据涪陵地区钻井日费、定向日费、套管费用等定额和工厂化作业流程，工厂化模式下的工程费用增减情况见表 12-1。

表 12-1　涪陵页岩气田工厂化作业模式下工程费用增减计算结果

平台布井数量 口	钻前费用 万元	钻井日费 万元	钻井液费用 万元	套管费用 万元	定向费用 万元	钻机改造费用 万元	压裂作业费用 万元	节约总费用 万元
2	521.97	318.00	182.28	0	0	143.50	30.87	909.62
4	705.26	322.59	273.42	24.18	15.42	71.75	46.31	1236.23
6	759.54	324.89	303.80	32.22	21.22	47.83	51.45	1338.41
8	780.48	318.00	318.99	48.36	30.85	35.88	54.02	1356.40
10	787.06	312.26	328.10	58.02	36.96	28.70	55.57	1359.31
12	785.40	305.37	334.18	72.54	46.27	23.92	56.60	1338.82
14	777.95	298.48	338.52	81.66	52.90	20.50	57.33	1317.22
16	765.73	289.30	341.78	90.66	57.86	17.94	57.88	1288.23
18	749.09	282.41	344.31	96.66	61.73	15.94	58.31	1259.79
20	728.00	278.96	346.33	103.86	68.19	14.35	58.65	1225.54

从表 12-1 可以看出，4 井式工厂化平台平均单井钻井和压裂成本为 6500 万元，比 JYX 井的工程总成本 7800 万元降低 1300 万元，模型计算值为 1236.23 万元，偏差 63.77 万元，相对误差 4.9%，模型计算结果与现场实际数据基本相符。当平台布井少于 4 口时，工程总费用降低值随着布井数量的增加而大幅增加。当平台布井超过 6 口后，工程总费用降低值的增加幅度减缓。当平台布井 8～10 口时，工程总费用降低值基本相当。当平台布井超过 10 口后，工程总费用的降低值反而减少。因此，在目前井网条件和工艺参数下，涪陵页岩气田工厂化作业模式的最优平台布井数量为 4～8 口。

此外，对比计算分析了涪陵页岩气田不同工厂化作业模式下工程总费用的节约情况，结果如图 12-3 所示。可以看出，当平台布井少于 6 口时，批量化单钻机作业模式和流水线双钻机作业模式节约的工程费用相近，较整拖式作业模式节约工程费用的效果更为显著。当平台布井超过 10 口后，采用“30 型钻机 + 70 型钻机”的流水线双钻机作业模式在节约工程费用方面优势突出。

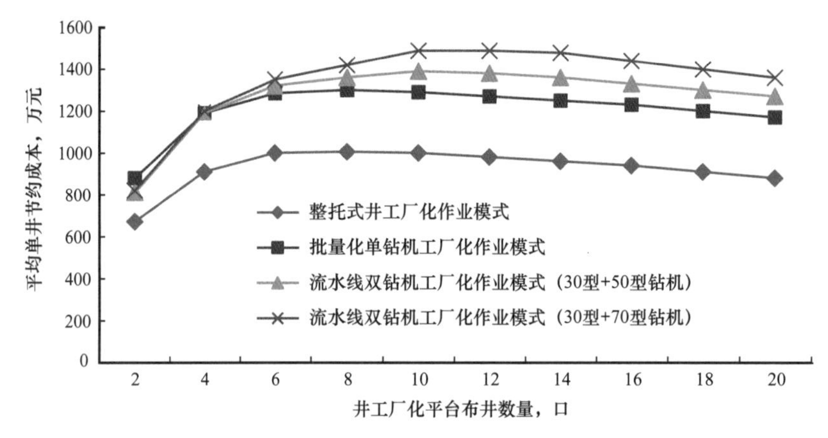

图 12-3　涪陵地区不同工厂化作业模式下的工程费用对比分析结果

综合以上经济评价模型分析结果可以看出，模型计算与现场实际数据具有较好一致性。涪陵地区中浅层页岩气井工厂化平台最优布井数量为 4～8 口，在布井超过 10 口的深层页岩气平台，最佳作业模式为“30 型钻机 + 70 型钻机”的流水线双钻机工厂化作业模式。

3. 工厂化平台布井方案

气藏工程研究表明，涪陵页岩气田一期建产区部署 253 口水平井，水平段平均埋深 2700m，单井平均井深 4600m，该地区合理的水平段长度为 1500m，水平井段间距为 600m。该地区工厂化井场布置需要考虑以下要求：（1）满足建产开发方案和页岩气集输建设要求；（2）充分利用自然环境和地形条件，尽量降低钻前工程难度，占地面积尽量小；（3）考虑钻井能力和井眼轨迹控制能力；（4）最大程度动用页岩气储量资源；（5）考虑地形地貌、生态环境及水文地质条件，满足安全环保规定。

为满足开发井网需要，综合考虑以上要求，根据目前水平井钻井工艺技术水平并结合山地条件下的钻井平台建造特点，涪陵页岩气田工厂化布井方案设计采用平台交叉布井，垂直靶前距离 850m，一个平台 6 口井，南北方向各 3 口井，相邻平台交叉钻井，平均单井占用井场面积小，靶前距不会造成储量损失，既能充分动用资源，又能充分利用平台。考虑涪陵地区地层特征及表层套管下深要求，对于气藏埋深 2500m 以浅的平台可考虑部署 4 口井。

立足于实现当年建平台和当年建产能的目标，涪陵页岩气田工厂化平台布局为：6 井平台采用双钻机双排布局，井口间距为 10m，井排距为 50m；4 井平台采用单钻机，井口间距为 10m，井场规格与井口布局如图 12-4 所示。地面构筑物包括清水池 2 个，容积 1000m^3；放喷池 2 个，容积 300m^3；清水池、放喷池整个平台共用；平均单井的污水池（含岩屑池）容积为 1000m^3。

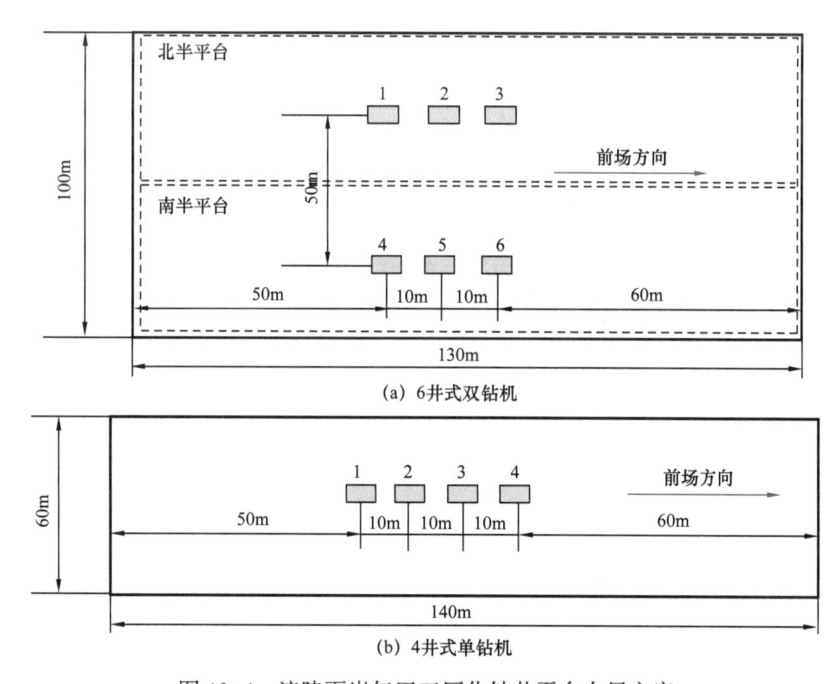

图 12-4　涪陵页岩气田工厂化钻井平台布局方案

4. 工厂化井眼轨迹设计

1）井眼轨迹设计

基于涪陵页岩气田平台水平井偏移距大（6 井 /4 井平台的平均偏移距为 600m/300m）、靶前位移大、水平段长等特点，井眼剖面设计选择双弧剖面，在两个增斜段之间增加稳斜调整段，即采用“直—增—稳—增—水平段”剖面。一是可适应在实钻中目的层深度发生变化时，调整方案而不至于使井眼轨迹控制处于被动地位；二是可通过调整段来补偿工具造斜率误差所造成的轨迹偏差，使轨迹在最终着陆时进靶更准确、更顺利。轨迹参数设计造斜点选在茅口组或栖霞组地层，定向造斜井段的设计造斜率为（15°～18°）/100m，水平段调整轨迹时设计造斜率为 10°/100m，二维和三维水平井稳斜角分别控制在 40° 和 35° 以内。

2）防碰设计

同平台井防碰措施有：（1）地面井口距离选择井间距 10m，6 井平台（双钻机）排间距 50m；（2）有条件的情况下，井场方向尽可能选择东西向；（3）优选造斜点深度，以确保井间距离安全。相邻平台井防碰措施有：由于交叉钻井，为避免水平段着陆前相碰，设计时在开发井网的基础上，相邻 2 组井的水平段分别向西、向东统一偏移 25m，这样在着陆前相对应的水平段就有 50m 的理论间距，以有效避免相邻水平段在着陆前相碰。

5. 工厂化钻机运移方式

对不同钻机运移方式在涪陵页岩气田工厂化钻井作业的适应性进行了对比分析，结果见表 12-2。可以看出，滑轨式钻机运移装置结构简单，操作和维护方便，配套周期短，只需增加滑轨和液压运移装置，且液压运移装置可以多平台共用，在涪陵山区适用性较好。

表 12-2　不同钻机运移方式在涪陵工厂化钻井作业的适应性分析

移动方式	移动方向	移动速度 m/min	地基最低强度 MPa	井位要求	定位精度	现有钻机改造
轮轨式	横向	0.30	0.4	单列直线	单向精确定位	不能
滑轨式	*x*/*y* 方向	0.30	0.4	多列直线	单向精确定位	可以
步进式	任意方向	0.11	0.8	任意排列	任意精确定位	可以

在选择滑轨式钻机的基础上，涪陵页岩气田工厂化还进行了如下配套设备和工艺改进：（1）钻机、井架和钻井平台（包括钻具）整体移动，循环系统、钻井泵、发电房不移动；（2）防喷器组作为一个整体随钻机移动并安装；（3）采用标准节流管汇及支架，解决钻井液高压管汇和防喷管汇的问题；（4）采用转接泵，解决钻井液长距离输送问题；（5）采用电缆转接房，满足井间移运时电缆的收放；（6）采用气动绞车吊移坡道与主梯。

6. 工厂化钻井作业流程

以 4 井式平台为例，涪陵页岩气田工厂化钻井作业流程如下：

（1）第一轮作业流程：导管与一开钻进表层套管井段作业。

第 1 口井工序为：① 立井架，调试钻机设备；② 开孔钻进；③ 下导管，固井，装防喷器，试压，准备一开钻进；④ 一开钻进；⑤ 下表层套管，固井；⑥ 移井架（钻机）至下口井。第 2、第 3 口井重复第 1 口井的步骤②～⑥，利用离线作业时间安装上口井的一级套管头。第 4 口井完成步骤②～⑥后安装一级套管头，转入第二轮作业流程。

（2）第二轮作业流程：ϕ311.1mm 井眼二开钻进与技术套管固井作业。

第 4 口井工序为：① 组装二开井口防喷器组，连接井控管汇；② 连接井控装置，试压；③ 下钻探塞，钻塞；④ 二开直井段钻进；⑤ 定向造斜钻进；⑥ 通井，电测；⑦下入技术套管，固井；⑧ 移钻机至下口井。在二开直井段钻进期间，利用离线作业时间配制 KCl 水基钻井液。第 3、第 2 口井重复步骤②～⑧，利用离线作业时间安装上口井的二级套管头。第 1 口井完成步骤②～⑦后安装二级套管头，转入第三轮作业流程。

（3）第三轮作业流程：ϕ215.9mm 井眼三开钻进与生产套管固井作业。

第 1 口井工序为：① 配制油基钻井液；② 连接井控装置，试压；③ 下钻探塞，钻塞；④ 三开定向造斜钻进；⑤ 水平段钻进；⑥ 通井，电测；⑦ 下生产套管，固井；⑧ 移钻机至下口井。第 2、第 3 口井重复步骤②～⑧，利用离线作业时间，安装上一口井的油管头。第 4 口井完成步骤②～⑦后安装油管头，转入第四轮作业流程。

（4）第四轮作业流程：完井作业与试气准备。

第 4 口井工序为：① 安装井控装置，试压；② 接小钻具；③ 下钻探塞，扫塞；④ 刮壁；⑤ 通径，替射孔液；⑥ 测固井质量，套管试压；⑦ 移钻机至下口井。第 3、第 2 口井重复步骤①～⑦，利用离线作业时间安装上口井的盖板法兰。第 1 口井完成步骤①～⑦后，安装盖板法兰，甩钻具，放井架准备搬迁。

三、实施效果分析

工厂化钻井模式在涪陵地区页岩气田钻井进行了全面推广应用。以 2014 年的 JY30 和 JY28 两个平台为例，工厂化钻井技术指标及其邻平台 JY21 情况对比结果见表 12–3。

表 12–3　涪陵页岩气田工厂化及其邻平台钻井技术指标对比

平台号	作业模式	井数	井深 m	水平段长 m	钻井周期 d	完井周期 d	建井周期 d	机械钻速 m/h
JY30	工厂化	4	4273	1572	43	51	60	10.38
JY28	工厂化	4	4515	1556	50	58	66	9.50
JY21	丛式井	4	4325	1500	59	71	87	8.58

应用山地工厂化钻井技术主要取得了以下效果：

（1）实现钻井提速，提高钻机作业效率，加快页岩气建产进程。

与同期的常规丛式4井组平台相比，工厂化钻井平台平均机械钻速提高了16%，单井钻完井周期缩短了23%，单井建井周期缩短了28%。首个工厂化平台JY30，于2014年1月7日钻前施工，2月20日第1口井开钻，9月1日平台4口井全部完钻，10月1日完成全部钻井工作（含试气井筒前期准备），10月16日开始试气，12月30日投产。JY28平台于2014年2月16日钻前施工，4月10日第1口井开钻，12月16日交平台，2015年2月12日完成全部试气工作，达到投产条件。均实现了当年建平台、当年建产能。

（2）降低钻井成本，减少废液排放量。

与同期的常规丛式4井组平台相比，工厂化钻井平台平均单井节约16.5d的钻机作业费用。KCl水基钻井液用量由每口井500m^{3}降至250m^3，节约50%。油基钻井液用量由每口井300m^{3}降至215m^3，节约28%。因钻井液体系转换导致的废液排放量也减少了1200m^3。

案例 13　中国石油长宁—威远页岩气田钻井环保配套措施

本案例介绍了中国石油长宁—威远页岩气田绿色环保处理的整体工艺技术措施及效果，包括制订环境评价方案、钻井环保措施（井场清污分流系统、钻井液不落地措施、随钻实时处理工艺、含油岩屑资源化利用技术、油改电降噪声、推行环保钻井工艺、实施工厂化作业模式）、压裂环保措施（优选环保压裂液、压裂液循环利用）。

一、案例背景

长宁—威远页岩气示范区所处地区人口密集、植被丰富、水系丰沛，部分区域喀斯特地貌属性导致地表沟壑纵横，地下溶洞多、暗河多、裂缝多、漏失层多，区域内环境敏感点多，钻完井过程中产生的废液、固体废渣、施工噪声等是主要的环境风险源，环境风险管控要求高，环保处理面临的主要技术难点包括：（1）要实现“十三五”页岩气建产目标，需建井千口以上，主力开发区均处于农田区域，加上山区地形限制，大量征用农田，环境压力大；（2）多数井场设计仅考虑生产需求，现场设置了废水池，但未合理设计井场清污分流系统，导致废水池内易混入雨水、场面排水等清洁水，在雨季环保压力大，给作业现场带来较大环境风险；（3）钻井废液产生量大、处理难度高，如果不能及时分类处理，导致部分具备回用条件的废水无法有效回用，造成单井废液量大，提高了后期废液处理的总量和难度；（4）钻井固体废弃物种类多、性质复杂，特别是油基钻井液在钻井过程中产生的钻屑，含有大量的油类和其他有害物质，油基钻屑处理难度大；（5）水平井大型压裂耗水量巨大，对周边地区生产、生活用水和生态环境带来较大压力，产生的巨量压裂返排液面临处理成本和处理能力的双重压力。

如何防治以上环境风险源，确保页岩气的“绿色”开发一直是个重大难题。因此，亟需形成适用于长宁—威远国家页岩气示范区的绿色环保处理工艺技术，建立页岩气开发钻完井全过程清洁生产环保技术体系，构建更加和谐的钻完井作业环境，实现钻井废弃物不落地无害化处理和钻完井工作液回收再利用。

二、降本增效措施

1. 制订环境评价方案

环境评价方案包括以下内容：（1）积极介入钻井井位选址，尽量避开生态环境敏感区域，减少树木砍伐、植被破坏；（2）优化压裂液取水口选址，确保就近原则的同时，不得影响当地生态用水；（3）强化废水处置管理，回用后按照就近原则选择废水处理厂或者回注井，并认真勘察拉运路线，严格废水拉运清单管理；（4）施工结束后，严格按照复垦方案进行植被恢复、水土保持和土地复耕，实现全过程控制环保风险。

2. 钻井环保措施

1）井场清污分流系统

长宁—威远地区多雨，在传统井场大量雨水通过污水沟汇入废水池，不仅增加了废水处理量，还容易造成废水池满溢，环境风险大。因此，对传统井场的清污分流系统进行了优化，取消井场污水沟和废水池，设置应急池，按功能将井场分为集污区和清洁区，如图 13-1 所示。集污区采用封闭式围堰隔离，且上部搭建防雨棚，降雨场面不受污染，雨水汇入井场四周隔油池沉淀，隔油后流入自然水系。

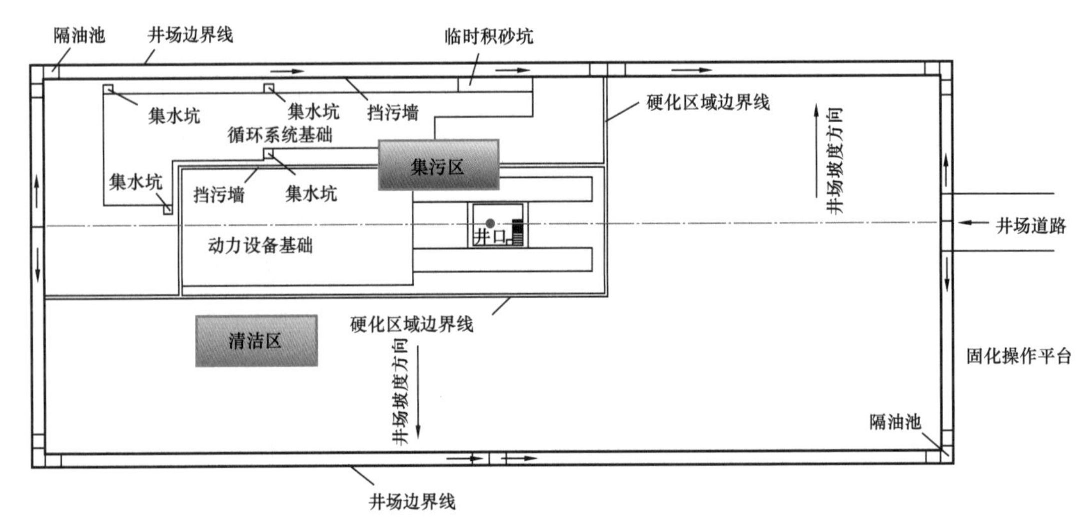

图 13-1　长宁—威远地区井场清污分流系统示意图

2）钻井液不落地措施

传统井场中，钻井废弃物往往在地面沟渠中汇聚至废水池和岩屑池，不适用于产污量大的页岩气平台工厂化作业。因此，长宁—威远地区页岩气钻井平台采用了钻井液不落地工艺，如图 13-2 所示。通过振动筛、除砂器、除泥器及离心机对收集的岩屑和钻井液进行固液分离，分离出的液相用于配制钻井液，实现循环利用，节约钻井成本，或经化学处理后达标排放。分离出来的岩屑通过螺旋输送器运送至岩屑中转箱，从而实现钻井液不落地，确保场面清洁。

3）随钻实时处理工艺

螺旋输送器运送岩屑至中转箱后，用叉车将岩屑转运至岩屑搅拌罐或制砖机，对水基岩屑进行实时处理，处理完的固相可用于路基土修路、铺垫井场、制砖或直接填埋，

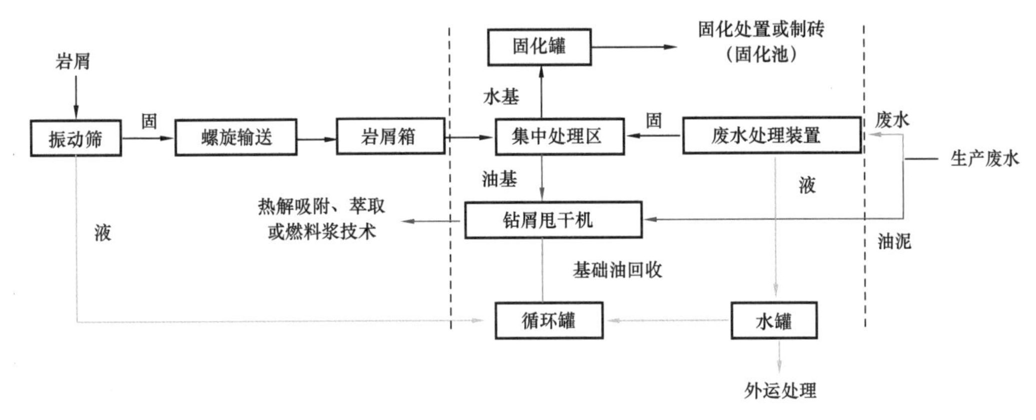

图 13-2　长宁—威远地区钻井清洁生产工艺流程图

以满足环保要求。钻井过程由于钻进的层位不同，钻井液的性能有区别，产生的废弃物有害物质也存在差异，对不同层位、不同钻井液产生的废物做固化处理小样试验，根据合格固化试验配方进行施工。含油岩屑则用现场甩干装置初步处理，回收部分油基钻井液，再进入资源化利用。

4）含油岩屑资源化利用技术

长宁—威远地区页岩气单井约产生含油岩屑 300m^3，其成分复杂，由油、水、钻屑、高分子化合物、其他杂质等构成，难以在环境中自然降解，存在较大的环境隐患。在生产实践中，一般采用热解吸附、萃取、燃料浆技术对其进行处理。

（1）热解吸附处理技术。在绝氧或缺氧环境中，将含油钻屑放入处理单元，间接加热至 420～450℃，高于白油终馏点，低于裂化温度，从而将钻屑中的水和油类蒸馏出来，再通过冷凝装置收集蒸气，分离水和油后，可将油类回收，其工艺流程如图 13-3 所示。

（2）溶剂萃取技术，简称 LRET 技术。其作用原理是吉布斯函数在表面吸附与脱除过程中的应用。针对油基钻井废物中的固相物、基油、水等形成的混合体系，脱附过程为：药剂传递到固体颗粒的表面⟶药剂扩散渗入固体内部和内部微孔隙内⟶溶解进入药剂⟶通过固体微孔隙通道中的溶液扩散至固体表面并进一步进入药剂主体。该技术采用物理分离和处理剂深度分离技术回收基础油和钻井液添加剂。

（3）燃料浆技术。根据含油钻屑本身的燃值潜力，以含油钻屑为基质材料，添加燃料助剂，在一定条件下反应形成性能稳定、适应性强、燃值较高、安全环保可靠的流体燃料产品。

在以上技术措施中，热解吸附处理措施、萃取技术处置高效，热解吸附设计处理能力达到 40t/d，萃取技术设计处理能力达到 150t/d，油回收率达到 98%，处理后岩屑含油率低于 1%。但热解吸附、萃取技术设备投资大，使用成本高。燃料浆技术处理能力超过 15t/d，优势是工艺简单、处理成本低、处理彻底，燃料浆产品用于制砖辅料，燃渣含油率低于 1%。

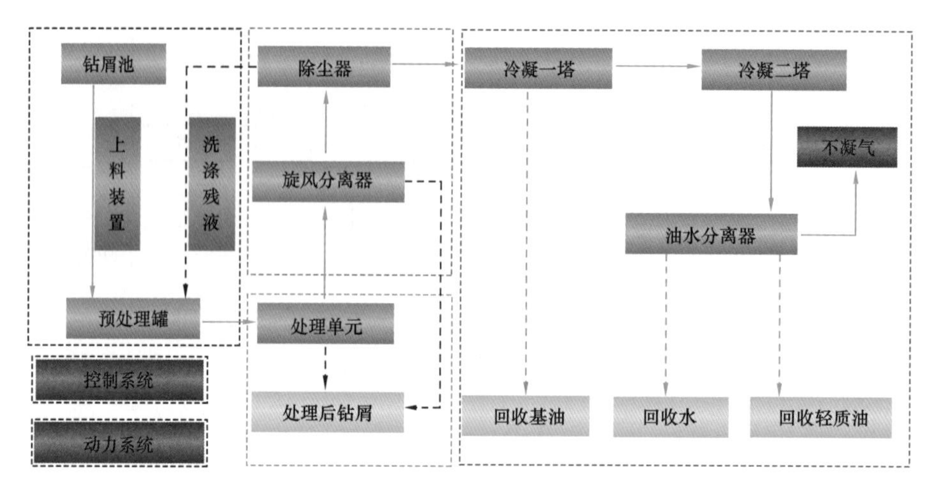

图 13-3　长宁—威远地区含油钻屑热解吸附工艺流程图

5）油改电降噪声

钻井工程中常用的动力是柴油发电机组，能耗较高、能量转换率较低，排出的 CO_2 等温室气体污染环境，且柴油发电机组噪声比较大。因此长宁—威远地区若当地电网条件合适，一些钻井平台就把原柴油机驱动替换为电动机驱动，改用高压网电进行钻井，有利于节能、降噪，降低钻井成本。

6）推行环保钻井工艺

一开采用无固相清水钻井液，配合导管封隔漏层，确保距地面最近的隔水层以上井段地表水不受污染。同时，长宁地区表层套管井段推广应用气体 / 雾化钻井技术，有效避免了因钻井液大量漏失造成的水体污染。二开直井段用水基钻井液。三开造斜段和水平段才采用油基钻井液。

7）实施工厂化作业模式

长宁—威远区块工厂化作业一个平台平均部署 6 口井，具备以下环保优势：（1）平台井场比单井更有效利用土地；（2）工艺流程和设备可以更加优化，减少了运行设备和管线；（3）有利于推行平台无人值守、中心站管理，实现绿色开发，低碳发展；（4）有利于集中分散的风险，便于管控，可以更好地实现 HSE 目标。

3. 压裂环保措施

1）优选环保压裂液

长宁—威远页岩气压裂液用量大，如单井水平段长 1500m，分段方案为 60～80m/ 段，共分 25 段，压裂液用量约 $1800m^3$/ 段，即 $45000m^3$/ 井。为了降低环境危害，优选环境友好型压裂液，压裂液中水和支撑材料占 99.51%，添加剂占 0.49%，大多数添加剂对环境无毒且广泛应用于食品卫生行业，见表 13-1，从源头上控制了环境风险。

表 13-1　长宁—威远地区压裂液主要添加剂的化学成分及日常用途简表

添加剂类型	主要化合物	日常用途
酸	盐酸	游泳池等用的清洁剂
抗菌剂	戊二醛	卫生保健业的冷消毒剂
破胶剂	氯化钠	食物防腐剂
缓蚀剂	*N*，*N*- 二甲基甲酰胺	制药业用的结晶介质
减阻剂	石油蒸馏物	美容、美发、美甲、美肤用的化妆品
增黏剂	瓜尔胶，羟乙基纤维素	化妆品、酱油、色拉等的增稠剂
铁离子抑制剂	2- 羟基 -1，2，3- 丙三羧酸	去除柠檬汁石灰沉淀的柠檬酸
除氧剂	亚硫酸（氢）铵	化妆品、酱油、色拉等的增稠剂
支撑剂	二氧化硅，石英砂	沙画、沙雕等
除垢剂	乙二醇	汽车防冻剂和除冰剂
交联剂	碳酸钠 / 钾	洗涤碱、肥皂、软水剂、玻璃、陶瓷

2）压裂液循环利用

压裂作业完成后，压入地层的水将逐渐返排，返排周期主要分两个阶段：一是在压裂作业完成后试气期间返排的压裂液，返排时间短，日返排量大；二是生产阶段返排出来的压裂液，返排周期可长达数年。统计显示，长宁—威远地区试气期间压裂液返排率为 30%～70%，为（12000～28000）m^3/ 井。

三、实施效果分析

长宁—威远地区制订了环境评价方案，采用了井场清污分流系统、钻井液不落地措施、随钻实时处理工艺、含油岩屑资源化利用技术、油改电降噪声、环保钻井工艺、工厂化作业模式、环保压裂液、压裂液循环利用等一系列环保处理技术和管理措施，取得了良好效果。

实施工厂化作业模式，同一平台井场平均钻 6 口井，可比单井模式节约用地 70%。经过井场清污分流改造设计后，钻井平台雨季废水产量较传统井场减少 34.8%。据不完全统计，采用溶剂萃取技术在长宁页岩气开发区块已处理油基岩屑 12000t，回收油基钻井液 1400m^3。加强用水管理，建设压裂用水管网，强化压裂用水调度，提高循环使用效率，区块部分平台能够实现回用率 90% 的目标，对不能回用的返排液，交污水处理站处置后达标排放。

案例 14　中国石油昭通页岩气田水基钻井液环保措施

本案例介绍了中国石油昭通页岩气田水基钻井液废弃物不落地环保措施，包括环保处理工艺、优选工艺设备、预留存放场地、合规有效处置和现场应用效果。

一、案例背景

昭通页岩气田早期水基钻井液废弃物采用钻井液池就地固化填埋方式处理，固化填埋法所用固化剂用量大，处理后的固化体体积增加，钻井液池占地面积大。但该地区地处山区，可使用土地面积少，井场选址困难。此外，受到工艺方法的制约，需在钻井液池内使用挖掘机对固化药剂与废钻井液进行搅拌，施工现场又处于环境敏感区，如处理不当，将会对土壤和地下水造成污染。

2016 年以来，昭通页岩气田已在 10 余个钻井平台的 40 余口井全部实施水基钻井液废弃物不落地处理技术措施，有效消除了环保风险，实现了清洁生产。

二、降本增效措施

1. 环保处理工艺

昭通页岩气田钻井产生的一开、二开水基钻井液废弃物，通过随钻处理系统的钻井液收集、破胶脱稳、固液分离 3 个模块化处理单元，生成液相的滤液可供钻井队配浆回用或转至回注站处理，固相的滤饼、大颗粒岩屑通过外运制砖方式资源化利用。

1）钻井液收集单元流程

整个钻井液不落地收集单元工艺流程如图 14–1 所示。通过螺旋输送器、干燥筛（HGD）设备高频振动和自动恒压射流冲洗，在一开、二开钻井期间，先把大颗粒岩屑分选剥离出来，筛选后的液相进入回收罐，进行缓存和预处理。

废弃物回收振动筛接收到来料信号，回收橇开始回收废弃物。振动筛来料，首先通过 HGD 高频振动筛进行筛选钻井液，同时打开高压清洗泵进行滤布在线清洗。在振动电动机带动下，直线运行电动机筛布及椭圆平行电动机筛布运动完成整个筛选过程，较细部分流到回收罐，大颗粒石子通过皮带输送机回收至石子存放处。除砂器来料直接进入回收罐。除泥器、离心机来料通过螺旋输送机将来料输送至回收罐。预埋池中的钻井液通过渣浆泵提升至回收罐。回收罐上的搅拌机完成对岩屑的搅拌、混合等功能。

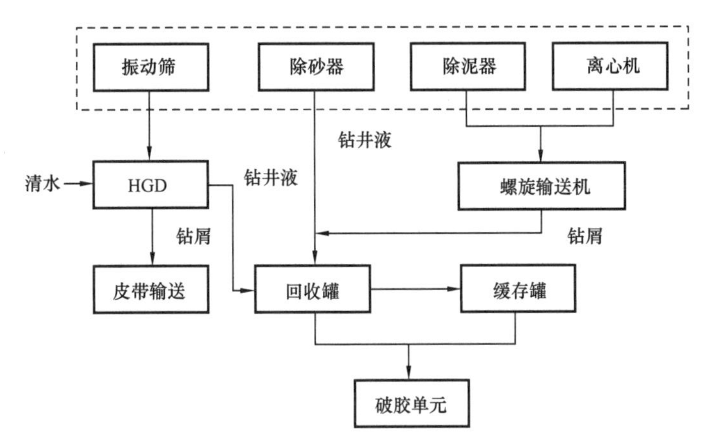

图 14-1 昭通页岩气田水基钻井液不落地收集单元工艺流程

2）破胶脱稳单元流程

将回收罐和缓存罐中的水基钻井液废弃物输送到破胶罐，进行加药、脱稳、破胶和絮凝，使钻井废液形成适合于固液分离的浆体，输送到下一单元。破胶脱稳罐有两个（一用一备），来料从回收罐中抽取。打开进料阀，抽浆泵启动（两台抽浆泵，一用一备），判断破胶罐钻井液是否满罐。满罐关闭进料阀，打开备用罐进料阀；不满罐时，继续抽取钻井液。通过钻井液性能实验，确定加药配方，通过加药配方进行自动加药。自动加药品后通过搅拌器进行搅拌，使钻井液反应更充分。根据加药种类，搅拌器对钻井液进行多次搅拌（每种药剂搅拌一次，每次搅拌15～30min），达到固液分离要求后进行固液分离。

3）固液分离单元流程

通过压滤机进料泵将破胶后的浆体送入固液分离机内，经进料、压榨、吹风、卸饼等工序，实现固液分离。经固液分离成滤饼和滤液水，滤饼通过输送机外输至存放区集中存放，对滤液水收集回用或外运。固液分离收集流程如图14-2所示。

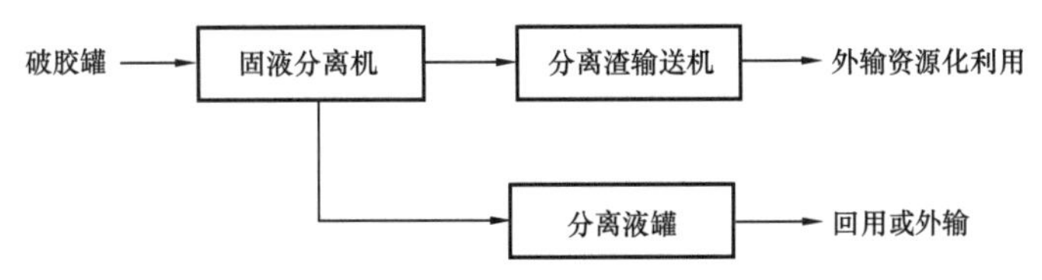

图 14-2 昭通地区水基钻井液固液分离单元工艺流程

2. 优选工艺设备

昭通页岩气田地处山区，山高路险，井场面积小，加之多平台双钻机同时施工，要求在保证处理能力不变的情况下，对设备系统关键部件及外形尺寸等进行优选、改造。

通过实地考察、方案比对、效果验证等方式，应用小型、橇装化处理设备，优选与山地地区井场面积受限、道路弯多路窄相适应的模块化处理工艺。

3. 预留存放场地

昭通地区雨水多，植被覆盖率高，井场与周边散户民宅距离近。在钻前施工阶段，需要提前预制处理设备及预留处理岩屑暂存所需场地，并落实场地硬化、围堰等防渗措施。单独规划岩屑临时存放区，制备防雨棚，有效避免岩屑被雨水冲刷外溢，造成次生污染事故。

4. 合规有效处置

积极协调环保部门，定期由市级环保部门所属检测机构，对压滤液、岩屑、滤饼和制砖样品的现场取样监测。在监测结果满足《污水综合排放标准》（GB 8978—1996）及《普通混凝土力学性能试验方法标准》（GB/T 50081—2016）要求基础上，与滤饼外运资源化处置砖厂签订协议，明确责任界面，取得所在地环保部门对滤饼外运资源化处置的文件批复，为在该地区合规、合法地对钻井废弃物进行无害化分离处理、综合利用奠定了坚实的基础。

三、实施效果分析

2016年以来，昭通页岩气田已在10余个钻井平台的40余口井的一开、二开井段全部实施水基钻井液废弃物不落地处理技术措施，产生的滤饼经地方环境监测中心站监测，其浸出液监测结果符合《污水综合排放标准》（GB 8978—1996）一级标准，见表14–1。

表14–1　昭通页岩气田环保处理后的滤饼固体浸出废水监测结果

样品	pH值	石油类 mg/L	硫化物 mg/L	色度 倍	六价铬 mg/L	COD mg/L	含油率 %
1	6.91	4.11	0.018	4	ND	47	0.29
2	7.24	4.37	0.015	4	ND	50	0.40
3	6.58	3.64	0.010	4	ND	49	0.26
4	6.37	2.98	0.009	4	ND	63	0.25
5	7.01	3.61	0.017	4	ND	45	0.43
6	6.86	4.27	0.014	4	ND	41	0.50
标准值	6~9	5	1.0	50	0.5	100	1.00

现场应用取得了以下成效：

（1）提高时效。采用传统固化方式，前期建钻井液池需要15d以上，固化需要20d以上。采用不落地处理方式，仅需要不落地装置进入/撤出井场、安装/拆卸等时间，且全部与钻井设备同步开展，不单独占用时间，大大缩短了整个钻井施工作业周期。

（2）消除环保风险。传统钻井液池固化方式，要确保固化体硬度、浸出液指标达标，固化池防渗效果符合《钻井废弃物无害化处理技术规范》（Q/SY XN0276—2015），控制环节较多，达到预计效果存在较大难度，存在一定环保隐患，而随钻不落地处理工艺从根本上消除了隐患。

（3）节约成本。经统计核算，采用不落地处置方式，单口井处置费用为60万～90万元。采用传统无害化固化方式，单口井需要建400m^3水泥池，费用约25万，固化费用约25万元。加上增加钻井作业周期、土地征用复耕费用、钻井用水量、钻井液池固化后期管理费用等综合考虑，不落地处置方式一定程度上可降低钻井综合成本。

（4）实现清洁生产。采用不落地方式，减少使用土地的同时，废钻井液通过加药、混凝、压滤等工序，产生的压滤水可以实现重复循环利用，减少钻井用水，实现水资源最大化利用，压滤滤饼通过烧制成砖，可用于井场标准化建设地面工程项目，减少固体废物产生。

案例 15　中国石化涪陵页岩气田钻井环保配套措施

本案例介绍了中国石化涪陵页岩气田开发钻井环保配套措施，包括油基钻井液集中回收处理、含油钻屑无害化处理、网电钻机改造、绿色环保钻井工艺（平台选址、优化设计、钻井施工和工厂化）和应用实效。

一、案例背景

涪陵页岩气田所属区域山体植被丰富，喀斯特地貌属性导致地表沟壑纵横，地下溶洞多、暗河多、裂缝多、漏失层多，且水平段钻进采用油基钻井液。该地区页岩气钻井过程中存在的主要环保风险包括：（1）油基钻井液与含油钻屑对环境的影响大。含油钻屑一旦落地会对土壤和周边环境造成污染，油基钻井液转运和处理难度大，成本高。（2）钻井设备燃料消耗对环境的影响大。燃烧柴油排放的气体中含有 SO_2、NO_x、CO、烟尘等，会造成空气污染，同时柴油机、发电机、气动马达产生的排气进气和钻井设备、传动设备、钻具之间、设备之间产生噪声污染。（3）地表漏失对浅层地下水的影响大。该地区浅表地层溶洞、暗河发育，呈不规则分布，导眼和一开钻井过程中漏失有可能造成地表水资源污染，水资源保护压力大。（4）钻井井场对土地及生态的影响大。该地区页岩气开发井的密度大，钻井数量多，井场建设所占用的耕地面积也随之增加。

针对以上环保风险，形成适用于该地区特征的钻井环保系列配套技术，制订绿色钻井关键技术措施，实现涪陵页岩气田的绿色环保高效开发。

二、降本增效措施

1. 油基钻井液处理措施

针对涪陵页岩气田油基钻井液特点，建立了一套油基钻井液回收处理系统，如图 15-1 所示。设立了油基钻井液集中处理站，实现了油基钻井液的集中处理，主要内容包括：（1）采用混合漏斗处理钻井液；（2）使用 2 台离心机，1 台高速，1 台中速；（3）每个罐内容积 $50m^3$，配 3 个搅拌机；（4）储备站面积 $50m \times 65m$。

2. 含油钻屑处理措施

含油钻屑无害化处理采用热裂解技术处理的方法，通过机械离心原理将固相与液相

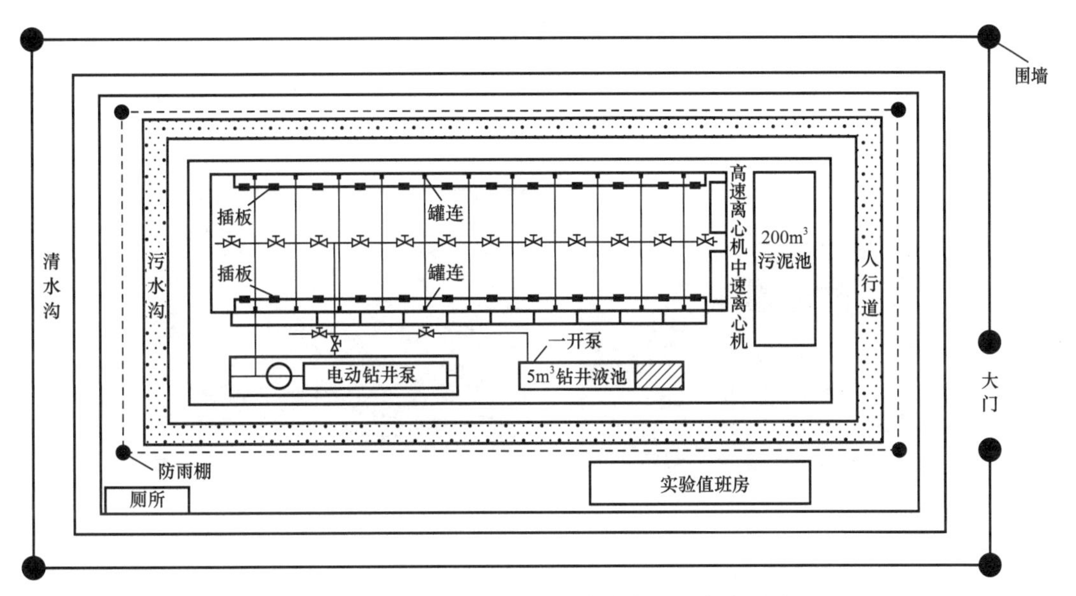

图 15–1　涪陵页岩气田油基钻井液处理站平面图

进行分离，再通过热脱附工艺，实现将油泥中的油与固相分离，如图 15–2 所示。具体流程为:（1）用振动筛将油基钻井液中的岩屑分离出来;（2）油泥进入甩干机进行二次固液分离;（3）液相再进入离心机进行 3 次分离回收油泥，经过甩干机和离心机处理的干岩屑油水含量大幅度降低，固体含油率降至 3.5%；（4）分离的油泥及干岩屑进入热脱附终端设备，进行无害化处理，最终剩余固体含油率降至 2% 以下;（5）钻屑经处理后回收了大部分油，回收的油存入油罐;（6）处理后的污水回用，多余水进站内污水处理系统，实现资源回收和环境保护双重目的;（7）处理后的残渣有多种利用价值，可用作绿化培土或筑路素土，也可制成人造砾石用于铺垫井场。

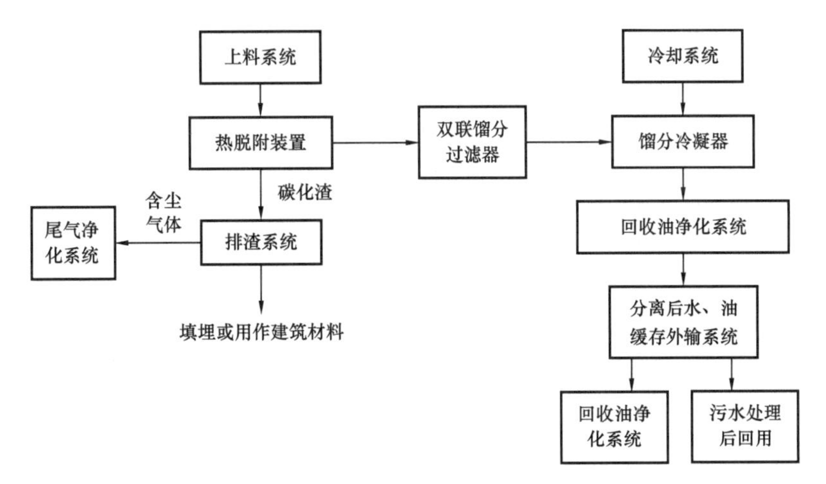

图 15–2　涪陵页岩气田含油钻屑回收利用工艺流程

通过以上工艺流程处理后，涪陵页岩气田钻屑残渣含油量小于2%，最后进行固化后集中填埋封存。应用该工艺技术，油基岩屑无害化处置率达到100%，实现了含油钻屑的“资源化、减量化、无害化”。钻屑处理前后对比如图15–3所示。

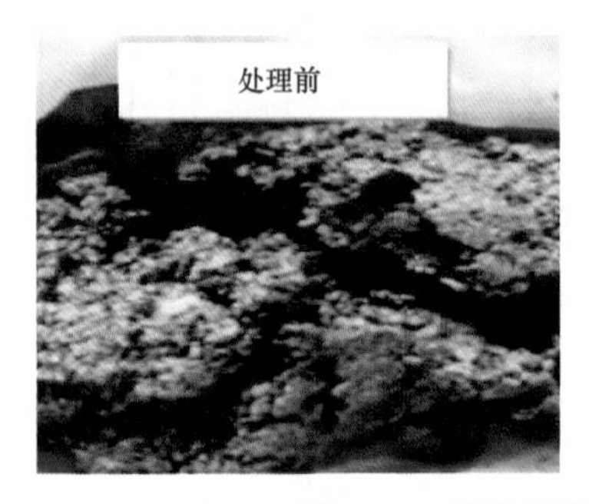

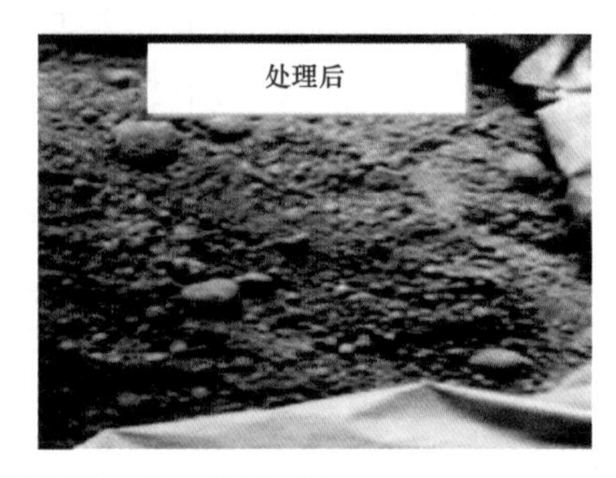

图15–3　涪陵页岩气田钻屑处理前后对比

3. 网电钻机改造措施

网电钻机改造作为一项节能、清洁、降噪的技术，不仅可以降低钻井过程的运行成本，而且对建设节约型社会具有重大意义和广阔推广应用前景。涪陵地区当地高压网电资源比较丰富，为实施高压网电钻井创造了有利条件。实施网电改造的关键有两项：一是动力模块替代，即把原柴油机驱动替换为电动机驱动；二是网电接入变压、调整控制。根据钻井队实际情况进行设备对接，优化配置，网电设备达到安全可靠平稳运行，实现利用高压网电进行钻井作业，图15–4为涪陵页岩气田钻机网电改造方案。

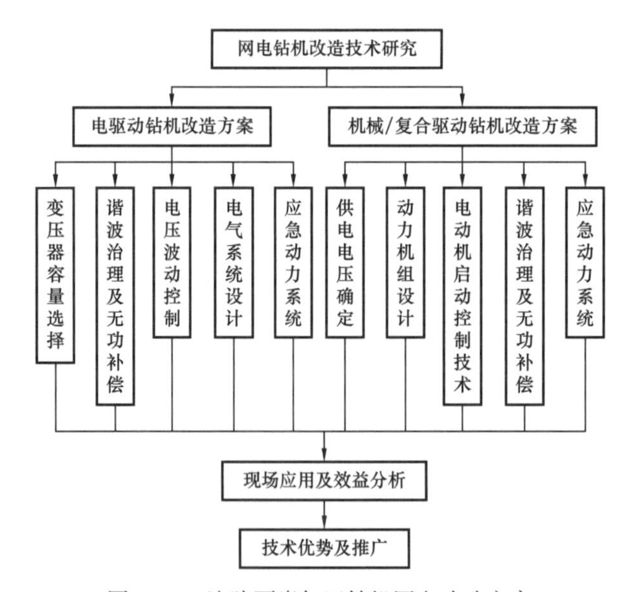

图15–4　涪陵页岩气田钻机网电改造方案

4. 环保钻井工艺措施

1）钻井平台选址

平台选址时，采用高密度电法勘查法对地下 100m 以内暗河、溶洞分布情况进行水文勘探，避免钻井过程中污染地下水。涪陵页岩气田所处地域内有武隆仙女山、大木花谷等自然风景区，同时还有多处村民饮用水源，平台选址尽量避开生态环境敏感区域，尽量减少树木砍伐、植被破坏。施工结束后，严格按照复垦方案进行植被恢复、水土保持和土地复耕。

2）绿色钻井优化设计

钻井设计上，选用“导管 + 三段式”井身结构，四层套管固井。选用抗压 117MPa 压力等级的优质套管进行固井，固井水泥返至地面，并进行固井质量检测，确保所钻井眼完全与环境水体、浅层岩体隔离开。

3）绿色钻井施工

钻前施工时，通过修建废水池、放喷池、油基钻屑暂存池、清污分流沟、截水沟等环保设施，并进行防渗承压试验后交付使用，保护井场周围环境。

钻井施工时，1500m 以内的直井段采用清水钻井，无添加剂，避免钻井作业污染浅层地下水系。1500～2500m 直井段采用水基钻井液，主要添加药剂成分由天然矿（植）物类、改性天然高分子、合成聚合物和其他无机盐类（烧碱、纯碱、氯化钙）等组成。2500～4500m 水平段采用油基钻井液，主要添加剂由水相（氯化钙水溶液）、油相（有机土、脂肪酸混合物、褐煤、石灰）组成。所有钻井液配制均严格按照《钻井液材料规范》（GB/T 5005—2010）等国家和行业标准规范执行，所有钻井液都在密闭循环系统中经回收处理后，循环使用。使用油基钻井液钻进时，将钻机主体设备、通道、栏杆表面覆盖薄膜，保持设备表面清洁，减少擦洗设备废水产生量。油基钻屑严禁排入废水池，与水基钻屑严格实行分开收集，分类处理，处理流程如图 15-5 所示。整个钻井施工过程实施清洁生产，采取废水重复利用和节水减排措施，实现了污水零排放。

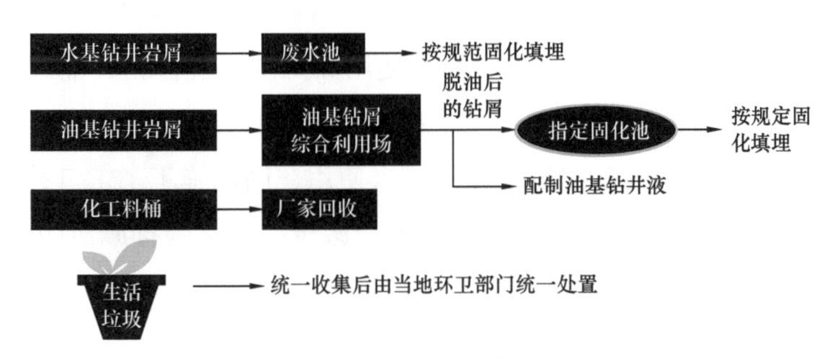

图 15-5　涪陵页岩气田钻井固体废弃物处理流程

4）工厂化作业

通过工厂化技术的应用，可大幅降低土地占用面积。单井土地占用面积较常规丛式井节约30%，较单井减少82.5%，较丛式井油基钻井液使用量减少28%，废液减排1200m^3。

三、实施效果分析

基于以上环保处理技术措施，涪陵页岩气田形成了以油基钻井液集中回收处理、含油钻屑无害化处理、网电钻机改造及绿色环保钻井工艺为核心的绿色钻井关键技术，并在涪陵页岩气田一期$50\times10^8m^3$产能建设中全面推广应用。

1）油基钻井液回收再利用

通过油基钻井液回收老浆再利用工艺技术，减少固井水泥及冲洗液混入老浆造成污染，保证各项性能稳定。据不完全统计，自2013年至2016年初，涪陵页岩气田共完成230口井的油基钻井液服务，回收再使用老浆量$12.76\times10^4m^3$，极大地降低了油基钻井液成本，减少了油基钻井液废液排放。

2）含油钻屑处理

截至2016年初，共建设了7个油基钻屑回收利用厂（站），含油钻屑设计处置能力300m^3/d，实际处置能力达到230～320m^3/d。涪陵页岩气田开发以来，累计完钻251口井，产生含油钻屑56565.88m^3，处理率达到100%。

3）网电钻机改造

系统运行安全、稳定、可靠，各项技术参数良好，取得了良好的经济效益和环保效益。以JY38-2HF井为例，根据现场实际工况预算，该井使用柴油机作动力消耗柴油约320t，以当月柴油定额价每吨5370元/t计算，柴油能耗费用为171.84万元。改用网电后，消耗的总电量为125.6×10^4kW·h，实际能耗费用为144.44万元，加上柴油机、发电机使用维护费用每口井10万元，相比使用柴油节约费用37.4万元，使用网电施工费用相比使用柴油费用节约率为21.76%。同样，JY59-3HF井和JY37-2HF井节约率分别为25.84%、23.54%。综合分析，使用高压网电进行钻井能耗费率平均降幅为22.75%，经济效益明显。截至2015年12月，涪陵页岩气田网电架设耗资5803.6万元，工区41部钻机进行了网电改造并先后投入使用，网电施工121口井，累计使用电能14384.25×10^4kW·h，替代成品油4.97×10^4t，减少二氧化碳排放20.9×10^4t，节约成本1600余万元。

4）绿色环保钻井工艺

在涪陵一期产能建设的251口井中，全面应用了高密度电法勘查法避开溶洞暗河选址、绿色钻井优化设计、绿色钻井施工及工厂化等技术，极大地保护了当地的水源，节约了用水，未发生一起环保事故。截至 2015 年底，涪陵页岩气田推广应用工厂化钻井平台 18 个共计 71 口井，累计节约占用土地 12000m^2，减少水基钻井液废液排放量 30000m^3，同时钻井过程中节约清罐等用水 15000m^3，极大地降低了钻井作业对环境的影响，取得了显著的环保效益。

第 2 篇　钻井工程措施案例

本篇精选提炼了 15 个案例，主要介绍国内外页岩气钻井工程降本增效配套技术措施，总体上分为 4 个单元。第 1 单元包括案例 16 至案例 19，主要介绍页岩气钻井提速提效配套措施；第 2 单元包括案例 20 至案例 22，主要介绍页岩气钻井地质导向技术措施；第 3 单元包括案例 23 至案例 25，主要介绍页岩气固井技术措施；第 4 单元包括案例 26 至案例 30，主要介绍页岩气水基和油基钻井液技术措施。

案例 16 Eagle Ford 页岩气田钻井提速提效配套措施

本案例介绍了 Eagle Ford 页岩气田开发过程中优化井身结构、工厂化钻井作业、个性化 PDC 钻头、优化钻具组合、优化钻井液性能等钻井提速提效配套措施。

一、案例背景

Eagle Ford 页岩气田储层埋深范围为 1200～4300m，该地区页岩主要为灰黑色有裂缝的石灰岩、泥石灰岩、灰质页岩，钙质含量 49%～64%，石英含量 8%～16%，黏土含量 17%～29%。水平井钻井过程中主要面临以下技术挑战：（1）储层埋藏深，平均井深 4300m，垂深 2500m，水平段长度约 1600m，对钻井设备、定向作业、钻井液等都提出严峻考验；（2）造斜点深，造斜率（12°～15°）/30m，造斜井段扭矩及摩阻大，深部地层滑动钻进困难，受租地地表面积的限制，定向水平井轨迹控制要求高；（3）造斜井段泥岩厚度大，断层发育，上覆地层 Austin Chalk 低压层漏失和井壁失稳风险高；（4）地层非均质性强，机械钻速变化大，对钻头稳定性要求高。导致该地区水平井钻井和建井周期长，钻井成本高，以 1 口井深 4200～4500m、水平段长度 1600m 的井为例，单井钻井周期 15d，单井钻井成本在 250 万～300 万美元，大约 660 美元 /m。

针对上述技术挑战，探索建立适用于该地区页岩气水平井的井身结构、工厂化钻井模式、钻头及钻具组合、钻井液、导向工具等关键技术措施，以缩短钻完井周期，降低钻完井成本。

二、降本增效措施

1. 优化井身结构

Eagle Ford 页岩气田水平井钻井作业早期，受地层情况的不确定性、生产套管强度低、多级压裂完井技术不成熟等因素影响，采用 4 级套管（包括导管）的井身结构设计，导致全井套管费用高，单井平均机械钻速低，尤其是 ϕ155.6mm 井段，出现蹩压蹩扭矩复杂情况频率高。针对上述问题，采取以下技术措施对井身结构进行优化：（1）优选采用高抗弯曲强度的特殊扣型 CDC 生产套管；（2）优化技术套管下入深度，在二开作业时加深技术套管下入深度；（3）三开作业直接采用 ϕ215.9mm 钻头钻至目的层深度，下入 ϕ139.7mm 高抗弯曲强度的特殊扣型 CDC 套管；（4）选用油基钻井液体系，确保生产套管顺利下到井底。该地区简化后的井身结构参数见表 16–1，减少了 1 层技术套管，成功实现了简化井身结构的目的。以一个平台 10 口水平井钻井作业为例，使全井平均机械钻速提高了 20%，套管费用降低约 15%。

表 16–1 Eagle Ford 页岩气田代表水平井井身结构参数

开钻次序	原井身结构				简化后井身结构			
	钻头 mm	井深 m	套管 mm	套管下深 m	钻头 mm	井深 m	套管 mm	套管下深 m
1	—	30	406.4	30	—	30	406.4	30
2	311.1	750	244.5	748	311.1	750	244.5	748
3	222.3	2500	177.8	2498	215.9	4440	139.7	4438
4	155.6	4440	139.7	4438	—	—	—	—

2. 工厂化钻井作业

表层井段钻井作业优先选用车载钻机，大曲率造斜段及水平段钻进选用 7000m 大功率钻机并配备顶驱系统。实现“批钻”作业，多口井依次一开钻进、下套管、固井，依次二开钻进、下套管、固井，如同“工厂式流水线”作业，作业过程程序化，作业效率得到大幅度提高。工厂化钻井模式可使单井作业周期（从搬迁至钻机复原时间）缩短 42.1%，且钻井液材料、同一趟钻具组合等可以得到重复利用，钻井成本也相应降低。

3. 个性化 PDC 钻头

在实际钻井作业过程中，按照“优先选用 PDC 钻头，提高机械钻速；增加单个钻头总进尺，确保 3 个钻头 3 趟钻具组合完成整个井眼钻井作业”的原则，根据表层井段、上部直井段（造斜点之前）、大曲率造斜井段及水平段的不同有针对性地选用 PDC 钻头。

（1）表层井段上部地层比较疏松，可钻性好，选用 ϕ311.1mm、6 刀翼、19mm 切削齿 PDC 钻头提高机械钻速，10 口井平均机械钻速达 80m/h，与其他作业者相比机械钻速提高 44%。

（2）上部直井段（造斜点之上）作业时，考虑到地层倾角、岩性、可钻性、单个钻头机械钻速、单个钻头进尺等情况，选用 ϕ311.1mm、5 刀翼、19mm 切削齿 PDC 钻头。10 口井单个钻头都顺利钻进至造斜点以上，单只钻头平均进尺达 1450m、平均机械钻速 55m/h，与 16mm 切削齿 PDC 钻头相比机械钻速提高 61%。

（3）大曲率造斜井段及水平段作业时，既要满足造斜率的要求，又要满足单个钻头一趟钻进进尺的要求，选用 ϕ215.9mm、6 刀翼、16mm 切削齿、短保径、短抛物线 PDC 钻头。10 口井作业中，有 2 口井由于马达故障，起钻后更换钻头；其余 8 口井用单个钻头完成大曲率造斜井段和水平段作业，单个钻头平均进尺达 2150m、平均机械钻速 35m/h，与采用 2 个钻头相比机械钻速提高 43%。

4. 优化钻具组合

（1）表层井段作业采用直马达 + PDC 钻头钻具组合，提高钻井作业效率。

（2）上部直井段作业，地层倾角较大，要防斜打直，加强井斜控制。采用 1.5° 可调弯角马达 + PDC 钻具组合，每钻进 30m 监测一次井斜及方位。根据监测结果及时合理地调整钻具组合和钻进参数，必要情况下采取滑动钻进进行纠斜。该钻具组合结构既能有效保证防斜打直，还能提高钻井速度，实现单趟钻具组合钻进至设计井深（造斜点以上），降低了钻井风险。

（3）大曲率造斜井段和水平井段作业，由于受租地地表面积的限制，在总井深不增加的情况下，为保证尽可能长的水平段长度和后期较多的压裂级数，造斜井段设计全角变化率（12°～15°）/30m，造斜井段设计长度 200～300m。实际作业过程中，根据地层及井眼轨迹要求，选用倒装的钻具组合；大曲率造斜井段，调整马达高边，全力造斜，采取滑动钻进 15m、旋转钻进 2m 的方式，防止钻具黏卡，保证井眼轨迹平滑；每钻进 10m 监测一次井斜及方位，根据监测结果及时合理地调整钻进参数，确保大曲率造斜成功；钻进至着陆点后，进行水平段钻进作业时，每钻进 30m 监测一次井斜及方位，根据监测结果及时合理地调整钻进参数，减少滑动钻井，尽量使用复合钻进，提高机械钻速。10 口水平井钻井作业表明，单井平均起下钻 3.5 趟，比一般钻具组合降低了 20%。

此外，Eagle Ford 页岩气田水平井利用高造斜率旋转导向钻井系统可实现“直井段 + 造斜段 + 水平段”一趟钻完钻。以 2012 年初在 Eagle Ford 页岩气田的 1 口水平井为例，造斜井段的设计造斜率为 8°/30m，应用贝克休斯公司的 171.45mm AutoTrak Curve 系统，PDC 钻头一次下井钻开表层套管的套管鞋，从 801.9m 钻至总井深 4019.7m，共钻进 3217.8m，实现了二开“直井段 + 造斜段 + 水平段”一趟钻完钻，减少了两趟起下钻，共用时 5.95d，平均机械钻速为 27.43m/h，比邻井缩短 2.5d，节省钻井费用约 8 万美元。

5. 优化钻井液性能

上部井段作业时，优选采用水基钻井液，提高携砂性能，保证井眼清洗效率，实现快速钻进。大曲率造斜井段及水平段作业时，由于储层的层理或者裂缝发育、蒙脱石等吸水膨胀性矿物组分含量高，且水平段设计方位要沿最小主应力方向（最不利于井眼稳定的方向），优先选用油基钻井液，油水比维持在75：25左右，保持高的钻井液流变性能，加强井眼稳定性，预防钻井液漏失，减少摩阻和扭矩，提高机械钻速，确保了安全快速地完成该井段作业。

三、实施效果分析

通过以上技术措施的配套应用，以Eagle Ford页岩气田在一个平台上完钻的10口水平井为例，钻井作业效率得到了极大的提高，钻井成本由590.4美元/m降至359.16美元/m左右，与周边邻井对比，单井钻井总费用降低80万～100万美元，成功实现了单个钻头1趟钻完大曲率造斜井段及水平井段，为类似页岩气地层水平井钻井作业提供了借鉴。

案例 17　长宁—威远页岩气田钻井提速提效配套措施

本案例介绍了长宁—威远国家级页岩气示范区持续优化井身结构、优选 PDC 钻头、优化动力钻具、井眼轨迹设计、气体钻井提速、控压钻井提速、旋转导向提速等钻井提速提效配套措施。

一、案例背景

长宁—威远国家级页岩气示范区自 2010 年钻成第一口页岩气井（威 201）以来，拉开了四川页岩气资源开发的序幕。2016 年示范区生产页岩气 $10.11\times10^8m^3$，其中长宁区块产气 $4.69\times10^8m^3$，威远区块产气 $5.42\times10^8m^3$。虽然示范区的勘探开发取得了长足的发展，但页岩气水平井的安全快速钻井仍是制约长宁—威远页岩气田高效低成本开发的技术瓶颈。该地区页岩气水平井钻遇地层分层及岩性特征见表 17–1。

表 17–1　长宁—威远区块钻遇地层简表

地层	底界垂深，m			岩性简述
	宁 201 井区	威 202 井区	威 204 井区	
沙溪庙组	—	—	570	泥岩夹砂岩
凉高山组	—	—	650	砂岩、泥岩
自流井组	—	185	920	石灰岩、泥岩、砂岩
须家河组	—	705	1425	砂岩夹页岩
雷口坡组	—	975	1640	石灰岩、白云岩夹石膏
嘉陵江组	455	1445	2160	石灰岩、泥岩、白云岩夹石膏
飞仙关组	945	1910	2560	泥岩、粉砂岩、石灰岩
长兴组	985	1950	2620	石灰岩、页岩、凝灰质砂岩
龙潭组	1115	2085	2745	铝土质泥岩、页岩、石灰岩
茅口组	1450	2300	2965	石灰岩含泥质
栖霞组	1570	2390	3075	石灰岩含燧石
梁山组	1572	2395	3085	页岩夹粉砂岩
韩家店组	1882	—	—	粉砂岩、页岩夹石灰岩
石牛栏组	2220	—	—	页岩、粉砂岩夹薄层石灰岩
龙马溪组	2640	2600	3600	页岩、泥岩、泥质粉砂岩

制约长宁—威远页岩气田水平井钻井提速的关键技术难点有以下几个方面。

（1）龙马溪组页岩地层易垮塌，井壁稳定性差，需采用高密度钻井液钻进。

长宁—威远区块龙马溪组页岩岩性为铝土质泥岩夹页岩、凝灰质砂岩，胶结质量差，层理发育、脆性大，地层坍塌压力高，容易出现掉块和垮塌。如威 E01–H1 井钻进至龙马溪组 925m 左右出现连续掉块，上提钻具遇挂卡，返出大量页岩掉块，最大直径 7～8cm。宁 E01–H1 井在水平段 2541～3331m 采用钻井液密度 1.83g/cm^3 钻进过程中出现垮塌，提高密度至 1.90g/cm^3，钻至 3447m 起钻，因垮塌卡钻而填井侧钻。

（2）表层井段嘉陵江组易漏失，茅口组、栖霞组易引发裂缝性漏失。

表层井段出露地层老，均为区域性漏失，清水钻进出口失返，漏失严重。威 E01–H1、威 E01–H3、宁 E01–H1 井均采用充气钻进钻完表层井段。茅口组、栖霞组钻遇裂缝易引发不同程度漏失。威 E01–H3 井钻至 1044.24m（茅口组）发生失返性漏失，桥堵 5 次无效，注水泥堵漏后分别钻至 1044.5m、1058m 又发生失返性漏失，最后用无固相钻井液盖帽强钻至固井井深。宁 E01–H1 井在茅口组采用氮气钻进时出水，替入钻井液后又出现漏失，堵漏耗时 2.93d，完钻后上提密度处理垮塌时茅口组又发生漏失，堵漏耗时 7d。

（3）二叠系至志留系地层可钻性差，钻头适应性差、磨损快，机械钻速低。

① 茅口组—栖霞组地层井段长 400～500m，岩性为致密坚硬的石灰岩，部分含黄铁矿、燧石结核，地层研磨性强，可钻性差，优选的 PDC 钻头还不成熟，机械钻速低。

② 韩家店组—石牛栏组地层为页岩、粉砂岩夹石灰岩，岩性硬，非均质性强，可钻性差，钻井液介质条件下机械钻速极低，PDC 钻头极易磨损，单只钻头进尺少。

（4）上部地层易斜，下部地层增斜难。

以威 E01–H1 井为例。该井直井段，特别是钻进龙潭组地层后，井斜增长快，井深 1135m 时井斜已达 14.25°，为下部井眼轨迹控制带来一定难度。下部地层以宁 E01–H1 井为例，在龙马溪组上部 2230～2490m（井斜小于 55°）地层定向钻进时增斜率偏低，仅为 3°/30m 左右，远未达到设计 8.36°/30m 的要求，只能两次间断采用牙轮钻头进行定向增斜。

（5）水平井井眼轨迹控制难，摩阻和扭矩大，易托压，造成滑动钻进难、定向效果差。

井壁稳定性差，井漏、坍塌及其他井下复杂事故导致井径变化频繁、钻柱扭矩规律性弱；水平段产层倾角多变；地质导向要求追踪优质储层需要在水平段钻进过程中频繁调整轨迹，导致在大井斜段扭方位狗腿度过大，常规地质导向定向效能差，滑动钻进比例高，托压问题严重；水平段管柱结构复杂，钻柱与井壁在重力作用下产生较大摩擦阻力，长水平段的岩屑压在环空下部不易被带出，两者造成摩阻和扭矩增大。

针对以上关键技术难点，需要通过井身结构、高效 PDC 钻头 + 配套工具、井眼轨迹、气体钻井、控压钻井、旋转导向钻井等技术措施的持续优化和完善配套，建立适用于长宁—威远页岩气田水平井的钻井提速综合配套技术，减少非生产时间，缩短作业周期，降低钻井成本，实现该地区页岩气资源的规模效益开发。

二、降本增效措施

1. 优化井身结构

1）必封点选择

根据长宁—威远地区地层压力系统和井下复杂情况划分情况，以优快钻井为目标，最大限度地应用钻井提速新工艺，按从上至下原则确定必封点。

（1）必封点 1：地表浅层疏松、孔隙裂缝发育，易井漏，为防止地表窜漏，在井深 30～120m 左右封隔地表水层和易垮塌层，建立井控条件。

（2）必封点 2：长宁区块嘉陵江组石膏层发育，厚度大，且存在漏失层，综合考虑以上因素并结合气体钻井工艺需要，需封隔至嘉陵江组底部或飞仙关组顶。威远区块雷口坡组与须家河组均呈不整合接触，沙溪庙组—凉高山组地层多为泥岩及页岩，有水侵、气侵、井漏等显示，易发生水敏性垮塌，需封隔至凉高山组顶。

（3）必封点 3：长宁区块飞仙关组以泥岩为主，夹粉砂岩及薄层石灰岩，易垮塌；龙潭组上部为页岩、灰质砂岩及煤，中部为泥岩夹砂岩，下部为页岩、碳质黑色煤及灰质砂岩，底为灰色泥岩（含黄铁矿），地层不稳定易垮塌；茅口组主要为生物石灰岩，易井漏、井涌、水侵；梁山组主要为灰黑色页岩，易垮塌。从地层压力来看，纵向上具多产层特征，给安全钻井带来一定风险，综合考虑，需封隔至韩家店顶部，封住上部易垮易漏层，为下部气体钻井创造条件。威远区块自流井组、须家河组、飞仙关组、龙潭组和龙马溪组等存在泥岩、页岩地层，雷口坡组、嘉陵江组含石膏层，纵向上多压力系统，其中长兴组、茅口组—栖霞组存在高压层，需封隔至茅口组及以上复杂地层，为下部长段裸眼钻进创造条件。

（4）必封点 4：长宁—威远区块龙马溪组水平段地层页岩储层易垮塌，层理发育，必须提高钻井液密度以平衡地层应力，钻头钻至完钻井深下入套管射孔完井。

2）井身结构持续优化

以提高钻速、降低成本、减少复杂为目标，通过三轮持续优化，基于以上必封点认识，目前长宁—威远页岩气田水平井已形成较为成熟的“四开四完”井身结构（含导管），分别如图 17-1 和图 17-2 所示，满足安全快速钻井和大型体积压裂改造的需要。

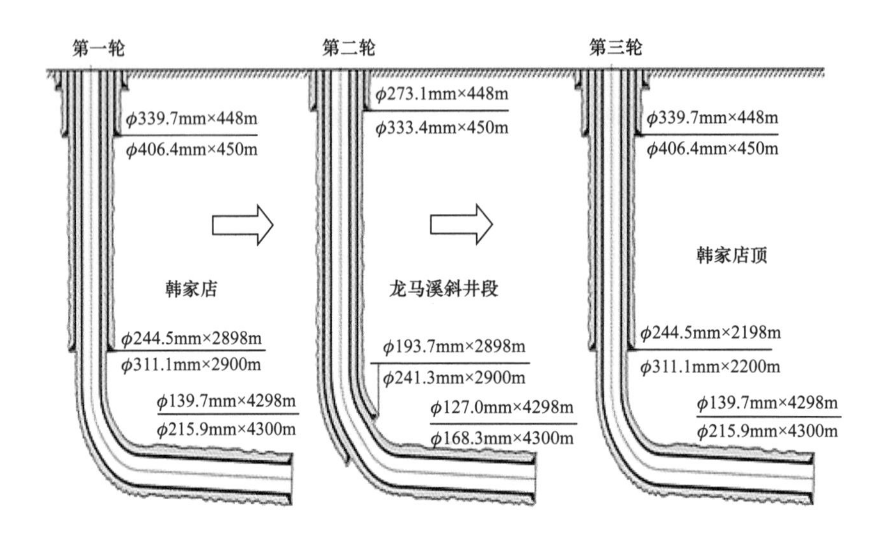

图 17-1　长宁区块三轮井身结构持续优化简图

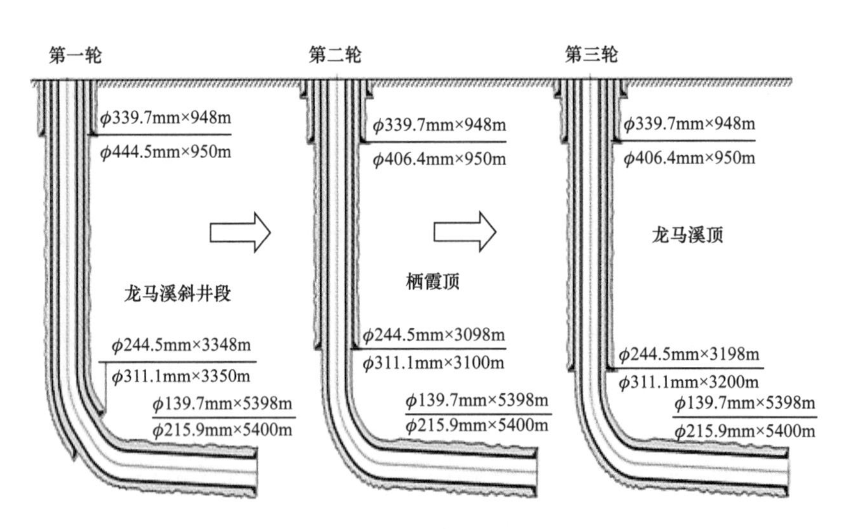

图 17-2　威远区块三轮井身结构持续优化简图

长宁区块优化后井身结构为：ϕ720mm 导管下至 20m 左右，防地表窜漏、垮塌，以实际补心高度、方井深度及 ϕ762mm 钻头进入硬地层 2m 等为依据，确定导管实际下入深度；一开 ϕ406.4mm 钻头采用气体（雾化或清水）钻井，进入飞仙关组 50m 左右下 ϕ339.7mm 表层套管固井，封隔嘉陵江组以上的水层和漏层，表层套管下深与邻井错开 20m 左右；二开 ϕ311.1mm 钻头进韩家店组 20～30m，下 ϕ244.5mm 技术套管，为韩家店组—石牛栏组氮气钻进提速创造条件；三开钻进龙马溪组底，下入 ϕ139.7mm 生产套管，射孔完井。

威远区块优化后井身结构为：ϕ660.4mm 钻头钻至 30～60m，下 ϕ508.0mm 导管，防地表窜漏，根据现场实际情况确定下深；一开采用 ϕ406.4mm 钻头钻至 950m，下 ϕ339.7mm 表层套管，封隔凉高山组顶部易漏层，套管鞋应坐于稳定地层上；二开采用 ϕ311.1mm 钻头钻至龙马溪组顶，下入 ϕ244.5mm 技术套管，封隔上部复杂地层，为下部长裸眼段钻进创造条件；三开采用 ϕ215.9mm 钻头钻至龙马溪组底，下 ϕ139.7mm 生产套管，射孔完井。

2. 优选 PDC 钻头

1）钻头优选依据

20 世纪 80 年代中期，美国法雷利（Farrelly）等研究人员最先提出“比能”概念，把井底地层钻掉单位体积岩石所做的功称为比能。钻头的比能越小，其破岩效率就越大，钻头的磨损程度就越小。

主因子法是根据综合指标统计反映钻头使用效果的方法。通过统计出的平均机械钻速及其进尺和寿命指标可对钻头进行较细致的选型并对钻头的多项指标进行评价，最终建立全面反映钻头使用效果的指标。

为了对钻头进行更全面科学的评价，采用比能法及主因子法，按井眼尺寸及地层不同对钻头使用效果进行综合评价。比能低，说明钻头与地层相适应，破岩效率高。反之，则说明该钻头不适应于破碎地层。主因子越大，则说明综合考虑进尺、钻速、钻压、转速和比能的情况下钻头的使用效果均较好。下面以威 204 井区为例，说明钻头优选方法。

2）威 204 井区钻头优选

利用比能法和主因子分析法对威 204HY-3 井、威 204HL-3 井、威 204HZ-1 井 ϕ406.4mm 钻头使用情况进行分析计算，结果见表 17-2。

表 17-2　威 204 井区 ϕ406.4mm 钻头使用情况综合分析

井号	型号	厂家	层位	进尺 m	钻速 m/h	钻压 kN	转速 r/min	比能	主因子 F
HY-3	T1655B	百施特	珍珠冲	908.00	8.33	100	55	1.62	312.09
HL-3	HS5163	惠灵丰	马鞍山	716.05	5.28	120	40	2.24	245.61
	HS5163	惠灵丰	须六段	211.95	3.01	100	40	3.27	73.30
HZ-1	HS5163	惠灵丰	须六段	705.00	15.33	110	55	0.97	245.87

在沙溪庙组—须家河组地层，HS5163 钻头比能最低，破岩效率最高，主因子达 245.87；T1655B 钻头虽然主因子最大，但比能高、钻速低。综合考虑进尺、钻速、钻

压、转速、比能和主因子情况，优选 HS5163 钻头。

利用同样的方法，对威 204H1–S 井、威 204H6–S 井、威 204HZ–1 井 ϕ311.1mm 钻头使用情况进行分析计算，结果见表 17–3。

表 17–3　威 204 井区 ϕ311.1mm 钻头使用情况综合分析

井号	型号	厂家	层位	进尺 m	钻速 m/h	钻压 kN	转速 r/min	比能	主因子 *F*
H1–S	MSi616	史密斯	嘉二段	1056	8.07	140	50	2.79	362.31
	MSi616	史密斯	龙潭组	611.5	7.99	120	40	1.93	211.14
	MSi616	史密斯	龙潭组	8.2	0.81	120	40	19.04	3.13
	MDSi613	史密斯	栖霞组	329.8	2.44	130	50	8.56	113.12
H6–S	MM55	哈里伯顿	须四段	332.51	9.54	120	40	1.62	116.88
	MM55	哈里伯顿	嘉四段	495.49	8.37	140	40	2.15	171.80
	SF55D	哈里伯顿	龙潭组	897.43	6.37	150	35	2.65	307.66
	FX55D	哈里伯顿	龙潭组	8.78	0.51	140	70	61.75	3.18
	SF55D	哈里伯顿	茅一段	222.04	1.57	120	70	17.19	76.10
	MM55	哈里伯顿	栖霞组	80.75	2.34	120	70	11.54	28.37
HZ–1	FX55	哈里伯顿	雷二段	526.19	11.74	80	60	1.31	183.62
	SF56	哈里伯顿	雷二段	115.5	5.17	100	60	3.73	41.32
	SF56	哈里伯顿	飞一段	1011.1	8.54	100	40	1.51	347.22
	SF56	哈里伯顿	长兴组	48.14	2.95	100	40	4.36	17.56
	SF56	哈里伯顿	长兴组	38.26	1.24	100	40	10.37	13.50
	SF56	哈里伯顿	龙潭组	32.92	0.54	100	50	29.75	11.40
	MM55	哈里伯顿	龙潭组	72.25	0.67	130	50	31.17	24.82
	MM55	哈里伯顿	茅三段	78.34	2.73	100	40	4.71	27.73
	MM55	哈里伯顿	茅二段	53.58	2.48	100	50	6.48	19.20
	MM55	哈里伯顿	栖二段	107.73	2.12	130	50	9.85	37.46
	MDI516	史密斯	龙马溪组	400	3.88	100	50	4.14	137.55

在雷口坡组—嘉陵江组地层，FX55 钻头比能 1.31，破岩效率最高，主因子 183.62；MSi616 钻头比能 2.79，主因子 362.31。综合考虑进尺、钻速、钻压、转速、比能和主因子情况，优选 MSi616 钻头。在飞仙关组—龙潭组地层，SF56 钻头比能 1.51，破岩效

率最高，且钻头主因子最大 347.22，如长宁 HZ-1 井 SF56 钻头单只进尺 1011.1m、钻速 8.54m/h，综合考虑进尺、钻速、钻压、转速、比能和主因子情况，优选 SF56 钻头。在茅口组—梁山组地层，MDSi613 钻头比能 8.56，主因子最大 113.12，进尺 329.8m；MM55 钻头虽然比能 4.71，但主因子仅 27.73，进尺仅 78.34m。综合考虑进尺、钻速、钻压、转速、比能和主因子情况，优选 MDSi613 钻头。

利用同样的方法，对威 204HY-3 井、威 204HZ-1 井、威 201-H1、威 204 井 ϕ215.9mm 钻头使用情况进行分析计算，结果见表 17-4。

表 17-4　威 204 井区 ϕ215.9mm 钻头使用情况综合分析

井号	型号	厂家	层位	进尺 m	钻速 m/h	钻压 kN	转速 r/min	比能	主因子 F
HY-3	MSi616	史密斯	龙马溪组	340.71	5.37	80	40	2.76	117.99
	MSi616	史密斯	龙马溪组	650.49	5.71	80	40	2.60	223.46
HZ-1	HS5163	惠灵丰	龙马溪组	95.4	1.89	80	100	19.61	33.16
	HS5163	惠灵丰	龙马溪组	58.9	1.23	80	100	30.13	20.50
	HS5163	惠灵丰	龙马溪组	344.49	3.61	90	90	10.39	118.52
	HS5163	惠灵丰	龙马溪组	196.06	2.76	50	30	2.52	67.83
	HS5163	惠灵丰	龙马溪组	905.15	5.99	70	90	4.87	310.09
201-H1	HCD506ZX	贝克休斯	龙马溪组	1320.62	9.58	40	35	0.68	453.15
204	M0864	百施特	龙马溪组	440.08	5.06	40	30	1.10	151.85
	M0864	百施特	龙马溪组	174.2	2.25	40	30	2.47	60.20
	M0864	百施特	龙马溪组	239.73	3.88	60	40	2.87	83.09
	M0864	百施特	龙马溪组	216.22	4.3	50	40	2.15	75.29

在龙马溪组地层，HCD506ZX 钻头比能最低 0.68，破岩效率最高，主因子最高 453.15，单只钻头进尺 1320.62m、钻速 9.58m/h，综合考虑进尺、钻速、钻压、转速、比能和主因子情况，优选 HCD506ZX 钻头。

3）分层位 PDC 钻头提速模板

基于以上分层位钻头优选分析结果，建立了长宁—威远地区分层位 PDC 钻头提速模板，结果见表 17-5。通过高效 PDC 钻头配合螺杆，实现复合钻进，防斜打快，长宁已完钻丛式水平井平均机械钻速较前期单井提高 20%，平均节约钻头 10 只，节约起下钻 9 趟。

表 17-5　长宁—威远地区分层位 PDC 钻头提速模板

区块	层位	PDC 钻头序列	厂家
长宁	飞仙关组—长兴组	CK505D	川克
	龙潭组—梁山组	FX55D	哈里伯顿
	龙马溪组	MM55	哈里伯顿
威远	沙溪庙组—须家河组	HS5163	惠灵丰
	雷口坡组—嘉陵江组	MSi616	史密斯
	飞仙关组—龙潭组	SF56	哈里伯顿
	茅口组—梁山组	MDSi613	史密斯
	龙马溪组	HCD506ZX	贝克休斯

3. 优化动力钻具

针对油基钻井液介质条件下，普通螺杆胶皮易老化造成脱胶等情况，长宁—威远页岩气田水平井需采用耐油螺杆，优选试验了立林公司生产的 ϕ172mm、7/8 头、低转速、大扭矩耐油螺杆，技术参数见表 17-6。该耐油螺杆在威 201-H1 井等 3 口页岩气水平井的现场试验中取得成功。其中，威 201 井累计使用 4 根弯螺杆，除 1 根因起钻更换外（起出完好），其余 3 根均使用 150h 左右，工作状态良好，螺杆强度满足复合钻进要求，无螺杆钻具事故。

表 17-6　长宁—威远地区优选耐油螺杆技术参数

钻具型号	排量 L/min	转速 r/min	工作压降 MPa	输出扭矩 N·m	最大压降 MPa	最大扭矩 N·m	工作钻压 kN	最大钻压 kN	最大功率 kW
7LZ172×7.0L-5	1183～2366	84～168	4.0	7176	5.65	10137	100	170	150

长宁—威远页岩气田水平井通过耐油螺杆和水力振荡器配合使用，可有效发挥以下技术优势：一是依靠振动来改善钻压传递效果，井下动力钻具进行滑动定向钻进时效果明显；二是使 PDC 钻头滑动钻进更加容易，有效提高机械钻速；三是轻微振动井下钻具组合，明显降低摩阻，提高钻压传递效果；四是与 MWD/LWD 兼容，不会损坏工具或干扰信号传递，对钻头或管串无冲击力，杜绝顿钻冲击，可延长 PDC 钻头的使用寿命。

针对页岩气低成本开发投入的特点，长宁—威远地区在水平段试验了“国产高温

耐油螺杆 + 水力振荡器”替代旋转导向工具，可有效降低单井钻井成本，有关钻井指标对比结果见表 17–7。可以看出，采用“耐油螺杆 + 水力振荡器”的水平井（水平段长 1500m 左右），与采用旋转导向工具的水平井（水平段长 1800m 左右）相比，平均水平段周期和机械钻速基本相当，应用旋转导向的水平井钻井指标相对更好，但成本更高。

表 17–7　长宁—威远地区“耐油螺杆 + 水力振荡器”与旋转导向钻井指标对比

项目	井号	井深，m	水平段长，m	水平段周期，d	机械钻速，m/h
旋转导向	长宁 HS–6	4522	1841	17.24	7.65
	长宁 HE–7	4500	1500	13.75	7.85
	长宁 HS–5	4570	1800	12.41	12.03
耐油螺杆 + 水力振荡器	长宁 HE–5	4070	1380	16.13	6.19
	长宁 HS–4	4600	1458	12.58	7.69
	长宁 HL–1	4460	1112	13.16	7.17
	长宁 HL–2	4206	1546	19.06	6.58
	长宁 HL–5	4150	1500	16.78	5.40

4. 井眼轨迹设计

根据地质靶区要求和井眼轨迹设计原则，长宁—威远页岩气田水平井采用“预斜”剖面设计方法，代表井剖面设计结果见表 17–8，轨迹剖面图如图 17–3 所示。

表 17–8　威 204 井区某平台 3 号井优化后的井眼剖面参数

描述	斜深 m	井斜 （°）	网格方位 （°）	垂深 m	狗腿度 （°）/30m	闭合距 m	闭合方位 （°）
直井段	620.00	0.00	64.40	620.00	0.00	0.00	0.00
预斜段	820.00	20.00	64.40	815.96	3.00	34.55	64.40
	1650.00	20.00	64.40	1595.91	0.00	318.43	64.40
降斜调整段	2250.00	0.00	355.05	2183.80	1.00	422.09	64.40
	2376.07	0.00	355.05	2309.87	0.00	422.09	64.40
增斜段	2748.60	100.39	355.05	2519.00	8.06	562.00	39.70
水平段	4273.57	100.39	355.05	2244.00	0.00	1940.39	6.79

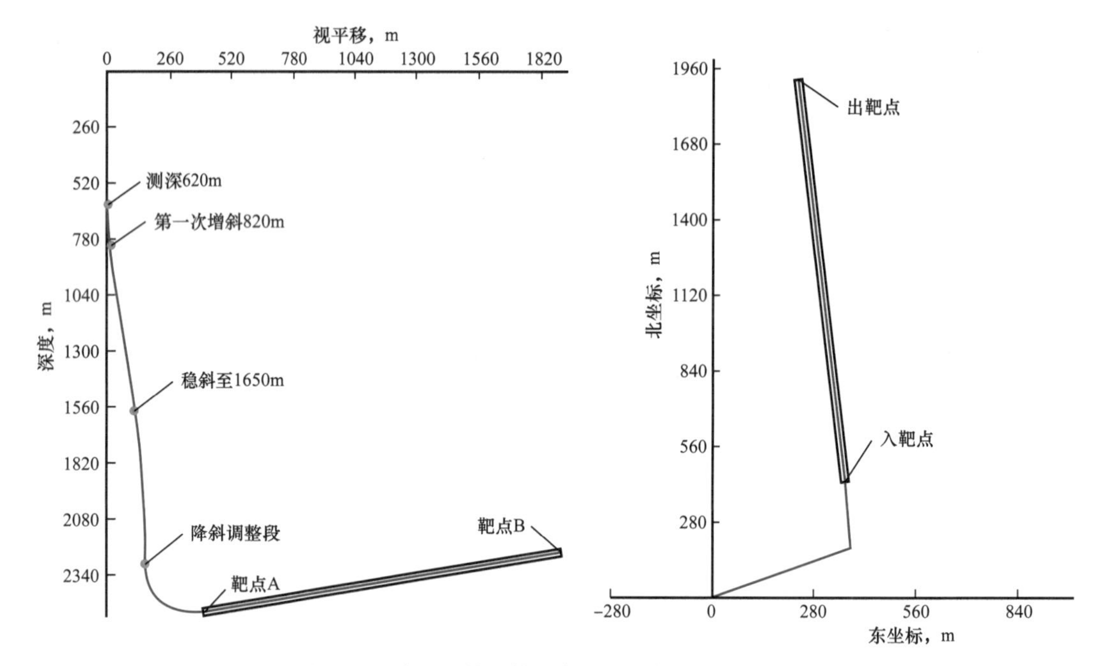

图 17–3 威 204 井区某平台 3 号井轨迹设计剖面图

该地区井眼轨迹设计采用“预斜”模式。在第 1 铅垂面内设计一段直井段后，选取可钻性相对好的地层造斜，在嘉陵江组、雷口坡组等层位充分利用地层自然造斜规律，一般为 50～170m。

上部井段即向 AB 连线垂直方向进行增斜，产生一部分横向位移，避免下部大井斜角扭方位，井斜角增至 20° 左右，造斜率控制在（3°～3.5°）/30m，以降低上部井段与同场井相碰风险，增大与邻井间距，保证安全钻进。同时将稳斜段缩短，以降低高自然增斜率地层大直径井眼长稳斜段井眼轨迹的控制难度、摩阻及扭矩，提高井眼轨迹平滑度。

调整段（降斜）选择避开龙潭组煤层与铝土质泥岩及梁山组易垮地层的复杂井段，井斜角较小，近似于直井，可以直接调整方位，避免大幅度扭方位作业。

第二增斜段的造斜率控制在 8°/30m，综合考虑旋转导向工具高造斜率能力、安全下套管、防碰绕障碍等要求，尽量选择在目的层龙马溪组顶部开始造斜，可减小大斜度井扭方位作业带来的井下复杂。

5. 气体钻井提速

1）表层井段气体雾化钻井防漏治漏

表层井段受长期风化剥蚀影响严重，孔隙、裂缝、溶洞发育，普遍存在井漏，甚至出口失返，处理复杂损失时间长，且易造成较严重的环境污染。宁 201–H1 井钻进至井段 114～116m 出现井漏，累计漏失清水 180m^3、桥浆 400.5m^3、膨润土浆 416m^3、水泥浆 37.3m^3。表层井段如果采用空气、雾化或充气钻井技术，可有效减少钻井液的漏失，缩短处理复杂时间。

长宁—威远地区代表井表层井段应用气体雾化钻井情况见表 17–9。长宁地区在表层井段井漏、无水源或环保要求高的地方，采用气体雾化钻井治理井漏效果显著。威远地区在威 202 井区须家河组及以上地层适用于雾化 / 充气钻井提速，如威 E02 井在 ϕ311.1mm 井眼清水钻进至 65.5m 井漏失返，强钻至井深 200.93m，转充气后仅用 1.5d 就钻达井深 600m，达到了治漏提速的效果。威 204 井区表层井段不适应采用气体钻井，如威 204 井区在珍珠冲组和须家河组井段钻遇地层出水、垮塌，造成气体钻井提前终止，进尺受限。

表 17–9　长宁—威远地区代表井气体雾化钻井作业情况

井号	钻头尺寸 mm	地层	介质	进尺 m	机械钻速 m/h	行程钻速 m/d	结束原因
宁 E01	444.5	嘉三段	充气	30.88	1.78	34.31	出水 60m^3/h
宁 E03		嘉二段—飞仙关组	空气 / 雾化	270.50	10.34	160.06	出水 55m^3/h
宁 E01–H1		嘉四段	空气 / 充气	112.75	5.45	50.56	出水 35m^3/h
宁 E07		嘉二^{1}	空气 / 雾化	159.50	4.35	58.64	出水后替钻井液
宁 E09		珍珠冲组—嘉五^{2}	空气 / 雾化	423.00	2.74	49.88	出水 18m^3/h，钻达设计井深
宁 E10		嘉二^{2}—飞四段	空气 / 雾化	251.00	3.74	60.63	钻达设计井深
宁 E11		嘉二段—飞四段	空气 / 雾化	274.49	4.55	64.38	钻达设计井深
威 E02	311.1	—	空气 / 清水	399.07	19.31	266.05	轻微出水，转充气
威 E03	311.1	沙溪庙—须家河组	空气 / 雾化	620.00	22.55	336.96	出水 3.5m^3/h，雾化钻井，返出岩屑含有垮塌物
	215.9	须家河组	氮气	114.78	6.02	106.28	出口无岩屑返出，上提下放摩阻增大，结束氮气钻井
威 E04	311.1	沙溪庙—须家河组	空气 / 雾化	595.10	6.99	85.10	地层出水
	215.9	须家河组	氮气	369.27	19.03	211.01	氮气钻进垮塌卡钻
威 E05	311.1	沙溪庙—须家河组	空气 / 雾化	733.69	9.85	190.57	地层出水
	215.9	须家河组	氮气	145.01	7.95	93.55	出口返出岩屑垮塌物

2014 年在长宁页岩气田 HE/HS/HL 平台完成气体钻井 13 井次，其中在长宁 HL 平台 6 口井嘉四[4]亚段—飞四井段实施空气 / 清水雾化钻井，无钻井液漏失，具体数据见表 17-10。气体钻井总进尺 2107m，平均单井进尺 351.17m，平均机械钻速 8.71m/h，行程钻速 138.28m/d，钻井周期最快 2.17d，最慢 3.30d，平均钻井周期 2.61d。

表 17-10　长宁 HL 平台 6 口井气体钻井时效统计

井号	3 号	4 号	2 号	5 号	1 号	6 号	合计	平均
进尺，m	338	374	363	353	340	339	2107	351.17
机械钻速，m/h	11.52	6.99	10.32	8.36	6.74	8.37	—	8.71
行程钻速，m/d	154.34	105.59	151.88	148.32	113.33	156.22	—	138.28
气体钻井周期，d	2.19	3.30	2.39	2.38	3.22	2.17	15.65	2.61

2）韩家店组—石牛栏组气体钻井提速

韩家店组—石牛栏组岩性致密，非均质性强、软硬交错、岩性变化快，机械钻速低，单只钻头进尺少，是全井提速瓶颈段。采用空气或氮气钻井技术，地层孔隙压力会在负压差条件下产生向井内的“推力”，可加速井底岩石破碎趋势，井内几乎无重力的气柱大大改变了井底应力状态，在钻头前方未破碎地层中产生很大范围内的低应力区，便于岩石破碎，可大幅提高机械钻速，缩短钻井周期。

2014 年长宁区块在韩家店组—石牛栏组地层实施空气 / 氮气钻井 12 井次，与钻井液钻井对比数据分别见表 17-11 和表 17-12。对比分析可以看出，钻井液钻井平均机械钻速 3.26m/h，平均行程钻速 44.00m/d，平均每口井消耗 PDC 钻头 4 只。而气体钻井平均机械钻速 7.31m/h，平均行程钻速 129.32m/d，1 只牙轮钻头钻穿韩家店组—石牛栏组约 600m 高研磨井段，机械钻速同比提高 2 倍以上，节约钻井周期 10d 以上，提速效果显著。

表 17-11　长宁地区韩家店组—石牛栏组钻井液钻井指标统计

井号	井段，m	进尺，m	机械钻速，m/h	行程钻速，m/d	PDC 钻头，只
长宁 HS-1	1570～2560	990	2.85	45	5
长宁 HS-2	1565～2437	872	2.70	36	7
长宁 HS-3	1564～2326	762	3.40	40	3
长宁 HE-1	1453～2205	752	3.50	44	4
长宁 HE-2	1444～2118	674	3.00	37	5
长宁 HE-3	1440～2065	625	4.50	52	3
长宁 HE-4	1464～2203	739	2.80	43	4
平均		773	3.26	44	4

表 17–12　长宁地区韩家店组—石牛栏组气体钻井指标统计

井号	井段，m	进尺，m	机械钻速，m/h	行程钻速，m/d
长宁 HS–6	1600.48～2150.00	549.52	8.00	146.54
长宁 HE–7	1468.00～2022.90	554.90	9.03	160.84
长宁 HS–5	1602.10～2252.00	649.90	9.56	172.39
长宁 HL–1	1497.00～2085.00	588.00	6.96	146.21
长宁 HL–6	1501.00～2081.00	580.00	6.86	163.48
长宁 HE–6	1477.00～2071.00	594.00	10.04	190.38
长宁 HS–4	1605.82～2258.00	652.18	10.65	201.95
长宁 HE–5	1477.92～2081.00	603.08	9.96	168.93
长宁 HL–2	1494.00～2085.00	591.00	6.25	78.70
长宁 HL–5	1510.00～2094.50	584.50	6.19	129.89
长宁 HL–3	1618.00～2135.00	517.00	4.57	64.62
长宁 HL–6	1501.00～2081.00	580.00	5.13	96.67
平均		587.01	7.31	129.32

6. 控压钻井提速

长宁 HL 平台 6 口井，目的层龙马溪组存在微裂缝，易发生诱导裂缝性井漏，钻井液安全密度窗口较窄。HL–1 井、HL–6 井龙马溪组水平段钻进时发生井漏，采用多种堵漏方式多次堵漏效果不理想，两口井共漏失近 1400m^3 钻井液。两口井处理复杂及辅助时间达 20d，大幅增加了作业成本。鉴于储层气量不大，不含硫化氢，为避免井漏，降低井控风险，可在目的层剩余井段应用“微欠、微过平衡模式”的控压钻井技术，控制井底压力在安全密度窗口内，达到防漏治漏、提高生产时效的目的。

以长宁 HL–6 井为例，三开 ϕ215.9mm 钻头钻至井深 2083.29m 龙马溪组，发生井漏，多种措施处置无效，漏失 2.05g/cm^3 钻井液 446.3m^3，处理复杂及辅助时间达 17d。在此情况下，应用控压钻井技术后，不仅有效解决了溢漏同存的井下复杂，还提高了钻井时效，缩短了钻井周期。实钻过程中，通过及时调整井口控压值和钻井液密度，实现了窄密度窗口的安全钻进作业，具体参数见表 17–13。

表 17-13　长宁 HL-6 井控压钻井有关参数

	井段 m	钻井液密度 g/cm^3	套压 MPa	钻压 kN	排量 L/s	立压 MPa	漏失量 m^3
第一趟	—	2.05～1.86	0～4	—	—	—	108.4
第二趟	3081～3607	1.86～1.89	0.5～1	40～60	30	16～22	0
第三趟	3607～3637	1.89～1.93	0.5	40～60	28	22	0
第四趟	3637～4340	1.91～1.93	0	40～60	28	21～23	0

龙马溪组采用控压钻井技术后，大幅降低了复杂处理时间和钻井液漏失量。HL-2 和 HL-3 两口井使用控压钻井技术后，漏失油基钻井液共 87m^3，与 HL-6 井使用控压钻井前漏失 741m^3 相比减少了 654m^3，与未使用控压钻井的 HL-1 井漏失 280.6m^3 相比，减少了 193.6m^3，对比数据见表 17-14。

表 17-14　长宁 HL 平台不同工况下的油基钻井液漏失量

井号	控压钻井使用情况	漏失油基钻井液，m^3
长宁 HL-6	使用控压钻井前	741.0
长宁 HL-1	未使用控压钻井	280.6
长宁 HL-2	控压钻井	27.3
长宁 HL-3	控压钻井	59.7

7. 旋转导向提速

1）长宁区块旋转导向钻井提速

表 17-15 对比分析了长宁区块应用旋转导向工具的钻井指标。应用旋转导向工具后，造斜段和水平段机械钻速均大幅度提高，对应的周期大幅度缩短。造斜段机械钻速由 2.76m/h 提高到 5.95m/h，提高了 116.36%；水平段机械钻速由 3.19m/h 提高到 8.61m/h，提高了 169.77%。

2）威 204HY-2 井旋转导向钻井提速

威 204HY-2 井与邻井威 204 井机械钻速和定向钻井周期对比见表 17-16。威 204HY-2 井与威 204 井为同平台井，井口相距 40m。该井从 3100m 开始下入旋转导向工具和 LWD 进行定向施工，钻进至 3766m，进尺 666m，纯钻 135h，平均机械钻速 4.93m/h，钻井周期 17d。对比邻井威 204 井龙马溪组地层 3565～4702m 井段平均机械钻速 1.32m/h，提高了 273.74%。

表 17-15　旋转导向工具在长宁区块使用效果对比

分类	井号	井深 m	造斜段长 m	造斜段钻井周期 d	造斜段机械钻速 m/h	水平段长 m	水平段钻井周期 d	水平段机械钻速 m/h
未使用旋转导向井	HS-1	4010	1574	28	3.80	1000	13	2.60
	HE-4	3548	1043	28	2.52	980	20	3.24
	HS-3	3784	734	35	2.73	1066	10	3.50
	HE-2	3786	911	20	1.87	1200	22	3.40
	HS-2	3877	1179	32	3.39	1000	19	2.63
	HE-3	3503	563	29	2.22	1010	14	3.78
	平均	3751.33	1000.67	28.67	2.76	1042.67	16.33	3.19
使用旋转导向井	HS-6	4522	771.6	6.7	6.76	1841	17.24	7.65
	HE-7	4500	940.9	11.1	5.73	1500	13.75	7.85
	HS-5	4570	1800	5.8	5.49	1800	12.41	12.03
	HS-4	4600	518	8.3	6.87	1500	12.77	8.24
	HE-6	4035	614	6.17	5.60	1350	8.58	10.15
	HE-5	4070	608.87	7.81	5.25	1400	16.13	5.76
	平均	4382.83	875.56	7.65	5.95	1565.17	13.48	8.61

表 17-16　旋转导向工具在威远区块使用效果对比

井号	钻井方式	层位	井段 m	进尺 m	钻井周期 d	纯钻时间 h	机械钻速 m/h
威 204	螺杆定向	龙马溪组	3565～4702	1137	65	862	1.32
威 204HY-2	旋转导向		3100～3766	666	17	135	4.93

三、实施效果分析

1. 典型井提速效果分析

长宁 HS-5 井完钻井深 4570m，同平台有长宁 HS-1、HS-2、HS-3、HS-6 等井。针对该井所钻地层岩石可钻性差、研磨性强的钻井难点，在钻进过程中，使用了螺杆 + 高效 PDC 钻头的复合钻井技术实现提速，并确保表层井段与邻井之间的防碰安全，控制直井段井斜在 5° 以内，该井的钻头使用情况见表 17-17。

表 17–17 长宁 HS–5 井钻头分层位使用情况

序号	尺寸，mm	类型	厂家	钻进井段，m	地层	进尺，m	机械钻速，m/h
1	406.4	ST537GK	川石	0～50	嘉四	50	25.00
2	406.4	CK505KG	川克	50～310	嘉四	260	15.29
3	311.1	SJT537GK	川石	310～311.09	嘉二	1.09	6.54
4	311.1	MM55DH	哈里伯顿	311.09～1600	韩家店	1288.91	11.14
5	215.9	HJT517G	汉江	1600～2252	龙马溪	652	9.59
6	215.9	MDI616	斯密斯	2252～2958.07	龙马溪	706.07	5.49
7	215.9	MID516	斯密斯	2958.07～3734.28	龙马溪	776.21	11.25
8	215.9	MM55	哈里伯顿	3734.28～4570	龙马溪	835.72	12.86

从表 17–17 可以看出，长宁 HS–5 井所使用的钻头大多为进口钻头，上部地层所使用的螺杆 +PDC 钻头取得了较高的机械钻速，嘉四段地层机械钻速达到了 15.29m/h。哈里伯顿的 MM55DH 单只 PDC 钻头进尺 1288.91m。三开首创空气钻井钻进至龙马溪组，单只钻头创最高进尺 652m。水平井段中 MDI616 型号钻头由于设计原因，使得开始机械钻速较慢，换用最优的 MM55 型号 PDC 钻头后，机械钻速达 12.86m/h，单只钻头进尺 835.72m。

2. 区块钻井提速效果分析

图 17–4 对比了长宁区块页岩气水平井提速前后的钻井周期和平均机械钻速。平均钻井周期由提速前的 68d 缩短为 50d，缩短了 26.5%；平均机械钻速由提速前的 4.8m/h 提高至 8.4m/h，提高了 75%。其中，长宁 HS–5 井通过优化井身结构及上部井眼预斜井眼轨迹，韩家店组—石牛栏组采用空气钻井，造斜段和水平段使用优选的旋转导向工具，创造了钻井周期 34d 的最优指标，纯钻时效 57.53%，水平井段最快机械钻速 12.03m/h，用 5 只 PDC 钻头完成了全井进尺。

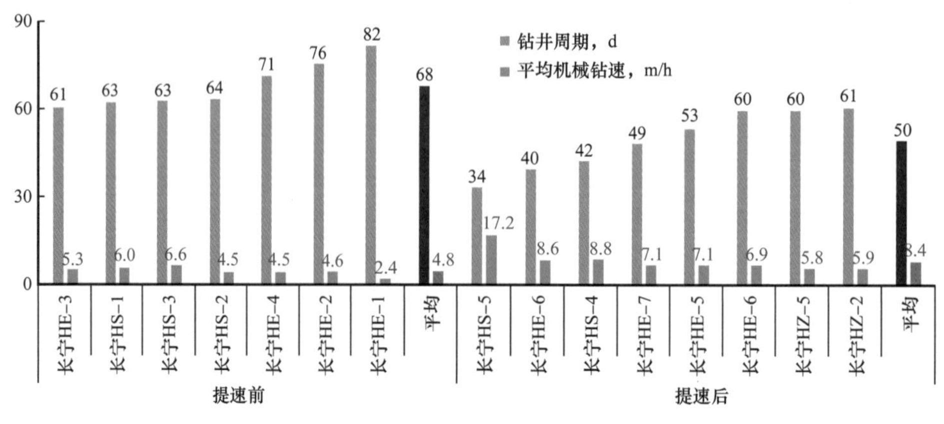

图 17–4 长宁区块页岩气水平井提速前后指标对比统计

案例 18　焦石坝页岩气田钻井提速提效配套措施

本案例介绍了涪陵焦石坝页岩气田埋深小于 3500m 的中浅层优化井身结构、优选 PDC 钻头、配套工具提速、井眼轨迹控制、旋转导向提速、复杂情况处理等钻井提速提效配套措施。

一、案例背景

涪陵焦石坝区块页岩气目的层埋深小于 3500m，从上到下地层分别为三叠系、二叠系、石炭系、志留系、奥陶系，目的层为龙马溪组、五峰组，区域上缺失泥盆系，局部地区缺失石炭系。自涪陵页岩气田建设以来，水平井钻井提速技术系列还不成熟和完善，钻井周期较长。制约该地区水平井钻井提速的关键技术难点包括：（1）地质条件复杂，韩家店组、小河坝组、龙马溪组存在断层及破碎带，易发生井壁垮塌，漏失层多、漏失量大，堵漏、提承压困难，实钻过程中飞仙关组—龙马溪组浊积砂层均有明显气显示；（2）井身结构优化难度大，环保要求套管能有效封隔地表溶洞和地下河，浅层裂缝气要求井口安全可靠，油基钻井液要求封住页岩上部低承压地层，为实现降本增效，要求井身结构尽可能简化；（3）主要钻遇中生代和古生代地层，岩性变化大、可钻性差，岩石胶结致密，已完钻的各井钻井技术指标差异大，2014 年累计 119 口完钻井平均钻井周期 60.75d，最短 37.02d，最长 94.41d，平均机械钻速 8.11m/h，最高 13.13m/h，最低 4.91m/h；（4）大偏移距（500～600m）、大靶前位移（400～1100m）、长水平段（1000～1800m）的特点导致摩阻和扭矩大，给钻井施工带来一系列问题，常规井下动力钻具使用效果不理想，寿命短，进尺少。

针对以上关键技术难点，通过主体技术措施的不断优化、完善和集成配套应用，焦石坝中浅层页岩气水平井机械钻速持续提高，钻井周期不断缩短，钻井成本不断降低，达到了提速降本的目的，为建成涪陵页岩气田一期 $50\times10^8m^3$ 产能提供了强有力的技术支持和保障。

二、降本增效措施

1. 优化井身结构

目前在涪陵一期建产区全面推广应用了“导眼 + 三开”的井身结构。与前期相比，单井套管成本降低60万元，降本效果显著。主体井身结构设计为：（1）导眼采用ϕ609.6mm钻头，ϕ473.1mm导管下深50m左右。（2）一开采用ϕ406.4mm钻头，下ϕ339.7mm表层套管，套管下深由长兴组上提至飞仙关组三段，上提200m左右。与早期相比，一是将井眼尺寸从ϕ444.5mm缩小到ϕ406.4mm，二是将表层套管下深由700m减小到500m，这样有利于提速和降本增效。（3）二开采用ϕ311.1mm钻头，下ϕ244.5mm技术套管，套管下深由龙马溪组浊积砂岩底上提至浊积砂岩顶3～5m。（4）三开采用ϕ215.9mm钻头，下入ϕ139.7mm套管，射孔完井。

2. 优选PDC钻头

在定向井段优选超短本体及保径PDC钻头钻进，解决了常规PDC钻头定向托压、扭方位困难等技术难题。分层位PDC钻头提速效果对比分析结果见表18–1。

表18–1 分层位PDC钻头现场提速效果对比

地层	钻头尺寸 mm	井数	钻头类别	进尺 m	机械钻速 m/h	单只钻头进尺 m
茅口组—黄龙组	311.1	JY6–3HF等4口	牙轮钻头	1551	4.34	129
		JY30–3HF等3口	定向PDC钻头	2823	8.01	420
韩家店组—龙马溪组	311.1	JY8–2HF等2口	牙轮钻头	1352	2.11	75
		JY10–4HF等7口	定向PDC钻头	6372	9.43	455
龙马溪组—五峰组	215.9	JY9–2HF等5口	牙轮钻头	6174	9.46	617
		JY13–1HF等13口	定向和水平段PDC钻头	15776	13.36	1214

1）茅口组—黄龙组井段

该井段二叠系地层研磨性强、夹层多，可钻性差，优选抗研磨性强PDC钻头定向钻进，使用清水或低密度钻井液，平均机械钻速达到牙轮钻头的2倍。

2）韩家店组—龙马溪组井段

该井段为斜井段，使用低密度钻井液和PDC钻头，部分水平井一趟钻完成造斜段施工，比牙轮钻头钻进速度提高了3倍。JY10–1HF井二开ϕ311.1mm井眼造斜段1515～2507m使用一只PDC钻头，进尺991.84m，机械钻速12.07m/h，作业时间7d，行程钻速142m/d，一趟钻完成二开斜井段定向作业。

3）龙马溪组—五峰组井段

优选出适合龙马溪组碳质页岩的PDC钻头，单只钻头进尺达到1530m，最高日进尺达到 415m。五峰组主要为硅质泥页岩，研磨性强，开发出抗研磨性 PDC 钻头，13 口井平均机械钻速达到 13.36m/h，平均单只钻头进尺达到 1214m。

3. 配套工具提速

1）等壁厚螺杆 + 清水 +PDC 钻头

一开地层存在水层和浅层气，同时嘉陵江组—长兴组地层岩石硬度高、研磨性强，牙轮钻头常规钻井速度慢，气体钻井因地层出水、出气无法实施，一开多采用螺杆 +PDC 钻头配合清水钻进。为达到提高大尺寸井眼破岩效率的要求，钻井液排量为 68～74L/s，钻压 80～160kN。在此参数条件下，常规螺杆厚薄不同的橡胶衬套易因受力不均而造成橡胶撕裂或破碎，导致螺杆失效早、寿命短。因此，试验采用了等壁厚螺杆，即在定子壳体内表面先加工出线型螺旋槽，然后再进行注胶，形成厚薄均匀的橡胶衬套，工作中橡胶受力和变形均匀，与定子配合形成马达，密封效果好，工作扭矩高，使用寿命长。通过优选等壁厚大功率螺杆、PDC 钻头和强化钻井参数，并以清水作为循环介质，完善形成了适用于一开大井眼条件下的“等壁厚螺杆 + 清水 +PDC 钻头”提速技术，实现了一趟钻钻至中完，见表 18–2。较好地解决了一开研磨性地层提速问题，同时钻头磨损较轻，可重复使用，能够有效降低成本。

表 18–2　一开大井眼等壁厚螺杆 + 清水 +PDC 复合钻井提速效果对比

井数	钻井方式	进尺 m	机械钻速 m/h	行程钻速 m/d	单只钻头进尺 m
JY9–2HF 等 2 口	空气 / 泡沫 + 牙轮钻头	1593.81	8.47	133.40	796
JY6–2HF 等 3 口	钻井液 + 牙轮钻头 + 转盘钻	1598.49	2.21	31.16	160
JH12–1HF	钻井液 + 牙轮钻头 + 复合钻	684.50	5.95	97.82	342
JY2–2HF 等 7 口	等壁厚螺杆 + 清水 +PDC 钻头 + 复合钻	3195.86	21.13	217.58	912

2）低速螺杆 + 多刀翼 PDC 钻头

常规螺杆在研磨性地层钻进时，一是受泵压影响，排量相对较小，对 PDC 钻头复合片冷却不足；二是转速相对较高，复合片单位时间内磨损量大，易疲劳。以上因素导致 PDC 钻头易早期失效，使用寿命短，起下钻频繁，影响钻井效率。针对以上难题，焦石坝页岩气田水平井钻井在研磨性地层采用低速螺杆配合多刀翼 PDC 钻头来实现提速。

低速螺杆具有转速低、排量大、扭矩大的特点：一是转速低时 PDC 复合片单位时间损耗小；二是排量大可增强对钻头的冷却，并提高破岩水功率、强化水力清砂效果；三是扭矩大则钻头切削岩石有力，破岩效果好。同时，通过增加 PDC 钻头的刀翼数量可弥补因转速低而降低对井底岩石的切削频率，有利于提高破岩效率。在 JY20–2HF 井分 4 趟钻试验了低速螺杆 +PDC 钻头、低速螺杆 + 牙轮钻头、中速螺杆 + 牙轮钻头的底部钻具组合，对比结果见表 18–3。

表 18–3　低速螺杆 + 多刀翼 PDC 钻头提速效果对比

项目	钻头类型	螺杆	地层	进尺 m	纯钻时间 h	机械钻速 m/h	备注
第一趟钻	七刀翼 PDC	低速	飞仙关组—龙潭组	271	29.33	9.24	主切削齿崩断 4 颗，其余正常磨损，外径无明显变化
第二趟钻	537GK 牙轮	低速	龙潭组—茅口组	119	13.75	8.65	牙齿全部磨秃，轴无明显晃动
第三趟钻	七刀翼 PDC	低速	茅口组	19	13.92	1.36	因钻遇黄铁矿，钻时慢起钻，牙齿正常磨损，无明显崩断
第四趟钻	537GK 牙轮	中速	茅口组	67	23.67	2.83	钻时慢起钻，牙齿崩断严重

从表 18–3 可以看出，与第二趟钻相比，第一趟钻进尺更长，钻头损耗更小，说明使用低速螺杆钻进时，PDC 钻头的地层匹配性优于牙轮钻头。第三趟钻在钻遇茅口组黄铁矿的情况下，PDC 钻头只是正常磨损而无牙齿崩断，说明使用低速螺杆可减少对钻头的磨损，延长寿命。第二趟钻所用牙轮钻头仅是由于地层研磨性强导致牙齿全部磨秃，而第四趟钻所用牙轮钻头的牙齿大部分崩断，说明对钻头的保护方面，低速螺杆要优于中速螺杆。

3）耐油螺杆

焦石坝区块为满足长水平段井壁稳定需要，三开全部采用油基钻井液，其对螺杆钻具的定子橡胶衬套具有较强腐蚀性，易导致橡胶衬套过快老化破损，缩短螺杆钻具寿命。因此，优化采用了适用于高温、高含油的耐油螺杆。其定子橡胶衬套由耐油性能优异的丁腈橡胶制成，在油基钻井液环境中能保持较高的使用寿命，可避免频繁起钻换螺杆，达到提高钻井效率、缩短钻井周期的目的。耐油螺杆与常规螺杆提速效果对比见表 18–4。

从表 18–4 可以看出，耐油螺杆在使用寿命、单趟钻进尺、机械钻速等方面均优于常规螺杆。焦石坝区块页岩气水平井三开使用耐油螺杆后，在用牙轮钻头钻穿龙马溪组浊积砂岩后确定目的层的情况下，已基本实现 PDC 钻头 + 耐油螺杆一趟钻完成水平井段进尺，达到了缩短水平井段钻井周期的目的。

表 18-4　耐油螺杆与常规螺杆提速效果对比

井号	螺杆类型	井段，m	进尺，m	纯钻时间，h	机械钻速，m/h
JY40-2HF	常规螺杆	2614～2629	15	5	3
		2629～2972	343	36	9.53
		2972～3423.66	451.66	63	7.17
		3423.66～4157.01	733.35	88	8.33
		4157.01～4248.56	91.55	20.5	4.47
		4248.56～4374	125.44	19.5	6.43
JY16-2HF	耐油螺杆	2507～4003	1496	79	18.94
JY20-1HF	耐油螺杆	2618～3637	1019	78	13.06
JY23-3HF	耐油螺杆	2916～4233	1317	74.46	17.69

4）水力振荡器降摩阻

部分井位因地貌影响，靶前位移大，造斜段长，井眼轨迹复杂，使用单弯螺杆定向时托压严重，无法正常施工。通过配套应用水力振荡器工具，较好地解决了复杂井眼托压难题。水力振荡器的脉冲发生器依靠涡轮驱动阀盘转动，周期性地改变工具流道过流面积，产生压力脉冲，作用到弹簧短接上产生轴向的机械振动，从而带动钻柱振动。可将钻柱与井眼之间的静摩擦转变成动摩擦，从而降低钻进过程中的摩阻和扭矩，减少托压，提高定向效率。

表 18-5 给出了同平台的 JY49-1HF 井与 JY49-2HF 井在韩家店组到龙马溪组相同井段的钻进情况对比数据。使用水力振荡器的 JY49-1HF 井平均机械钻速 7.90m/h，相比仅使用普通螺杆的 JY49-2HF 井平均机械钻速 5.26m/h，在三维方位变化量多出 15.96° 的情况下，平均机械钻速提高了 50.19%。对比 JY49-1HF 井同处韩家店组的不同井段，使用水力振荡器后机械钻速为 12.09m/h，要比使用普通螺杆时机械钻速 7.61m/h 提高 58.87%。

4. 井眼轨迹控制

1）井眼剖面设计

水平井井眼剖面采用“直—增—稳—增—稳”设计，造斜率（0.15°～0.25°）/m，靶前位移 350～1000m，造斜点在长兴组—茅口组。

2）基于常规导向的井眼轨迹控制措施

采用基于常规导向工具的“单弯螺杆 +MWD/LWD”进行定向施工，优选螺杆技术参数、钻具组合和钻井参数。

表 18–5　焦石坝相同井段应用水力振荡器与常规螺杆提速效果对比

井号	底部钻具组合	地层	井段 m	机械钻速 m/h	平均机械钻速 m/h	方位变化 （°）
JY49–1HF	PDC 钻头 + 螺杆	韩家店	1680～2094	7.61	7.61	10.26
	PDC 钻头 + 螺杆 + 水力振荡器	韩家店	2094～2275	12.09	7.90	61.90
		小河坝	2275～2566	7.82		
		龙马溪	2566～2750	5.96		
JY49–2HF	PDC 钻头 + 螺杆	韩家店	1703～2253	8.13	5.26	45.94
		小河坝	2253～2513	7.06		
		龙马溪	2513～2739	2.45		

二开定向钻具组合：ϕ311.1mm PDC 钻头 +5LZ216 × 7YDW1.75° 弯螺杆 +ϕ203mm 短钻铤 +ϕ307mm 稳定器 +ϕ203mm 无磁钻铤 +LWD/MWD+ϕ203mm 无磁短钻铤 +ϕ127mm 加重钻杆 × 30 根 +ϕ127mm 钻杆。

三开定向钻具组合：ϕ215.9mm PDC 钻头 +5LZ172 × 7YDW 1.25° 弯螺杆 +ϕ158mm 短钻铤 +ϕ213mm 稳定器 +ϕ127mm 无磁加重钻铤 +LWD/MWD+ϕ127mm 无磁加重钻杆 +ϕ127mm 加重钻杆 × 9 根 +ϕ127mm 钻杆。

通过增减扶正器、短钻铤，调整钻具组合或钻井参数，使造斜率符合设计要求。JY10–1HF 等 3 口水平井造斜段一趟钻钻完，JY13–1HF 等 6 口井水平段实现了一趟钻钻完。

5. 旋转导向提速

与使用常规螺杆钻具的滑动导向相比，旋转导向钻井方式具有以下优势：（1）旋转钻进易于清砂，井眼净化效果好，有利于减少井下复杂；（2）钻进时钻柱旋转，摩阻和扭矩小，利于钻压传递；（3）造斜率更均匀，井眼平滑度更高，有利于后期完井管柱的下入；（4）减少了滑动定向摆工具面的时间，提高了钻井效率；（5）机械钻速高，单趟钻进尺长，减少了起下钻次数。表 18–6 给出了同平台的 JY42–4HF 井与 JY42–3HF 井定向井段钻进情况对比数据。JY42–4HF 井使用旋转导向工具仅用一趟钻就完成了使用螺杆钻具的 JY42–3HF 井 5 趟钻完成的钻进施工，节省了 4 趟起下钻时间，提高了钻井效率，平均机械钻速提高了 94.42%，提速效果显著。

表 18-6　焦石坝定向井段应用旋转导向与常规导向提速效果对比

井号	工具	井段，m	进尺，m	纯钻时间，h	平均机械钻速，m/h	备注
JY42-4HF	旋转导向	1530～2420	890.00	73.00	12.19	一趟钻完成
JY42-3HF	螺杆	1546～2077	844.23	134.75	6.27	五趟钻完成
		2077～2154				
		2154～2356				
		2356～2377				
		2377～2390				

如图 18-1 和图 18-2 所示，对 JY42 平台 4 口水平井定向井段的机械钻速和定向周期进行对比，可以发现，应用旋转导向工具的 JY42-4HF 井相对于同平台其他 3 口井，机械钻速平均提高了 86.39%，定向周期平均缩短了 68.30%。

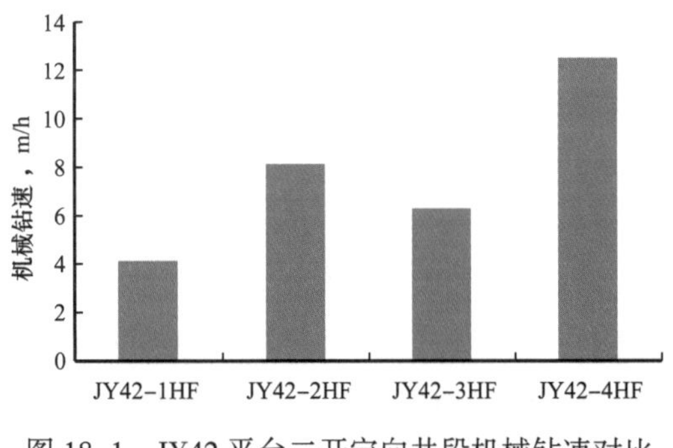

图 18-1　JY42 平台二开定向井段机械钻速对比

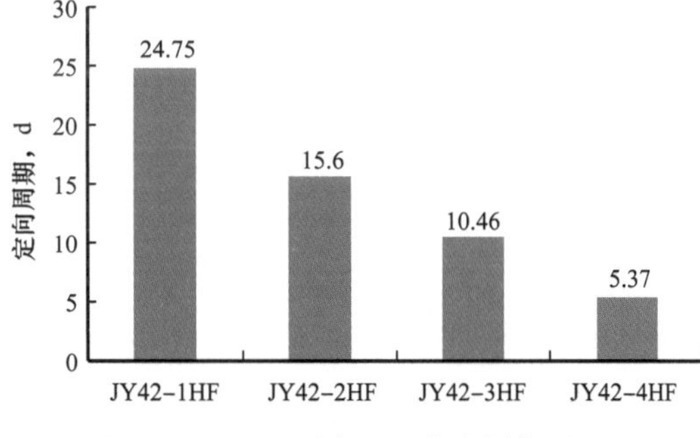

图 18-2　JY42 平台二开定向周期对比

表 18-7 对比列出了应用常规钻具组合的 JY23-1HF 井和应用旋转导向工具的 JY42-4HF 井的技术和经济指标。与 JY23-1HF 井定向井段应用常规钻具组合对比，旋转导向工具经济效益显著，可有效提高机械钻速 84.42%，缩短周期，减少起下钻次数，降低钻头数量，节约的钻机日费、钻头费和钻井液费等远大于旋转导向工具投入的作业费用，每米钻井进尺成本节约 720 元，节省 24.32%。

表 18-7　焦石坝页岩气田应用旋转导向工具提速技术和经济指标对比

对比项目	JY23-1HF	JY42-4HF	指标差额	变化幅度
二开定向钻具	常规钻具组合	旋转导向工具		
钻遇地层	韩家店组—龙马溪组	韩家店组—龙马溪组		
井段，m	1551～2619	1530～2420		
进尺，m	1068	890	-178	

续表

对比项目	JY23–1HF	JY42–4HF	指标差额	变化幅度
定向周期，d	13	5.37	–7.63	
平均机械钻速，m/h	6.61	12.19	5.58	84.42%
PDC 钻头数量，只	3	1	–2	
螺杆数量，只	3	—		
每米钻井进尺成本，元	2960	2240	–720	24.32%

6. 复杂情况处理

1）漏失复杂预防措施

韩家店组—小河坝组成像测井表明该地层存在诱导性裂缝。实钻情况表明，该井段密度窗口窄，部分井上提钻具产生压力激动即引发漏失。应控制钻井液密度在 1.26～1.30g/cm^3 之间，保证良好的流变性和封堵性能。进入漏失井段前加入随钻堵漏材料，控制起下钻速度，钻井液排量控制在 35～45L/s 之间。开泵前，活动钻具破坏钻井液结构，缓慢操作减轻开泵产生的激动压力。

2）上部井段裂缝气处理措施

焦石坝构造裂缝气主要分布在长兴组、茅口组、栖霞组等地层，主要特征为气层压力低（0.85～0.95g/cm^3）、含气量少。关键是及时发现、正确关井，根据现场情况采取“泄”或“压”的措施，通过边钻进边泄压或停钻放喷燃烧的方法处理。JY17–3HF 井飞仙关组采用清水钻井，少量裂缝气不断进入井筒，边钻进边循环除气，全烃值约 5%。长兴组再次钻遇裂缝气层，最高全烃值 80%，边钻进边循环除气，全烃值降至 5%。

三、实施效果分析

通过对涪陵焦石坝中浅层页岩气水平井钻井提速技术的集成优化和完善，形成的提速集成技术方案见表 18–8（以 JY32–4HF 井为例）。集成应用后能够大幅提高机械钻速，缩短钻井周期，降低钻井成本。

JY32–4HF 井于 2014 年 4 月 14 日正式开钻，6 月 2 日完井，完钻井深 4666m，水平段长 1734m，钻井周期 41.21d。与同期井平均钻井周期 60.75d 相比，缩短了 19.54d，缩短了 32.16%。全井平均机械钻速 13.13m/h，与同期井平均机械钻速 8.11m/h 相比，提高了 5.02m/h，提高了 61.90%。

表 18-8　焦石坝中浅层页岩气水平井钻井提速集成技术方案（以 JY32-4HF 井为例）

<table>
<tr><th colspan="2">开次</th><th>钻井提速工艺</th><th>钻头选型</th><th>钻井液体系</th></tr>
<tr><td colspan="2">导眼</td><td>顶驱 + 冲击器</td><td>SKG125GC</td><td>清水</td></tr>
<tr><td colspan="2">一开</td><td>清水 + 顶驱 + 螺杆</td><td>KS1662SGAR</td><td>清水</td></tr>
<tr><td rowspan="2">二开</td><td>直井段</td><td>清水 + 复合钻井</td><td>KS1362ADGR/
KPM1663DRT 定向</td><td>清水</td></tr>
<tr><td>定向段</td><td>低密度 +PDC 钻头
降摩减阻工具</td><td>KSD1363ADGR 定向 /
KSD1362ADGR</td><td>低密度水基钻井液</td></tr>
<tr><td rowspan="2">三开</td><td>定向段</td><td rowspan="2">耐油长寿命螺杆
旋转导向工具</td><td>牙轮 MD537HX</td><td>油基钻井液</td></tr>
<tr><td>水平段</td><td>页岩专用 KSD1652ADGR</td><td>油基钻井液</td></tr>
</table>

JY29-2HF 井于 2014 年 5 月 5 日正式开钻，6 月 20 日完井，完钻井深 4250m，水平段长 1465.5m，钻井周期 38.96d。与同期井平均钻井周期 60.75d 相比，缩短了 21.79d，缩短了 35.87%。全井平均机械钻速 9.65m/h，与同期井平均机械钻速 8.11m/h 相比，提高了 1.54m/h，提高了 18.99%。

案例 19　涪陵页岩气田深层钻井提速提效配套措施

本案例介绍了涪陵页岩气田地层埋深 3500～4500m 的深层优化井身结构、优选高效钻头、配套工具提速、井眼轨迹设计、控压钻井提速、旋转导向提速等钻井提速提效配套措施。

一、案例背景

涪陵页岩气田是国内首个实现商业开发的大型页岩气田，2015 年底涪陵页岩气田一期年产 $50\times10^8m^3$ 产能建设顺利完成。一期建产区主要位于焦石坝中浅层区块，涪陵二期年产 $50\times10^8m^3$ 建产区主要分布于江东和平桥、丁山、威荣、永川等深层地区。其中，江东与平桥区块为涪陵深层页岩气的主力开发区。与中浅层页岩气相比，涪陵深层页岩气有如下地质特征：

（1）储层更深、上部地质条件更加复杂。以位于焦石坝东南部及西部的平桥与江东区块为例，平桥储层埋深 2600～4000m，江东储层埋深超过 3200m，比焦石坝主体增深了 500～900m。钻遇地层从上到下为三叠系须家河组、雷口坡组、嘉陵江组和飞仙关组，二叠系长兴组、龙潭组、茅口组、栖霞组和梁山组，石炭系黄龙组，志留系韩家店组、小河坝组和龙马溪组，奥陶系五峰组。中浅层页岩气井地表出露地层为嘉陵江组，深层页岩气出露地层多为雷口坡组、须家河组及以上陆相地层，为海陆交互相沉积地层，存在漏塌共存风险。

（2）地层岩石强度高、可钻性差。川东南丁山、威荣、永川地区石牛栏组地层为粉砂质泥岩地层，可钻性级值达到 8。江东和平桥区块深层页岩气井龙潭组至黄龙组、小河坝组石英砂层及龙马溪组浊积砂层研磨性强，硬度达到 6 级，塑性系数低于 2 级，可钻性差。

（3）储层标志层不清晰、预测精度低。如江东和平桥区块，A 靶点实钻垂深与设计垂深的偏差平均达 50m，最大超过 200m。

由于深层页岩气的地质特征与中浅层存在较大差别，导致深层页岩气水平井钻井机械钻速低、钻井周期长、成本高。比如 2016 年涪陵江东与平桥区块初期完钻水平井 16 口，平均钻井周期 128d，钻井过程中出现了漏失垮塌同存、井筒沉砂多、直井段易发生井斜、稳斜段和水平段轨迹控制困难、摩阻和扭矩大、托压严重、钻头进尺少、机械钻速低等问题。现有的 3500m 以内中浅层页岩气水平井钻井提速配套技术措施不能完全照搬适应深层页岩气水平井优快钻井需求，无法满足涪陵页岩气二期建产区的经济有效开发要求。制约涪陵深层页岩气水平井钻井提速的关键技术难点有以下几个方面：

（1）井身结构不能完全满足深层页岩气安全钻井需要。深层页岩气采用三开井身结构的多口井，在导管和一开钻进过程中多次同时发生漏失和井壁垮塌等井下复杂，导管未封住易垮塌层，上部须家河组或雷口坡组清水大尺寸井眼钻进过程中井下情况复杂，处理困难。

（2）石牛栏—小河坝组钻头适应性差。采用中浅层页岩气钻井常用的 KSD1362 和 ADGR 型 PDC 钻头钻进时，磨损极快、使用寿命短，需多次起下钻更换钻头，PDC 钻头消耗量较中浅层增加 2～3 只，提速针对性差，造成深层钻井机械钻速低、周期长。

（3）井眼轨迹控制难度大。嘉陵江组、飞仙关组及茅口组地层造斜能力强，造成直井段提速、防斜与防碰矛盾突出。深部页岩储层中靶困难，水平段轨迹调整频繁，江东与平桥区块单井轨迹调整次数最高达 48 次。摩阻和扭矩大，复杂井眼轨迹采用常规导向钻井技术钻井托压严重。

（4）井下情况更加复杂。长兴组、茅口组、栖霞组等地层裂缝发育，气显示活跃，局部异常高压，地层承压能力低，二开和三开漏失、气侵及井涌频繁，浅层裂缝中的气量小、侵入快，易压稳但易发生漏失。

综上所述，针对涪陵深层页岩气地质特征和水平井钻井关键技术难点，从井身结构优化、高效钻头和配套工具提速、井眼轨迹设计、导向钻井方式等方面入手，探索形成适用于涪陵深层页岩气水平井的钻井提速系列技术措施。为实现涪陵页岩气田二期建产 $50\times10^8m^3$ 的低成本开发提供了强有力的技术支持和保障。

二、降本增效措施

1. 优化井身结构

早期在钻井地质环境认识不清的情况下，涪陵深层页岩气水平井多采用四开井身结构，套管层次多，上部井眼尺寸大，造成机械钻速低，中完次数多，钻井周期长。后来，将四开井身结构简化为三开井身结构，有利于提高机械钻速，缩短钻井周期。以涪陵平桥与江东区块为例，采用“导管 + 三开”的井身结构：导管段采用 ϕ609.6mm 钻头钻进，ϕ473.1mm 套管下深 50～60m，封固地表水层及黏土层；一开采用 ϕ406.4mm 钻头钻进，ϕ339.7mm 表层套管封固飞仙关组三段及以上溶洞、裂缝、地下暗河及水层；二开采用 ϕ311.1mm 钻头钻进，ϕ244.5mm 技术套管封固龙马溪组浊积砂层及以上漏层、气层等复杂地层，为三开采用高密度油基钻井液钻进创造条件；三开采用 ϕ215.9mm 钻头钻进，ϕ139.7mm 套管射孔完井。但该井身结构在采用清水钻进大尺寸井眼时易同时出现井漏垮塌等复杂情况，二开定向井段钻进过程频繁出现托压现象，对钻井提速造成不利影响。因此，对导管及技术套管下深进行了如下优化设计：

1）导管优化

由于须家河组底部黑色页岩及雷口坡组中部棕红色砂质页岩水化后极易出现裂纹呈碎屑状，雷口坡组角砾岩呈堆积状，胶结极差，井下打捞上来的角砾岩，最大超过3kg，证实采用清水钻进角砾岩地层时垮塌严重。当ϕ473.1mm 导管无法封固水敏性泥岩或底部角砾岩地层时，考虑设计增加一层导管，形成“双导管 + 三开”的井身结构。导管 1 采用ϕ863.5mm 钻头和清水钻至井深 25～30m，ϕ719.9mm 套管封固地表黏土层及水层；导管 2 采用ϕ609.6mm 钻头和膨润土浆钻穿雷口坡组中部棕红色泥岩地层，下入ϕ473.1mm 套管封固易水化层位；或采用ϕ609.6mm 钻头和清水钻穿雷口坡组底部角砾岩层，下入ϕ473.1mm 套管封堵易垮塌层位。

2）技术套管优化

二开井段的三维稳斜段及扭方位段处于小河坝组至龙马溪组地层。以 JYr–1HF 井和 JYi–4H 井实钻过程为例，扭方位时井斜角大，钻时长。随着井斜角增大，钻时加长，且扭方位段后期钻时随井斜角增大呈非线性增大。为降低二开过程中井斜角对钻时的影响，考虑进一步优化技术套管下深，将二开中完井深上移，降低中完时的井斜角，缩短ϕ311.1mm 定向井段长度及降低ϕ244.5mm 套管下入难度，有助于降低扭方位井段摩阻，提高二开导向钻井速度。

2. 优选高效钻头

1）抗冲击牙轮钻头

龙潭组—茅口组地层上部分布硅质条带及结核，局部含黄铁矿。龙马溪组浊积砂层长石含量高，地层研磨性强，采用 HJT537GK 型和 HJT617G 型牙轮钻头钻进以上地层时，由于齿的韧性不足、齿高偏高造成切削齿大量断裂。为提高切削齿的抗冲击性、结构强度及破岩效率，研制了抗冲击牙轮钻头，即采用耐磨性与韧性较好的梯度合金切削齿，将外排齿设计为圆偏楔形齿，主切削齿设计为凸顶楔形齿，并降低切削齿的高度。

2）斧形齿 PDC 钻头

采用圆柱齿 PDC 钻头在茅口组下部至黄龙组地层钻进时，由于夹层多、不均质地层易产生冲击载荷，造成大量 PDC 复合片齿崩齿。为提高切削齿的结构强度及破岩效率，研制了斧形齿 PDC 钻头，斧形齿受力面积变小，将破岩方式由单一的剪切破岩转变

为切削 + 挤压复合破岩。

3）超短保径 PDC 钻头

与常规 PDC 钻头相比，超短保径 PDC 钻头保径长度短，有利于侧向切削，提高了 PDC 钻头的造斜能力。JY191-1HF 井应用了超短保径 PDC 钻头，钻头进尺 414m，平均机械钻速 4.99m/h，较邻井机械钻速提高了 25%，顺利完成扭方位 92.4°，未出现定向托压问题。

4）PDC- 牙轮复合钻头

PDC- 牙轮复合钻头兼具 PDC 钻头和牙轮钻头的优点。与牙轮钻头相比，该钻头单只进尺长，机械钻速高。与 PDC 钻头相比，可较好地解决定向托压问题，定向工具面稳定。该钻头在涪陵深层江东与平桥页岩气区块多口井的三开造斜段进行了应用，平均提速 20% 以上。如 JY89-1HF 井在三开钻遇浊积砂岩地层后使用 PDC—牙轮复合钻头钻进，机械钻速 5.51m/h，同比提高了 50% 以上。JY184-2HF 井复合钻头进尺 399m，平均机械钻速 4.6m/h，同比提高了 20%。JY185-3HF 井复合钻头进尺 397m，平均机械钻速 4.46m/h，同比提高了 23%。

3. 配套工具提速

1）冲击钻井提速

针对采用大尺寸钻头钻进上部非均质性地层时跳钻严重、钻头损坏等问题，在直井段应用冲击钻井提速，采用水力加压器和射流冲击器配合高效 PDC 钻头钻进，取得了显著提速效果。其中，水力加压器先后应用 21 井次，机械钻速提高了 30%，基本实现了 1 只 PDC 钻头完成一开进尺。射流式冲击器在 JY86-2HF 井等深层页岩气井应用 16 井次，机械钻速同比提高了 38% 以上。

2）大尺寸等壁厚螺杆

针对 ϕ609.6mm 井眼复合钻井扭矩大、环空返速低的问题，试验 ϕ285.8mm 大尺寸等壁厚螺杆。与 ϕ244.5mm 等壁厚螺杆相比，额定扭矩由 24.4kN·m 提高至 35kN·m，提高了 43.44%。额定排量由 55L/s 提高至 95L/s，环空返速提高至 0.34m/s，有利于清水钻井钻屑的返出。

3）短弯螺杆

短弯螺杆钻具弯点与转子输出端的距离较常规弯螺杆短，常规螺杆距离为 1.5～2.0m，短弯螺杆为 1.0～1.2m。在弯角相同的情况下，短弯螺杆可获得更高的造斜率，从而减少滑动钻进进尺，提高复合钻进进尺。JY184-4HF 井应用 ϕ172mm × 1.25° 短弯螺杆钻具钻进，井段 3292～3540m，纯钻时间 41h，进尺 248m，其中定向进尺 112m、复合进尺136m，平均造斜率0.31°/m，比常规弯螺杆提高了105.49%，平均机械钻速6.08m/h，比常规螺杆提高了17.87%。

4）水力振荡器

针对三开水平井段油基钻井液密度高、水力参数优化困难的情况，选用了压降低、效果好的ϕ171.5mm涡轮式全金属水力振荡器。与ϕ171.5mm螺杆式水力加压器相比，额定工作压降降至2MPa，降低了1MPa，工作时间达到200h，增加了50h。涪陵深层江东与平桥页岩气区块定向托压严重的7口水平井应用了水力振荡器，平均应用井段长1346m，工具寿命达100h以上，平均机械钻速较邻井提高了20%以上，且滑动钻进过程托压现象明显缓解。

4. 井眼轨迹设计

以涪陵深层页岩气主力产区江东与平桥区块水平井为例，相邻钻井平台交叉平行布井，具有偏移距大、靶前位移及水平段长的特点。采用渐增式变曲率“直—增—稳—扭—增—稳”六段制井眼轨迹，稳斜段最长接近2000m。实钻表明，摩阻会随稳斜段增长急剧增大，扭方位段摩阻也非常大，采用常规导向钻井技术钻进频繁出现托压现象，对钻速影响大。为降低复杂轨迹摩阻，将稳斜段优化为微增斜段、增斜段、微增斜段（稳斜段）、扭方位段分段完成，将部分扭方位、微增斜（稳斜）的部分井段移到三开，以增加复合钻进尺，使井眼更光滑。

微增斜段设计造斜率为（0.01°～0.02°）/m，避免井斜角超标造成扭方位段困难。ϕ244.5mm套管接箍外径为285mm，为保证钻具组合的刚性不低于套管串刚性，选用ϕ285mm螺旋稳定器。通过分析不同规格短钻铤对导向钻具组合造斜率的影响规律，选用长2.3～2.5m的ϕ203.2mm短钻铤。微增斜段复合钻进钻具组合：ϕ311.1mm钻头+ϕ215.9mm 1.25°弯螺杆+ϕ203.2mm短钻铤+单流阀+ϕ285mm稳定器+ϕ203.2mm无磁钻铤+MWD+ϕ203.2mm无磁短钻铤+ϕ127mm加重钻杆9根+ϕ127mm钻杆。

5. 控压钻井提速

涪陵深层页岩气主力产区江东与平桥区块完钻井二开采用密度1.25～1.54g/cm^{3}水基钻井液钻进，喷漏同存井占60%。三开采用密度1.50～1.95g/cm^{3}油基钻井液钻进，喷漏同存井占24%。针对钻进长兴组、茅口组、栖霞组、龙马溪组地层时井漏、气侵和井涌等问题，应用控压钻井技术，既可以有效防控浅层气，且深层能降低钻井液密度，防止油基钻井液漏失，显著防止出现溢漏，提高机械钻速。应用控压钻井前后对比分析结果见表19-1。

表 19-1　涪陵深层应用控压钻井技术前后对比分析

井号	井段 m	密度 g/cm³	溢流 次数	漏失量 m³	处理时间 h	机械钻速 m/h	备注
JY68-1HF	580～2603	1.02～1.30	8	3	131.5	9.23	常规钻井
JY68-3HF	559～2869	1.05～1.31	0	0	0	11.32	控压钻井
JY49-2HF	2739～3900	1.41～1.43	7	291.85	44.17	7.13	常规钻井
JY49-3HF	2702～5000	1.30～1.35	0	0	0	13.04	控压钻井

6. 旋转导向提速

以涪陵深层页岩气主力产区江东与平桥区块水平井为例，ϕ311.1mm 井眼造斜段钻井速度与水平井井型、导向钻进方式的关系见表 19-2。表中常规三维井是方位扭转幅度 59°～73° 的水平井，复杂三维井是方位扭转幅度不低于 110° 或反方向位移的水平井。可以看出，井眼轨迹越复杂，常规导向钻井的机械钻速及行程钻速均大幅下降。对于复杂三维井，旋转导向钻井的机械钻速及行程钻速均比常规导向提高 1 倍以上。

表 19-2　ϕ311.1mm 井眼造斜段钻井速度对比

井型	导向方式	机械钻速，m/h	行程钻速，m/d
二维井	常规导向	9.47	121.06
常规三维井	常规导向	9.00	98.62
复杂三维井	常规导向	5.92	60.77
复杂三维井	旋转导向	11.15	135.50

ϕ215.9mm 井眼水平段钻井速度与储层倾角、导向方式的关系见表 19-3。可以看出，随着储层倾角复杂化及储层由龙马溪组调整为龙马溪组＋五峰组（通常各占水平段一半进尺），常规导向钻井的机械钻速及行程钻速大幅下降，近钻头导向钻井可提高机械钻速及行程钻速，但提速效果不明显，旋转导向钻井纯钻时效高、提速效果显著，其中行程钻速提高 1 倍以上。

表 19-3　ϕ215.9mm 井眼水平段钻井速度对比

导向方式	储层	倾角评价	机械钻速，m/h	行程钻速，m/d
常规导向	龙马溪组	平缓	10.31	143.08
常规导向	龙马溪组＋五峰组	平缓	7.45	93.01
常规导向	龙马溪组＋五峰组	复杂	6.09	71.67
近钻头导向	龙马溪组＋五峰组	复杂	6.81	79.90
旋转导向	龙马溪组	复杂	7.33	165.80

综合以上分析，涪陵深层页岩气复杂井眼轨迹水平井的造斜段及储层倾角复杂的水平段采用旋转导向钻进方式，可有效提高机械钻速、缩短周期。

三、实施效果分析

应用以上提速技术措施后，统计江东与平桥区块32口水平井，平均完钻井深4909.44m，平均钻井周期76.25d。其中江东区块平均完钻井深5414m，平均钻井周期83d，与应用前相比缩短了57d、缩短了40.7%；平桥区块平均完钻井深4816m，平均钻井周期75d，与应用前相比缩短了46d、缩短了38.0%。

JY74–2HF井完钻井深5443m，垂深3972.88m，水平段长1455m，平均机械钻速10.01m/h，钻井周期54.25d，较未应用提速技术措施井机械钻速提高了73.48%，钻井周期缩短了42.89%，该井创造了涪陵深层页岩气水平井机械钻速最高和钻井周期最短两项纪录。JY187–2HF井完钻井深5807m，垂深4024.14m，水平段长1577m，平均机械钻速7.92m/h，钻井周期96.5d（除去处理断钻具故障的时间钻井周期70.50d），较未应用提速技术措施井机械钻速提高了37.26%，钻井周期缩短了25.79%。

以平桥区块JYk–1HF井为例，目的层为龙马溪组和五峰组页岩，完钻井深5692m，水平段长1567m，钻井周期69.67d。具体应用情况如下。

1. 井身结构

采用优化的“双导管+三开”井身结构。导管1采用ϕ863.6mm钻头钻至井深39m，ϕ720mm套管下至井深38.9m，封固地表黏土层。导管2采用ϕ609.6mm钻头钻至井深400m，ϕ473.1mm套管下至井深398.51m，封固雷口坡组中部棕红色页岩。一开采用ϕ406.4mm钻头钻至井深1535m，ϕ339.7mm表层套管下至井深1547.04m，封固飞仙关组三段。二开采用ϕ311.1mm钻头钻至井深3070m，ϕ244.5mm技术套管下至井深3067.25m，封固韩家店组，中完井斜角由设计的57.20°下降至40.30°，降低了大尺寸井眼定向钻进及大尺寸套管的下入难度，提高了钻进小河坝组地层时钻井速度，与同平台未采用优化井身结构的邻井相比，钻井周期缩短了8.65d。三开采用ϕ215.9mm钻头钻至井深5692m，ϕ139.7mm生产套管下至井深5672.87m。

2. 高效钻头

龙潭组至茅口组地层的1639～2001m井段应用抗冲击牙轮钻头，进尺362m，平均机械钻速4.47m/h，与采用常规牙轮钻头的邻井相比，机械钻速提高了1.51m/h，单只钻头进尺提高了95m，且钻头出井后无断齿或掉齿现象。茅口组至黄龙组地层的2001～2525m井段应用斧形齿PDC钻头，进尺524m，平均机械钻速5.69m/h，与采用常规圆柱齿 PDC 钻头的邻井相比，机械钻速提高了 1.29m/h，单只钻头进尺提高了 268.5m。小河坝组石英砂岩地层的 3506.24～3780.6m 井段应用一只混合钻头完成进尺 274.36m，平均机械钻速 7.62m/h，与采用常规圆柱齿 PDC 钻头的邻井相比，机械钻速提高了 2.69m/h，单只钻头进尺提高了 198.5m。

3. 井眼轨迹

采用渐增式变曲率“直—增—微增—扭—微增—增—微增—稳”八段制井眼轨迹，技术套管封固韩家店组后，在三开井段完成扭方位，增斜段、微增斜段（稳斜段）分别在二开、三开井段完成，实钻井眼轨迹见表 19-4。该井二开和三开的最大扭矩分别为 21kN·m 和 18kN·m，最大摩阻分别为 180kN 和 230kN，与同平台未优化井眼轨迹的邻井相比，二开和三开的最大扭矩分别降低了 25% 和 30.8%，最大摩阻分别降低了 35.7% 和 23.3%。

表 19-4　JYk-1HF 井实钻井眼轨迹

序号	井深 m	段长 m	井斜角 （°）	方位角 （°）	垂深 m	北坐标 m	东坐标 m	闭合距 m	闭合方位 （°）	造斜率 （°）/m	备注
1	1577.13	1577.13	2.40	340.49	1576.21	17.10	–32.53	36.75	297.73	0	造斜点
2	1644.35	67.22	10.10	337.69	1643.07	22.87	–35.35	42.10	302.90	0.12	增斜段
3	3105.50	1461.15	40.30	337.39	2949.60	595.44	–272.34	654.76	335.42	0.02	微增斜 / 二开完
4	3172.35	66.85	41.30	338.39	3000.21	635.96	–288.61	698.38	335.59	0.02	微增斜
5	3506.24	333.89	42.60	42.60	3249.01	845.18	–254.01	882.52	343.27	0.17	扭方位
6	3902.59	396.35	52.20	52.20	3546.23	1014.77	–112.85	1021.02	353.65	0.02	微增斜
7	4060.62	158.03	80.00	80.00	3550.37	1192.16	37.58	1192.75	1.81	0.17	增斜段
8	4125.00	64.38	81.80	81.80	3559.07	1240.87	78.76	1243.37	3.63	0.02	A 靶点
9	5662.00	1537.00	86.60	86.60	3764.69	2418.4	1043.39	2633.87	23.34	0	B 靶点
10	5692.00	30.00	86.60	86.60	3766.47	2441.8	1062.06	2662.78	23.51	0	完钻

该井二开微增斜段（1644.35～3105.50m）采用复合钻进方式钻进，进尺 1461.15m，“一趟钻”完成。钻具组合：ϕ311.1mm 钻头 +ϕ215.9mm 1.25° 弯螺杆 +ϕ203.2mm 短钻铤 ×2.50m+ 单流阀 +ϕ285mm 稳定器 +ϕ203.2mm 无磁钻铤 +MWD+ϕ203.2mm 无磁短钻铤 +ϕ127mm 加重钻杆 ×9 根 +ϕ127mm 钻杆。钻井参数：钻压 130～150kN，排量 50～55L/s，转速

46～55r/min。井斜由10.10°增至40.30°，平均造斜率0.02°/m，与同平台邻井相比，井眼轨迹保持了微增，避免了中途反复降斜或增斜作业，减少起下钻3趟。

4. 钻进方式

一开205～1240m井段采用充气清水钻进，一开钻进时间2.75d，一趟钻进尺1035m，机械钻速19.09m/h，行程钻速376m/d，创涪陵地区同类井的纪录。钻进过程中井筒钻屑上返快，循环2～4min接立柱时无阻卡现象，ϕ339.7mm套管顺利下至设计井深。4125.5～5692m水平段采用旋转导向钻进方式钻进，钻进时间6.64d，一趟钻进尺1567m，行程钻速236m/d，平均机械钻速14.53m/h，与采用常规导向的邻井相比缩短周期20d。

案例 20　涪陵页岩气田中深层水平井地质导向技术措施

本案例介绍了涪陵页岩气田中深层水平井地质导向工作流程、地质建模、精细地层对比、靶点确定、水平段轨迹控制、地层倾角计算等内容。

一、案例背景

随着涪陵页岩气田勘探开发的进一步深入，部署井整体转向 2800m 以下的中深层，中深部页岩地层倾角一般大于 10°，有的甚至达到 40°，长水平井段钻井过程中地质导向难度加大。主要技术难点在于地层构造变形强、断裂发育、优质页岩段区域窄、地层倾角规律性差，常规螺杆 + 随钻 LWD 导向工具测量盲区超过 15m，且水平段自然伽马曲线幅度差小，目的层追踪对比困难。井眼轨迹的不可逆性和调整难度大，给中深层地质导向带来了极大挑战。

因此，需要建立切实可行的适用于涪陵页岩气田中深层水平井快速地质导向的工作流程和实施方法，解决常规 LWD 导向工具测量盲区长和随钻井眼轨迹参数测量相对滞后的不足，实现钻头更多地在优质页岩储层中穿行，有效提高储层钻遇率，保障涪陵页岩气田中深层高效勘探开发的顺利实施。

二、降本增效措施

1. 地质导向工作流程

根据涪陵页岩气田中深层地质特征和导向工作目标，经过前期的逐步实践完善，建立了涪陵页岩气田中深层水平井快速地质导向的工作流程，可分为地质建模、精细地层对比、靶点确定、水平段轨迹控制等步骤，如图 20–1 所示。该流程的核心是“三图一表”，即录井综合柱状图、邻井垂深对比图、地质模型与井眼轨迹导向图和地层跟踪导向表。

2. 地质建模

在收集到区域地质构造图、邻近已钻井的测井录井数据、待导向井地震剖面图、待导向井钻井设计等资料后，需要开展以下工作：

（1）确定导向对比标准井和参考井，需要两者的钻时、岩屑、气测、测井等资料。

（2）分析待导向井水平段对应邻井位置，梳理待导向井目的层厚度及横向变化情况，明确目的层测井录井响应特征，找出该区域稳定标志层，制订靶点预测方案。

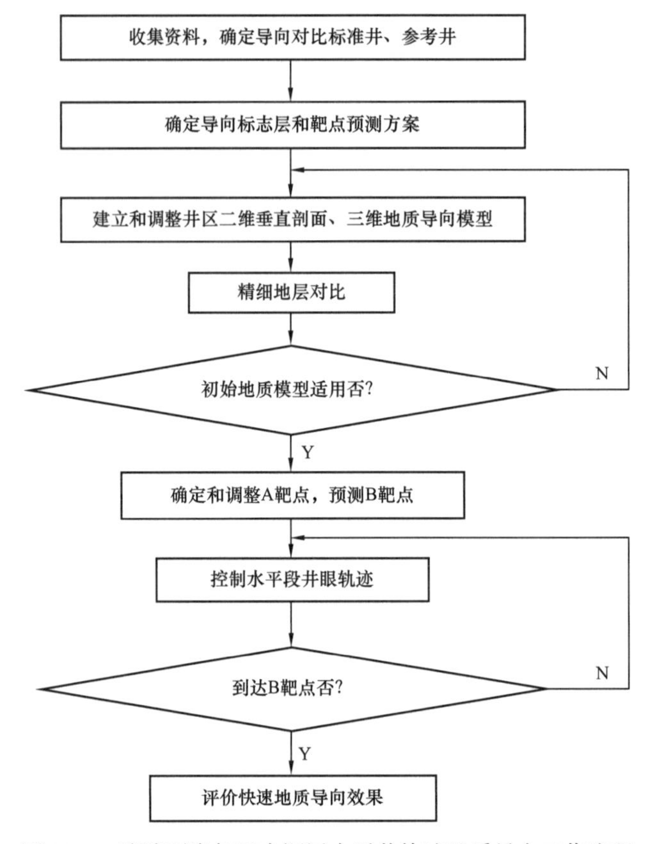

图 20-1　涪陵页岩气田中深层水平井快速地质导向工作流程

（3）利用标准井和设计数据，结合区域地质资料和待导向井地震资料，建立待导向井导向地质模型，根据待导向井实钻取得的岩性、钻时、气测、井斜、随钻伽马数据实现模型的动态调整。

需要注意的是，构造边缘井初期建模对地震资料品质依赖较强，初期靶点、井斜角、轨迹设计主要依据地震、邻井资料，应根据实钻地层情况对轨迹方案及时进行动态调整。

3. 精细地层对比

根据涪陵页岩气田地震资料及已钻井目的层龙马溪组—五峰组岩性组合及电性特征，通过井间小层对比，梳理目的层段及上方地层的典型标志层，为整个导向过程提供参考。标志层在各井间有不同程度的缺失和变化，地质导向中需要选择区域标准井、待导向井邻井作为对比井，采取逐层拉平对比，逼近式推进。如遇标志层缺失或变化，需积极寻找缺失标志层附近其他上、下层的录井岩屑、气测、随钻伽马和井眼轨迹测量参数变化特征，增加次要标志层及细微变化控制点，最终确定着陆点。

4. 靶点确定

现场一般采用等厚法（垂厚）确定靶点。在确定地层对比标志的基础上，根据所选取对比标准井的厚度，进行综合分析和计算，预测目的层顶、底界的动态位置，及时提出靶点、井斜角、轨迹设计等调整方案，引导钻头以较理想角度入靶，工作流程如图 20-2 所示。

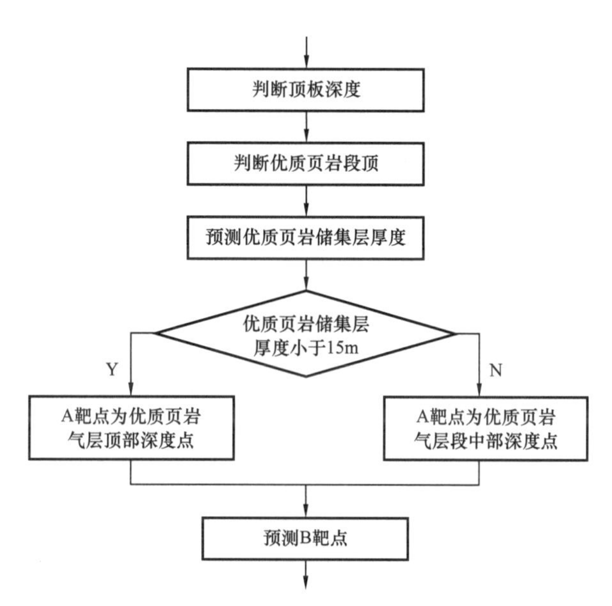

图 20-2　涪陵页岩气田中深层地质导向确定靶点工作流程

靶点的确定分为三个步骤：（1）根据待导向井实时出现的标志层，找出对应标准井深度，读取标准井该点距对应 A 靶点垂深厚度；（2）计算正钻井标志位置距设计 A 靶点处由于地层产状引起的厚度变化量；（3）正钻井标志层处垂深 + 距 A 靶点垂厚 + 地层产状引起的厚度变化量即为 A 靶点预测垂深。其中，地层产状引起的厚度变化分为地层上翘（图 20-3）和下倾（图 20-4）两种情况。

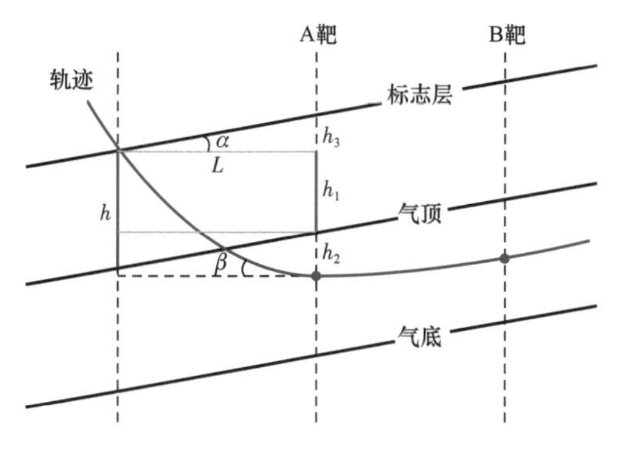

图 20-3　上翘地层等厚法计算靶点示意图

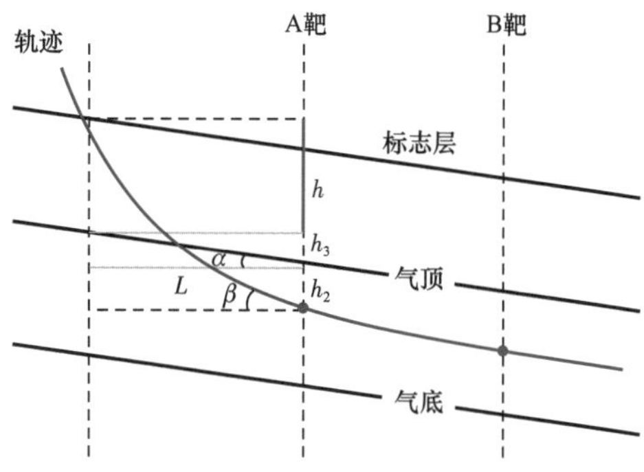

图 20-4　下倾地层等厚法计算靶点示意图

上翘地层计算公式为：

$$H=h_0+h-h_3+h_2 \tag{20-1}$$

下倾地层计算公式为：

$$H=h_0+h+h_3+h_2 \tag{20-2}$$

式中 H——A 靶点垂深，m；

h_0——标志层垂深，m；

h——邻井标志层到气层顶垂距，m；

h_3——地层上翘或下倾产生的上下偏移距，$h_3 = L\tan\alpha$，m；

h_2——A 靶点距气顶垂深，m；

L——A 靶到标志层坐标平面距离，m；

α——地层视倾角，(°)。

涪陵页岩气田中深层水平井定向轨迹设计一般采用“直井段—造斜段—稳斜段—造斜段—水平段”模式。自第二造斜段开始，逐段选取实钻 A 靶点上方两标志层，计算地层视倾角，验证设计轨迹的中靶偏差。当偏差过大时，通过调整井斜角，控制钻头下切地层的快慢，入靶时尽量保持井斜角与水平面夹角（β）等于或接近实际地层视倾角（α）。地层视倾角计算时选择位于两标志层垂厚 10～30m 间且轨迹方位一致的井段。

5. 水平段轨迹控制

水平段轨迹控制分为单斜型和复杂型地层两种工况。一般情况下，实钻过程中沿轨迹方向的地层产状是经常变化的，应及时收集随钻资料，与目的层龙马溪组下段—五峰组标志层（点）进行对比，判断钻头所处的位置，实时监控水平段轨迹，对地层变化提前预测，利用不同地层倾角条件下与井斜的合理匹配关系控制水平段在设计层位穿行。井斜控制方法为：（1）距离最优气层 20m 以内，控制轨迹与地层夹角 2°～3° 下切地层；（2）距离最优气层 10m 以内，控制轨迹与地层夹角 1°～2° 下切地层；（3）距离最优气层 5m 以内，控制轨迹与地层夹角约 1° 下切地层；（4）进入最优气层中部后，将轨迹与地层夹角控制在 ±0.5°，保持轨迹尽量平滑。

单斜地层水平段轨迹控制过程中，如果钻进中对比参照标志层（点）出现下部地层，是由于井斜角过小，井斜角与水平面夹角小于地层视倾角，轨迹与地层夹角呈正值，下切地层过快，应及时增斜。如果钻进中对比参照标志层（点）出现上部重复地层，是由于井斜过大，井斜角与水平面夹角大于地层视倾角，轨迹与地层夹角呈负值，上切地层过快，应及时降斜。

复杂地层产状往往变化较大，对于局部突变的复杂地层，地层产状有时会出现或高、或低、或断等复杂情况。一般来说，突变下倾地层易出顶层，上翘地层易出底层。可通过实钻标志点情况计算地层倾角变化，及时调整与地层匹配的井斜，在地层拐点处增加控制点。将复杂地层分解为多个单斜段，水平段 50～100m 设一个控制点，局部位置加密至 20m 设一个控制点，充分考虑钻头位置距离气层底部距离及拐点处地层产状，将钻头调整到合适的位置穿行。

三、实施效果分析

通过建立以上适用于涪陵页岩气田中深层水平井的地质导向工作流程和实施方法，并引入近钻头随钻伽马测量等工具和借助 SGA-850 地质导向工具软件快速成图，实现了涪陵中深层复杂构造条件下的页岩气水平井的快速地质导向。据不完全统计，该方法在涪陵页岩气田中深层应用 14 口井，页岩储层平均钻遇率达 99.2%，优质页岩储层平均钻遇率 93%，实现了储层的精准跟踪，导向效果明显。其中，J188-2HF 井采用该方法引导钻头在志留系龙马溪组—奥陶系五峰组钻水平段长 2065m，优质页岩气储层占比 99.3%，完井压裂试气获产能超过 $20 \times 10^4 m^3/d$。

案例 21　威远页岩气田水平井地质导向技术措施

本案例介绍了威远页岩气田水平井随钻地质导向技术措施，包括靶点深度预测、入靶角论证、水平段导向 3 个方面的内容。

一、案例背景

威远页岩气田水平井钻井过程中，受制于构造复杂、解释精度不够、靶窗小、设计偏差大、地质导向判别参数少等诸多因素的影响，实钻井眼轨迹存在脱靶和出层的风险，使得随钻地质导向难度较大，主要技术难点有以下几个方面：

（1）纵向靶窗较小。综合岩性、物性、含气性等因素，将箱体位置设计为优质页岩底部 6m 层位，容易造成出层风险。同时底部上奥陶统宝塔组石灰岩为卡钻、井漏事故多发井段，实钻过程中应尽量避免井眼轨迹过于靠近底部，实际靶窗高度为 3～4m，操作难度大。

（2）靶点精确预测难度大。构造复杂，地层倾角变化较大，井控程度低，地震资料精确程度不够。根据构造预测及邻井推测的箱体设计深度及地层倾角与实际目的层深度和倾角存在一定程度的偏差，造成当箱体设计深度比实际目的层浅时，就会推迟入靶，加长稳斜段，增加靶前距，造成水平井段损失；而当设计箱体深度比实际目的层深时，就会提前入靶，增加狗腿度，减少靶前距，造成工程施工难度大，若造斜率不够，容易沿箱体底出层。

（3）对比标志层选取困难。龙马溪组厚度介于 286～450m 之间，随钻伽马测井在大套稳定的页岩层段追踪储层导向作业，仅一条伽马曲线，可对比的参数少。

（4）准确资料录取难。水平段采用旋转导向和过平衡钻井，机械钻速较快，现场钻时和气测资料可靠性降低。钻具与井壁的碰触、钻压传导及定向钻进等对钻时都有较大影响，岩石破碎程度、钻井液密度、轨迹角度较大时气体在水平段运移等对气测的影响较大。

（5）箱体钻遇率偏低。地质导向钻井过程中，随钻测井仪器距井底有 10～15m 的测量盲区，不能及时测量井底地质资料。当伽马测到箱体边界时，钻头已出箱体 10 多米，此时调整井斜使钻头再次回到箱体时，轨迹钻遇箱体外已钻进了 40～50m 的进尺，造成箱体钻遇率偏低。

针对以上技术难点，为实现箱体的准确着陆及水平段的精准穿行，从靶点深度预测、入靶角度论证、水平段导向 3 个方面入手，建立形成适用于威远页岩气田水平井的随钻地质导向技术措施，取得了显著的生产时效。

二、降本增效措施

1. 靶点深度预测

1）构造预测法

威远区块早期地震资料精度较差，探井控制程度低，随着开发的深入，已钻井控制程度越来越高，地震资料也进行了精确标定，并通过已钻井对龙马溪组底部构造图进行多次修正，很大程度上减小了深度误差。在地层发育平缓的井区可以结合邻井，直接利用构造预测法对靶点数据进行预测。但是，在地层倾角变化复杂的区域，邻井参考性大大降低，单纯使用地震资料进行靶点预测仍存在较大的风险，仅可作为参考使用。

2）地层对比预测法

威远地区龙马溪组由于上部地层遭受剥蚀，整体地层厚度变化范围较大，介于 286～450m 之间。下部优质页岩地层保存完好，厚度介于 40～50m 之间，横向可对比性强。以威 X-5 井为例，通过邻近探井威 X 井及实钻井伽马曲线对比分析可知，优质页岩段 GR 特征明显，可对比性强，如图 21-1 所示。由上到下可以识别出 4 个标志层，特征如下：

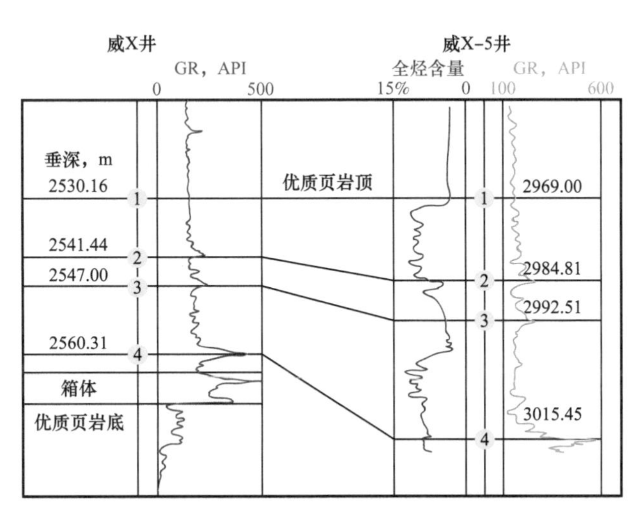

图 21-1　威远龙马溪组标志层示意图

（1）标志层 1：优质页岩层顶部，位于威 X 井 2530.61m（垂深），伽马曲线呈微小幅度锯齿状，往下曲线缓慢抬升，气测异常高值明显。

（2）标志层 2 和标志层 3：优质页岩层中部，曲线呈钟形双峰特征，伽马曲线中等幅度正异常。

（3）标志层4：优质页岩层中下部，靠近箱体顶部，曲线呈钟形单峰高尖状。往下3.7m左右，低值伽马页岩段与箱体直接接触。

通过以上标志层的选取，实钻过程中可从上到下依次进行识别对比，得出该点垂直方向箱体深度，同时结合靶点偏移距和地层倾角，准确计算箱体深度。

3）地层倾角预测法

通过邻井地层深度及倾角资料，选取邻井与待钻井设计靶点距离最近的点，计算两点的距离及该方向上地层视倾角，由该已知点深度推出待钻井靶点深度。在距离较近、微构造不发育的情况下，计算出的靶点深度可信度较高。

2. 入靶角论证

入靶角论证主要依据地震资料结合邻井地层倾角方法以及实钻计算方法予以确认。这里主要对实钻地层倾角计算方法进行说明。由于页岩地层厚度发育稳定，在入靶前可以利用直井标志层深度结合实钻井标志层深度进行地层倾角计算，计算方法如图21–2所示，公式如下：

$$\alpha = \arctan\left(\frac{H}{L}\right) \tag{21-1}$$

式中 H——实钻井的标志层2的C_2点与标志层2的C_3点垂深差，m；

L——实钻井标志层1的C_4点与实钻井标志层2的C_3点视平移差，m。

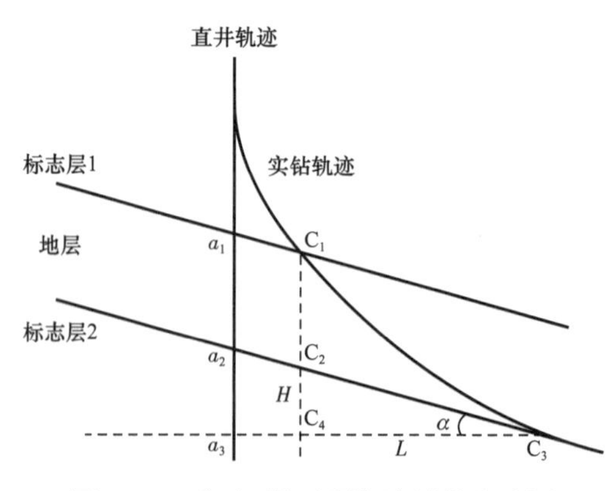

图21–2 威远区块地层倾角计算方法图

实钻过程中，由于地层倾角变化频繁及井轨迹方位对视地层倾角计算结果影响较大，需要结合不同标志层对地层倾角进行多次复核计算，以达到逐步控制精确入靶的目的。

如图21–1所示，以威X–5井为例。井深3060.5m时，垂深2984.81m，视平移

164.32m。通过对比，相当于直井威 X 井 2541.44m，通过 1、2 两点计算的地层倾角为 10.22°。井深 3077.1m 时，垂深 2992.51m，视平移 178.45m。通过对比，相当于直井威 X 井 2547m，通过 1、3 两点计算的地层倾角为 9.45°。井深 3140m 时，垂深 3015.45m，视平移 235.79m。通过对比，相当于直井威 X 井 2560.31m，通过 2、4 两点计算的地层倾角为 9.35°，通过 3、4 两点计算的地层倾角为 9.53°。最终确认箱体地层倾角在 9.5° 左右，进入箱体后确认地层倾角为 9.45°，与计算结果基本一致。同时可以看出通过不同的标志层进行计算，地层倾角差异较大，标志层离箱体位置越近，计算结果误差越小。

3. 水平段导向

1）三维地震预测

在地层倾角变化大、微构造发育的背景下，充分利用三维地震模型指导水平段导向。沿水平段设计轨迹方位切一条地震深度剖面，来判断地层大致视倾角以及微构造的发育情况。

2）目标储层细化分层

图 21-1 中威远区块优质页岩底部箱体伽马特征呈山峰状特征，存在 2 个伽马高峰和 1 个伽马低值段，且伽马高峰之间、箱体内伽马低值层段与箱体上部伽马低值段在伽马数值上差异明显。实践中可依据伽马曲线特征，将龙马溪组底部箱体页岩精细划分，确认实钻过程中轨迹位于钻遇箱体内部的具体位置，实现对箱体的精细化控制。同时在水平段导向过程中，利用小层的伽马特征，结合钻时、气测录井等资料，消除仪器盲区的影响，做到提前预判和及时调整，实现水平段的精准地质导向。

三、实施效果分析

1. 显著提高储层钻遇率

以威 X-2 井为例。目标箱体设计在优质页岩底部，设计 A 点位置箱体垂深为 2881～2887m，设计箱体中部入靶，入靶角 98°。在入靶地质导向过程中，通过地层对比，各标志点修正靶点深度和计算地层视倾角。在垂深 2884m 处，以 95° 稳斜探箱体顶，最终准确入靶，实钻靶点垂深为 2887.5m，井斜角 98°。水平段钻进过程中，以箱体顶部和底部的高伽马值来控制轨迹在箱体中穿行，同时利用重复出现地层计算地层视倾角，结合气测钻时曲线消除仪器盲区的影响。最终该井完钻井深 4650m，水平段长度 1370m，平均伽马值 300.98API，平均测井解释 TOC 为 4.28%，箱体钻遇率达 100%。

自 2014 年以来，随着对威远区块地质认识的不断深入和水平井随钻地质导向技术的优化完善，该地区页岩气水平井的箱体钻遇率得到了明显提升。表 21–1 统计了 2014—2015 年 27 口完钻井的储层钻遇率情况，平均钻遇率由 2014 年的 89.26% 上升到 2015 年的 99.36%，水平段各项参数均得到了较大提升。2016 年完钻的 12 口水平井靶点深度预测误差基本控制在 4m 以内，见表 21–2。

表 21–1　威远区块 2014—2015 年完钻井钻遇储层情况

完钻年份	井数，口	水平段长度，m	箱体钻遇率	TOC	脆性指数	测井解释一类储层占比
2014	10	1378.00	89.26%	3.02%	48.03%	57.67%
2015	17	1458.94	99.36%	4.64%	67.28%	77.70%

表 21–2　威远区块 2016 年部分完钻井靶点实钻与预测对比

序号	井号	预测靶点垂深，m	实钻靶点垂深，m	误差，m
1	威 202Ha	2875	2876	1
2	威 202Hb	2910	2909	–1
3	威 202Hc	2957	2958	1
4	威 202Hd	3058	3061	3
5	威 202He	3010	3010	0
6	威 202Hf	2958	2962	4
7	威 202Hg	2942	2943	1
8	威 202Hh	2970	2970	0
9	威 202Hi	2999	2998	–1
10	威 202Hj	3118	3119	1
11	威 202Hk	3092	3093	1
12	威 202Hm	3046	3044	–2

2. 有利于提高页岩气产能

以威 X–4 井为例。箱体钻遇率 100%，测井解释水平段平均 TOC 为 5.42%，含气量为 $4.99m^3/t$，脆性指数 77.05%，一类储层长度占水平段总长度为 87.35%，测试产量为 $28.77 \times 10^4 m^3/d$；自 2015 年 5 月 5 日开井，截至 2015 年 9 月底累计产气 $3398 \times 10^4 m^3$。而对比威 XX–4 井，箱体钻遇率 79%，测井解释水平段平均 TOC 为 3.75%，含气量为 $3.64m^3/t$，脆性指数 56.43%，一类储层长度占水平段总长度为 60.53%，

测试产量 $10.22\times10^4m^3/d$；自 2015 年 7 月 25 日开井，截至 2015 年 9 月底累计产气 $420\times10^4m^3$。

表 21-3 给出了 2014—2015 年部分投产井的生产情况。可以看出，提高箱体的钻遇率，有利于提高页岩气的产能。

表 21-3　威远区块 2014—2015 年部分投产井生产情况

完钻年份	投产井数，口	水平段长度，m	箱体钻遇率	平均测试产量，$10^4m^3/d$
2014	8	1394	89.65%	9.09
2015	4	1470	100%	19.96

案例 22　黄金坝页岩气田水平井地质导向技术措施

本案例介绍了黄金坝页岩气田旋转地质导向技术措施，包括旋转地质导向特征、旋转地质导向工具、地质导向工作流程以及典型井应用情况等内容。

一、案例背景

黄金坝页岩气田受地形、构造、地应力、优质页岩储层厚度及页岩气集约性开发要求的影响，页岩气水平井多为三维水平井，井眼轨迹复杂，井斜调整频繁，轨迹控制难度大。龙马溪组页岩储层埋藏深、构造复杂、倾角变化大、箱体厚度薄，使用常规螺杆与 LWD 导向组合很难精确地将井眼轨迹控制在目标箱体内。制约该地区长水平段储层钻遇率和井眼轨迹平滑控制的关键技术难点有以下几个方面：

（1）井眼轨迹复杂。地表条件复杂，地形起伏大，井场选取难度大，地面及地下矛盾大，导致水平井井眼轨迹复杂，表现为着陆段靶前距短（300～400m）、横向偏移距较大。水平段轨迹类型可分为圆碗型、上倾单斜型、下倾单斜型及波浪型，井斜变化范围大（65°～106°）。

（2）水平段地层复杂。黄金坝页岩气田位于长宁背斜与大雪山背斜间建武向斜帚状构造末端，构造应力复杂。燕山期以来在走滑、挤压作用下，构造形变强度大。海相页岩长期处于挤压应力作用下易发生断裂形变，局部构造起伏，部分井水平段可能会钻遇小断层、小挠曲及微裂缝带等。

（3）水平井着陆段调整空间小。钻具造斜率要求高，页岩埋藏较深（2000～3000m），部分平台龙马溪组地层上倾角度大（10°～16°）、丛式水平井的横向位移大（400～800m），上部石牛栏组可钻性差、定向困难，造成该地区水平井着陆造斜率高。

（4）储层箱体厚度小。有利储层箱体厚度为 5m，较难判断轨迹垂向位置和将轨迹控制在目标箱体内。

针对以上关键技术难点，探索确立适用于黄金坝页岩气田水平井的地质导向配套技术措施，有效提高储层钻遇率和确保长水平井井眼轨迹的平滑控制，为水平井安全快速钻井提供保障。

二、降本增效措施

1. 旋转地质导向特征

在页岩气地质工程一体化综合研究的三维地质模型成果基础上，黄金坝页岩气田开发选择将钻井、随钻测井及油藏工程结合为一体，形成了适用于该地区长水平井钻井的旋转地质导向技术，其主要技术特征体现在以下两个方面：

（1）旋转导向是通过钻柱旋转过程中精准控制、连续定向，进行旋转钻进、连续造斜、实时监测和调整井斜方位等，降低钻进过程中的摩阻及扭矩，减小起下钻次数，提高生产时效和机械钻速，保障井壁稳定及轨迹平滑，为后期完井提供良好的井筒条件。

（2）地质导向是在前期地质研究及构造模型建立的基础上，通过随钻测井数据实时调整钻井参数，修正导向模型。通过精确的随钻 GR 及成像测井，能准确识别页岩层位及地层倾角，实现井眼轨迹稳定在目标箱体内，提高优质储层钻遇率，为页岩气水平井高产提供物质基础。

通过以上两部分的有机结合，针对黄金坝页岩气田水平井钻井中不同的构造、井段、轨迹，优选适合的定向工具和导向方案，并通过三维地质模型及随钻模型预测，分析和控制井眼轨迹，降低钻井风险，提高钻井效率和储层钻遇率。实际导向应用过程中应注意以下事项：

（1）为减少和规避造斜率不足、仪器丢失信号和工具失效等故障，提高钻井时效，钻井过程中需要提前优化钻井液安全密度窗口，精确控制好密度，适当降低固相含量，做好钻具清洁，提高钻井泵性能，现场定期开展工具保养等。

（2）过分地追踪储层构造变化，易导致轨迹复杂、狗腿度过大，给后期钻完井造成困难。应采取地质工程一体化的作业模式，地质导向需要兼顾优质储层段钻遇率和钻井工程质量。以宏观控制井眼轨迹平滑为指导原则，复杂多变的构造需要对钻井靶体适当有所取舍。在确保水平井井筒完整的前提下，尽可能提高优质储层钻遇率。

2. 旋转地质导向工具

黄金坝页岩气田建产区水平井旋转地质导向使用的井下工具主要为旋转导向、成像 LWD 和 MWD。旋转导向工具主要有复合式（斯伦贝谢 PowerDrive Archer）、推靠式（斯伦贝谢 Power-Drive X5/X6、贝克休斯 AutoTrack Curve）和指向式（斯伦贝谢 PowerDrive Xceed）。复合式具有较高的造斜率，最大可达 15°/30m，选择在狗腿度要求较大的造斜段使用。推靠式及指向式的造斜率相对较低，选择在狗腿度要求较小的水平段使用。成像 LWD 工具为斯伦贝谢的 GeoVision，其在复杂构造地质情况下的优势明显，它可将井筒周围的页岩储层伽马特征以图像的形式显示出来，有助于判断井眼轨迹与地层的上、下切关系。MWD 工具主要类型有斯伦贝谢的 Powerpulse、Slimpulse、Telescope 以及贝克休斯一体化设计的 Directional MWD，可在钻进过程中随钻测量工具面、井斜、方位及自然伽马等数据，并通过钻井液脉冲实时传输到地面，利用钻井液驱动发电或蓄电池给旋转导向及 LWD 供电。

3. 地质导向工作流程

黄金坝页岩气田在水平井地质导向实践中，逐步形成了地质设计定靶点、钻前分析定轨迹、着陆段定曲率、水平段定钻遇率的工作思路，如图 22-1 所示。

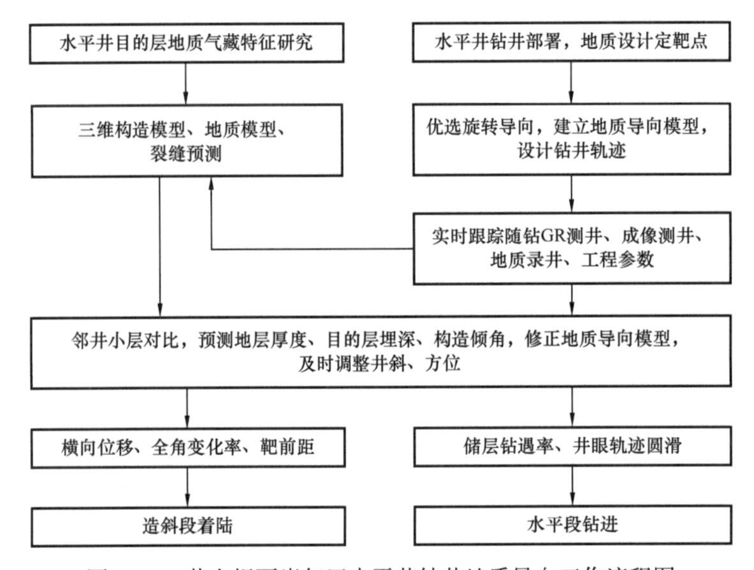

图 22-1　黄金坝页岩气田水平井钻井地质导向工作流程图

在进入目的层龙马溪组前，开展钻前分析。根据实钻轨迹，在三维地震体、蚂蚁体天然裂缝预测、构造地质模型与储层品质模型的基础上，设计着陆段及水平段钻井井眼轨迹。钻井进入着陆段后，根据不同地层的测井、录井特征，选取多级标志层逐段控制，随钻跟踪中视变化不断调整，逐步逼近设计的水平井钻井靶体，确保井眼轨迹在规定的狗腿度范围内顺利着陆。进入水平段后，根据着陆情况及时校正构造地质及储层品质模型，充分考虑优质储层的钻井箱体范围和构造微形变特征，对水平段井眼轨迹进行二次优化，尽量减少轨迹调整次数。在确保优质储层钻遇率的同时，努力提高水平井钻进轨迹圆滑度及钻井施工效率，实时跟踪对比 LWD 测井响应，分析 GR 成像显示的上下切特征，观察地质录井的岩性、气测、钻时变化，精确定位轨迹在储层中的位置，适时调整钻井参数，确保高的储层钻遇率。

三、实施效果分析

现场实践表明，旋转地质导向技术实现了黄金坝页岩气田水平井的优质井身质量和高储层钻遇率。以 2014 年完钻的 YS1-3 井为例，该井在着陆段及水平段采用旋转地质导向钻井技术措施，平均机械钻速达 10.1m/h，在目的层 5m 厚的页岩储层内钻遇率达到 100%，井眼轨迹规则圆滑，平均井径扩大率小于 3.5%。

YS1-3 井位于黄金坝页岩气藏向斜构造边缘，为三维水平井，井深 4347m，垂深 2500～2570m，水平段 1500m，横向偏移距大（最大 450m），着陆段造斜率要求高。由于地层构造复杂，设计井眼轨迹为先下倾、后上翘的圆碗型，水平段 A 点井斜角 83°～84°，B 点 94°～95°，且具体的构造反转位置不确定，需要钻进中跟踪轨迹并实时调整。下面对该井着陆段及水平段地质导向施工过程采取的措施进行具体介绍。

1. 着陆段施工

YS1-3 井采用“直—增—稳—扭—增”井眼轨迹，在龙马溪组顶部斜深 2345m 下入 PowerDriver Archer+Slimpulse MWD 旋转导向钻具组合（复合式），在井斜角 50° 之前完成扭方位，总体控制全角变化率在（5°～8°）/30m。钻至井深 2610m，井斜增至 60°，随钻测井显示钻遇龙马溪组下段页岩高 GR 标志层，如图 22-2 所示。通过地层对比及地质模型预测，缓慢增斜至 79°，采用“稳斜探顶、复合入窗”轨迹控制方式顺利着陆，保持良好的入靶姿态钻进。

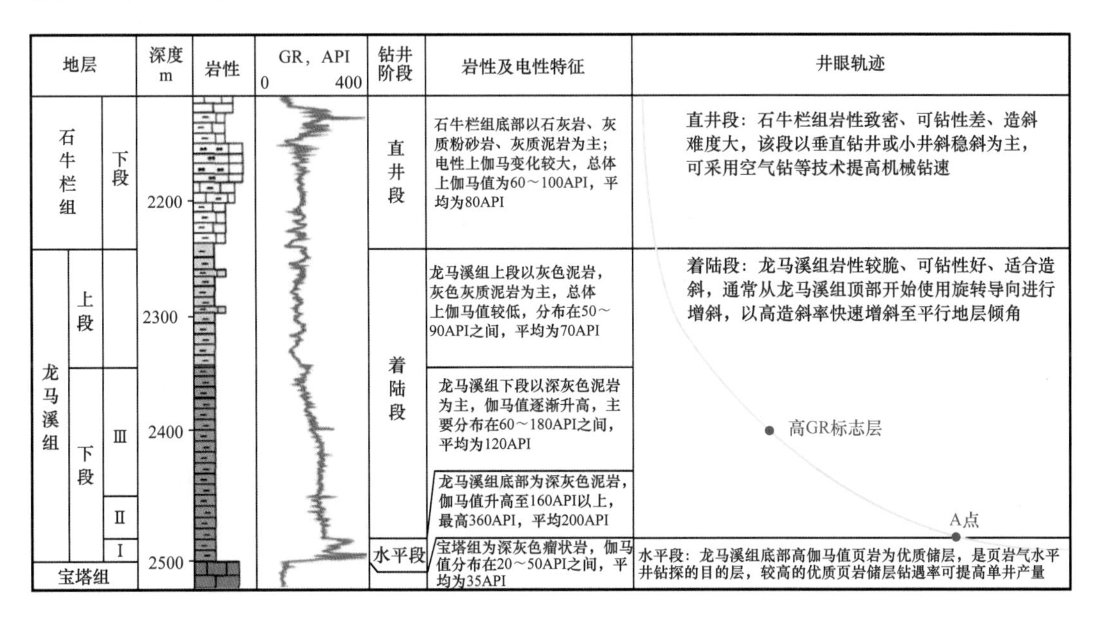

图 22-2　YS1-3 井 GR 特征、岩性特征及设计井眼轨迹分析图

该井钻至井深2847m、垂深2534m、井斜79.2°时，GR值升高至200API，全烃气测升高至42%。测井录井特征显示钻头顺利在目标箱体着陆，如图22-3所示，实钻与地质模型预测的垂深相差约10m。

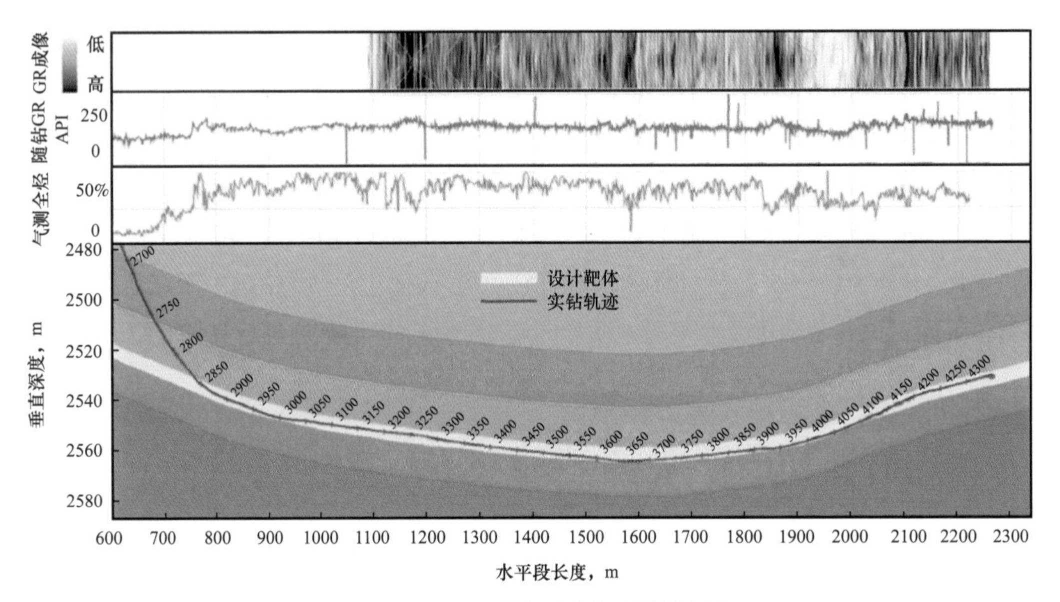

图22-3　YS1-3井水平井段随钻导向图

2. 水平段施工

结合着陆段实钻倾角调整地质模型，将井斜缓慢增至85°，保持钻井轨迹与地层平行，进行水平段钻进。钻至井深3203m，GR值降低至175API，全烃降至25%，如图22-3所示。地层对比及地质模型显示，钻井轨迹位于目标箱体边界，存在钻出箱体的可能性。现场采取起钻下入PowerDriver X6+GVR6+Telescope钻具组合（推靠式）钻进，进一步精确判断钻井轨迹与地层的上下切关系。当钻至井深3550m处GR成像显示钻头不断缓慢下切地层，方位GR中下GR的曲线变化先于上GR，同时随钻GR降低至150API，气测全烃也降低至约10%。结合地质模型判断轨迹位于箱体的底部，现场及时调整PowerDriver X6工作指令使其增斜。当钻至3800m处成像显示钻头重新上切地层，GR及气测全烃也回到正常水平。地质模型显示轨迹重新回到了箱体的中下部，避免了轨迹出层的情况，钻后分析表明该处即为构造反转位置，如图22-4所示。通过旋转导向精确控制井斜调整，配合地质参数的实时测量准确判断钻头位置，保持了井眼轨迹始终在有利储层箱体中钻进，最终YS1-3井顺利完钻。

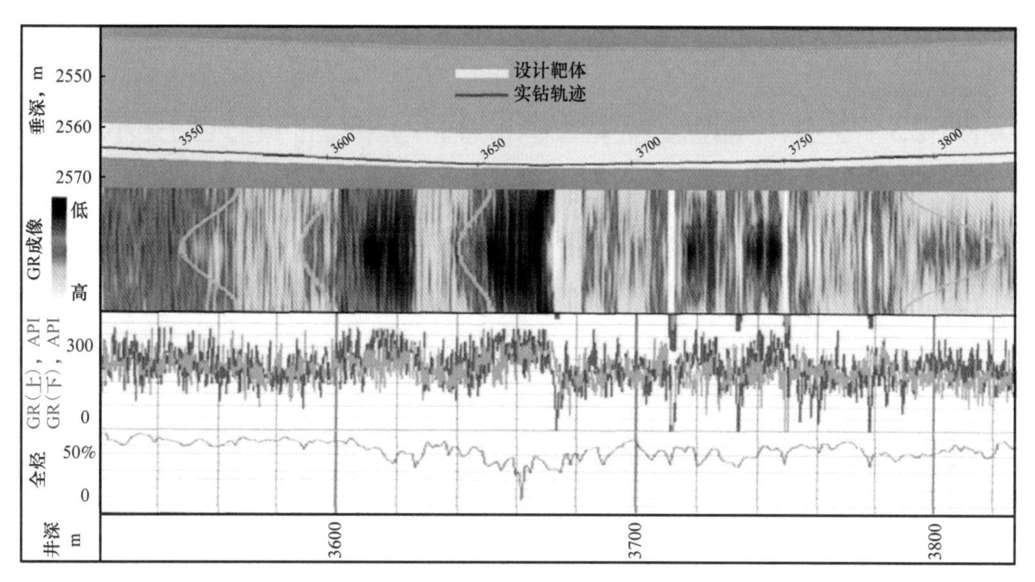

图 22-4　YS1-3 井水平段 GR 成像图

案例 23　四川盆地页岩气水平井防窜固井配套技术措施

本案例介绍了四川盆地长宁—威远和昭通国家级页岩气示范区防窜固井配套技术措施，包括水平井段下套管措施、高效洗油冲洗隔离液、韧性防窜水泥浆体系、提高固井质量配套措施（钻井液调整、预应力固井、地面高压泵注工艺）等内容。

一、案例背景

四川盆地长宁—威远和昭通国家级页岩气示范区实现规模开发的核心技术为水平段长超过1500m的长水平井配合大型体积压裂，而固井质量不佳是制约水平井完井和实施储层改造的主要技术瓶颈。该地区页岩气水平井固井面临的主要技术难点有以下3个方面：

（1）水平井套管安全顺利下入困难。一是大斜度及水平井井段套管易贴井壁，随着水平段增加，沿程摩阻显著增加，套管有效重量低，靠套管自身重量难以克服下套管过程中的摩阻；二是井眼轨迹复杂，总体上采用“直—增—扭—增—水平段”模式中靶，轨迹较为扭曲，全角变化率大；三是进行多级分段压裂所需完井工具管串结构复杂，下入过程中损坏风险大，下套管遇阻时技术措施有限。

（2）油基钻井液应用对固井质量影响大。一是油基钻井液黏度高、附着力强，需要更高的驱动能；二是与水泥浆兼容性差，接触变稠，驱动油基钻井液更加困难，使施工泵压更高、“灌香肠”潜在风险大；三是井筒表面与套管壁形成了油膜，若不能有效清除井壁油膜改变润湿环境，将产生环空微间隙造成水泥环水力密封失效；四是水泥浆与油基钻井液相混比例达9∶1时，水泥石抗压强度将降低50%。

（3）大型分段压裂对固井胶结质量和水泥石性能要求高。水泥浆需满足以下要求：① 稳定性好、无沉降，不能在水平段形成窜槽。② 滤失量小，储层保护能力好。③ 具有良好的防气窜能力，稠化时间控制得当。④ 流变性控制合理，顶替效率高。⑤ 水泥石力学性能优良，弹性模量小、抗压强度高等。

综上所述，通过水平井下套管工艺、高效洗油冲洗隔离液、韧性防窜水泥浆及其他配套技术措施的试验、完善和持续优化，探索形成适用于四川盆地长宁、威远和昭通页岩气水平井的系列固井技术，提高长水平段页岩气的固井质量，有效满足后期大型分段压裂的需求，为四川盆地国家页岩气示范区实现规模高效开发提供技术保障。

二、降本增效措施

1. 水平井下套管措施

1）通井技术措施

为了保证套管能够安全快速地下入，现场作业最有效的手段是采用模拟套管串刚度的钻具组合进行通井作业，对特殊井段进行预处理。特殊井段处理是除了遇阻点以外，造斜点、A 靶点和井底附近无论遇阻与否均应采取全部划眼方式通过，并对划眼井段采取短起下钻验证套管能否顺利通过。通井到底后，对于存在挂卡、遇阻井段进行短起、反复划拉，并循环洗井至少 2 周以上。随着现场应用的不断完善和验证，通井钻具组合由页岩气开发初期的单扶正器通井，逐步变为双扶正器（以下简称双扶）通井，后采用再加大扶正器尺寸的双扶通井，再到近钻头三扶正器（以下简称三扶）通井，不同通井方式下的时效对比见表 23-1。在井身结构变复杂和水平井段增长的情况下，三扶通井能够有效提高下套管时效。

表 23-1　页岩气水平井通井方式与下套管时效对比

通井钻具组合	统计井数，口	平均水平段长度，m	平均时效，m/h
单扶	11	997	61
单扶+双扶	40	1517	75
双扶+三扶	20	1566	82

2）扶正器类型选择及安放方式

选择适当的扶正器间距和合理的扶正器类型，能够有效降低下套管摩阻。每 3 根套管之间加 1 只扶正器，将有 1/3 的套管与井壁接触。每 2 根套管加 1 只扶正器，则扶正器之间套管的中点与井壁接触。如果每根套管安装 1 只刚性扶正器，套管将不会与井壁接触。因此，为改善套管贴边问题，减少套管与井壁摩擦，现场作业实行大斜度及水平井井段每根套管加 1 只扶正器。不同类型的扶正器下套管的摩阻不同。总体来说，滚珠扶正器的摩阻最小，刚性扶正器次之，弹性扶正器最大。为了降低套管下入摩阻并综合考虑成本需求，现场普遍使用普通刚性扶正器、大倒角旋流刚性扶正器和滚珠扶正器，并通过软件模拟计算，合理设计扶正器安放间距。目前已形成扶正器安放的模板，见表 23-2。

表 23-2 页岩气水平井下套管时扶正器类型选择及安防方式

井段	扶正器类型	安放间距
井斜角大于 60° 井段	205mm 旋流刚性扶正器（下倾轨迹） 205mm 滚珠扶正器（上翘轨迹）	每根套管加 1 只
斜井段	205mm 旋流刚性扶正器	每 1～3 根套管加 1 只
直井段	205mm 旋流刚性扶正器	每 3～5 根套管加 1 只
重合段	210mm 旋流刚性扶正器	每 10 根套管加 1 只

2. 高效洗油冲洗隔离液

为解决油基钻井液条件下固井界面清洗与隔离难题，以洗油冲洗剂为核心形成了高效洗油冲洗隔离液体系，主要由悬浮稳定剂 XFJ-5、冲洗剂 CXJ-0、水和加重剂组成。洗油冲洗剂通过不同性质的表面活性剂进行优化复配，充分发挥对油的“卷缩、乳化、增溶”等作用，提高清洗界面油污、油膜的能力。该隔离液体系的综合性能评价结果见表 23-3 和表 23-4。从表 23-3 和表 23-4 可以看出，该隔离液体系密度可在 1.50～2.40g/cm^3 范围内任意调节，浆体的流变性和稳定性能够得到保证。浆体在 90℃下养护 20min 后静止 2h 上下密度差（$\Delta\rho_{2h}$）均小于 0.02g/cm^3，在常温下的流动度均在 22cm 以上，可有效满足安全泵送的要求。

表 23-3 不同密度高效洗油冲洗隔离液流变性能

密度 g/cm^3	六速值（90℃）						流变 模式	η Pa·s	τ_0 Pa
	θ_{600}	θ_{300}	θ_{200}	θ_{100}	θ_6	θ_3			
1.40	40	23	16	8	3	2	宾汉	0.015	5
1.60	52	32	21	11	4	3	宾汉	0.020	6
2.10	70	43	31	19	5	3	假塑性	0.027	8
2.30	78	48	40	25	6	4	假塑性	0.030	9

表 23-4 不同密度高效洗油冲洗隔离液性能

序号	密度，g/cm^3	温度，℃	$\Delta\rho_{2h}$，g/cm^3	析水率，2h
1	1.50	50	0.00	0
		90		
2	1.60	50	0.00	0
		90		

续表

序号	密度，g/cm³	温度，℃	$\Delta\rho_{2h}$，g/cm³	析水率，2h
3	1.70	50	0.00	0
		90		
4	1.80	50	0.00	0
		90		
5	1.90	50	0.00	0
		90		
6	2.00	50	0.00	0
		90		
7	2.20	50	0.00	0
		90	0.01	
8	2.40	50	0.01	0
		90		

从表 23-5 可以看出，该隔离液在常温至 120℃均具有良好的冲洗效果，常温和高温 120℃条件下冲洗效率稍低些，但也都达到了 90% 以上，完全能够保证水泥浆与井壁的有效胶结。

表 23-5　高效洗油冲洗隔离液体系冲洗性能评价

序号	温度，℃	冲洗效率，%	冲洗效果
1	常温	90.1	冲洗效果好，表面为水润湿
2	50	96.4	
3	70	96.9	
4	90	95.0	
5	120	93.6	

从表 23-6 可以看出，水泥浆与油基钻井液混合稠度增大，无法流动，污染严重。而加入该隔离液后，能够有效改善水泥浆和钻井液的流变性，无论在低温还是高温下都具有良好的相容性，混浆流动度均在 18cm 以上。随着温度升高，混合液的流动度增加。另取水泥浆与钻井液按 7∶3 比例混浆做稠化试验，70℃稠化时间只有 15min，加入 1 份冲洗隔离液代替 1 份钻井液，即 7∶2∶1，三相污染实验 270min 时仍未稠。

表 23–6 高效洗油冲洗隔离液体系抗污染性能评价

编号	混配比例，%			常温流动度，cm	90℃流动度，cm
	水泥浆	隔离液	钻井液		
1	100	—	—	20	22
2	—	—	100	18	19
3	1/3	1/3	1/3	20	22
4	70	10	20	19	20
5	20	10	70	20	21
6	70	—	30	12	13
7	50	—	50	13	13
8	30	—	70	12	13
9	95	5	—	2	23

综上所述，该高效洗油冲洗隔离液体系泵送性能良好，可有效清洁井壁，改善固井二界面胶结环境，防止水泥浆与油基钻井液接触污染，可为固井施工安全和质量提供有效保障。

3. 韧性防窜水泥浆体系

页岩气井大规模体积压裂施工时，高泵压、大排量注替产生剧烈压力变化和冲击，容易对水泥石造成严重影响，导致产生水泥环微间隙甚至破裂，破坏井筒的密封性，从而发生环空窜气，严重制约后期开发。根据长宁—威远页岩气开发示范区的实际井身结构、地应力状况、井口压力等因素，在考虑了水泥环的初始应力状态和井筒温度变化等条件下，基于弹塑性模型等有关计算表明，对于四川盆地长水平段页岩气固井，应采用水泥石弹性模量小于 7GPa、三轴应力条件下抗压强度最好大于 40MPa 的水泥浆体系，以减轻和避免压裂时的水泥环破坏。

为满足对水泥石力学性能的要求，确保长水平段良好的封固质量和井筒密封完整性，研发了以防窜剂 FCJ–7、加筋增韧剂 ZRJ–6 和聚合物降失水剂 JSSJ–13 为核心外加剂的韧性防窜水泥浆体系。该体系在水泥浆凝固时产生轻度体积膨胀，以封闭环空微间隙，改善水泥环与套管、地层的界面胶结状况，且凝固后的水泥石力学性能也得到了提升和改善，具有低弹性模量、高强度的特点，韧性和抗冲击性能良好。不同密度的韧性防窜水泥浆体系综合性能评价结果见表 23–7。从表 23–7 中可以看出，该水泥浆体系流动性好，滤失量低，稠化时间可调，抗压强度高，具有良好的工程性能。

表 23-7　不同密度韧性防窜水泥浆体系综合性能评价

密度，g/cm³	流动度，cm	游离水，mL	API 滤失量，mL	稠化时间，min	抗压强度，MPa
1.90	21	0	30	152	30.0
2.00	20	0	48	181	26.1
2.10	20	0	42	201	23.5
2.20	20	0	42	198	20.4
2.30	20	0	42	204	18.2

表 23-8 为韧性水泥和纯水泥石的力学性能对比分析结果。可以看出，与常规水泥石相比，韧性水泥石在保持较高的抗压强度下，抗拉强度提高到了 3.30MPa，而弹性模量明显下降至 5.75GPa，韧性增强，有效地改善水泥石的力学性能。

表 23-8　韧性水泥石和纯水泥石力学性能对比评价

力学指标	纯水泥石	韧性水泥石
抗压强度，MPa	48.90	33.89
弹性模量，GPa	10.14	5.75
抗拉强度，MPa	2.20	3.30

从图 23-1 和图 23-2 可以看出，在同等强度等级的情况下，纯水泥石破裂时的应变值为 0.8%，无明显的塑性变形特征，表现为硬脆性。而韧性防窜水泥石破裂应变值为 1.0%，有明显的塑性变形段，具有一定脆塑性，有利于保持水泥环在受压状态下的完整性和密封性。

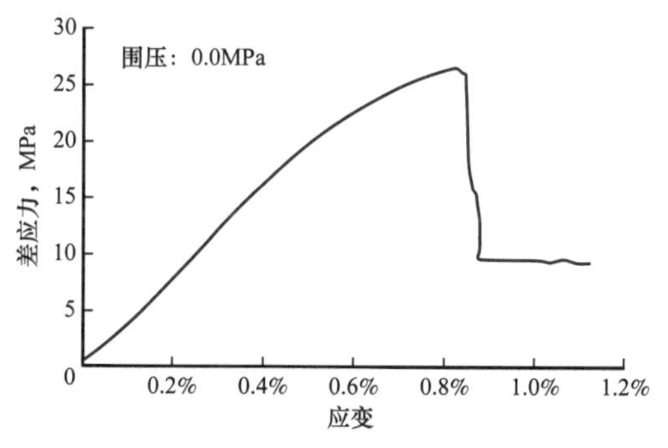

图 23-1　纯水泥石应力应变曲线图

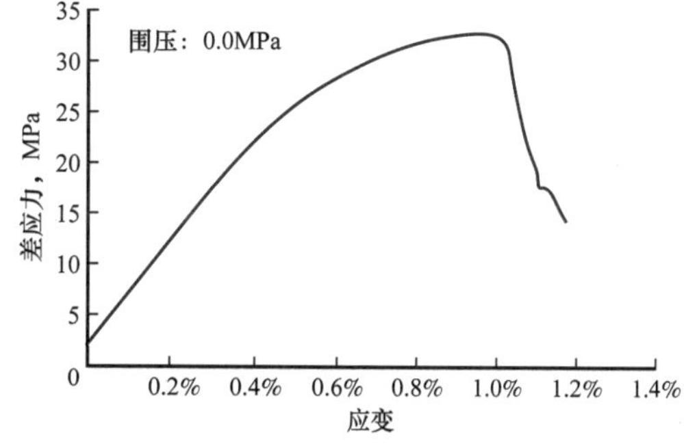

图 23-2　韧性防窜水泥石应力应变曲线图

4. 提高固井质量配套措施

为提高四川盆地长宁—威远和昭通页岩气示范区长水平段的固井质量，经过多年现场实践验证，集成配套了钻井液调整、预应力固井、地面高压泵注工艺等措施，确保页岩气水平井的顶替效率与井筒完整性。

1）钻井液调整

固井时为提高井眼净化程度及有效提高顶替效率和二界面胶结质量，需要钻井液具有较低黏切、良好悬浮和携屑能力及优质滤饼、优良流变性及弱凝胶特性。为了获得较好的顶替效率（超过90%），建议控制高密度钻井液动切力小于11Pa，尽量控制在9Pa左右。施工前，在保证井壁稳定前提下，可适当降低钻井液密度0.1g/cm^{3}左右。根据情况提高油水比，及时补充乳化剂，改善流变性，保证体系稳定，利于顶替。

2）预应力固井

以长宁地区页岩气固井为例。数值计算分析表明，体积压裂后，井口压力卸载，套管收缩，可能形成12.3～13.8μm的微环空间隙。为避免上述问题，考虑在水泥石收缩之前就给予套管一个受挤压的预应力。根据作用力与反作用力原理，待水泥石收缩后，套管在弹性条件范围内就会试图恢复原状态，产生向外的挤压力，迫使套管恢复形变来弥补水泥环收缩时留下的微裂缝，始终保证水泥环与套管间的紧密接触和良好的封隔效果。根据以上原理，采用预应力固井措施，即通过全部清水顶替，并在施工结束后环空蹩压增大套管内外负压差至20～30MPa来实现。

3）地面高压泵注工艺

（1）应用70MPa整体式水泥头，提升管线抗压等级，保证井口安全；（2）采用水泥车与2000型压裂车配合注替，保证在高泵压条件下的注替排量达到设计要求；（3）完善试压流程，先整体试压5MPa，再整体试压35MPa，最后关地面五通水泥车旋塞，压裂车试压55MPa，由低到高、分段试压验证管线连接密封性，预防施工中管线刺漏爆裂，保证施工安全。

三、实施效果分析

中国石油川庆钻探工程有限公司形成的页岩气水平井固井技术措施在长宁—威远和昭通国家级页岩气示范区进行了先导性试验和规模推广应用，最深井深5880m（W204H4-6井）、最大垂深3603m（W204H6-5井）、最长水平段2000m（CNH5-1井），大幅度提升了固井质量，改进了固井后的井筒完整性，满足了大型分段压裂的需求。

（1）产层固井质量大幅度提升。2011年首先在长宁—威远示范区开展了3口页岩气水平井的先导性试验，平均井深3395m，水平段长954m，平均固井质量合格率为87.92%，优质率52.4%。通过不断攻关改进和完善，2015—2016年，累计在长宁、威远和昭通地区开展了85口页岩气水平井的固井作业，平均井深4832m，平均水平段长

1560m，平均固井质量合格率 97.32%、优质率 89.58%。在井深加深、水平段增长、固井难度进一步提高的情况，固井质量得到了大幅度提高。

（2）钻完井及试气期间环空气窜得到明显改善。2011 年在长宁、威远和昭通地区累计完成的 4 口页岩气水平井中，2 口井出现环空带压。其中，N201-H1 井产层固井候凝期间，最高达 30MPa，泄压后环空窜气，放一段时间后套管头不带压，试气期间外环空最高压力 7.0MPa，放空天然气回收期间环空最高压力达 22MPa。对比 2015—2016 年，水平井固井后候凝期间无环空带压，仅 W204H10-1 井在压裂 3 段后，由于未施加平衡压力，井口泄压后套管变形量大，形成微间隙导致环空带压。总体上钻完井及试气期间环空气窜情况得到显著改善。

案例 24　焦石坝页岩气田水平井固井配套技术措施

本案例介绍了焦石坝页岩气田水平井固井配套技术措施，包括优选水泥浆体系、漏失井固井措施、提高顶替效率和防窜工艺措施等内容，并列举了整体应用效果及典型井实例。

一、案例背景

焦石坝页岩气田水平井固井施工过程存在井漏突出、压稳困难、油基钻井液条件下油膜冲洗困难等难题，影响了固井质量及后期页岩气的开采，并易造成工程事故，影响经济效益。该地区水平井固井面临的主要技术难点有以下 4 个方面：

（1）固井质量不易保证。水泥浆长时间在高温高压条件下运行，对其各项性能要求高，由于采用油基钻井液钻井，造成井壁和套管壁清洗困难，影响水泥环胶结质量。

（2）水泥石韧性要求高。根据水平段长度的不同，一般分 15～25 段进行大型压裂改造，在满足生产井段水泥浆胶结质量良好的前提下，要求水泥石具有较高韧性及耐久性。

（3）固井漏失问题突出。①表层套管固井地层松软、易坍塌，溶洞暗河发育，部分井清水钻进漏失严重。如 JY61-2HF 井井底漏失，前 2 次固井共注入 35m^3 水泥浆均漏失，挤水泥 6 次才实现“穿鞋戴帽”要求；②技术套管固井段韩家店组易漏失，志留系坍塌和漏失压力差值小，该开次固井大部分采用正注反挤工艺，88 口正注反挤井中仅有 2 口井实现了对接，其余均有空段，最长达 800m；③生产套管固井段龙马溪组—五峰组为微孔微裂缝渗透性漏失，安全密度窗口窄，固井水泥返高不能满足设计要求，甚至不能进入大斜度段，反挤水泥不能对接，严重影响后续作业。

（4）浅层气压稳难度大。长兴组、茅口组、栖霞组存在浅层气，产层气能量大，如 JY56-4HF 上窜速度可达 40m/h，全烃值高达 90%，在井漏的条件下，压稳困难。

针对上述技术难点，通过优化水泥浆体系和制订适用的防漏堵漏、提高顶替效率及防窜等工艺措施，建立形成了适用于焦石坝页岩气田水平井的整体固井技术，以满足焦石坝页岩气田低成本规模开发的需求。通过固井技术措施的不断优化、完善和集成配套应用，有效提高了焦石坝工区整体固井质量、降低井口带压率，有效满足了后期大规模压裂改造的需求。

二、降本增效措施

1. 优选水泥浆体系

1）低密度高强水泥浆体系

该体系应用颗粒级配原理，选用漂珠、微硅作为减轻剂，合理配比优选外掺料颗粒，达到上下密度差小于 0.03g/cm³ 的稳定性要求。应用磺酸盐与有机酸及适量引发剂合成缓凝剂，可优先吸附铝酸三钙阻止其快速水化，而对硅酸三钙吸附能力小，从而确保了顶部水泥石强度。水泥浆基础配方为：JHG+（30%～22%）漂珠 +（6%～10%）微硅 +5.5% 降滤失剂 +3.0% 膨胀剂 +2.5% 早强剂 +0.2% 消泡剂 +1% 纤维 +（1.2%～1.5%）缓凝剂 + 现场水，水泥浆体系性能见表 24-1。水泥石在常温常压下 24h 抗压强度大于 3.5MPa；井底温度下 72h 抗压强度大于 14MPa，滤失量小于 50mL，游离水为 0，可有效满足焦石坝页岩气田水平井固井领浆的性能需求。

表 24-1　焦石坝地区低密度高强水泥浆与水泥石性能

密度 g/cm³	滤失量 mL	游离水 mL	24h 抗压强度 MPa	72h 抗压强度 MPa	六速旋转读数	稠化时间 min
1.45	36	0	3.5	15.2	147/75/55/39/8/7	314
1.60	42	0	6.2	18.2	141/88/77/68/12/9	352

注：72h 抗压强度测试条件 100℃、20.7MPa；六速旋转读数测试条件 93℃、20min；稠化时间测试条件 85℃、50MPa。

2）韧性水泥浆体系

水泥浆中加入 0.5mm 的纤维和高分子聚合物乳胶粉，纤维在水泥石中起到“骨架”作用，聚合物乳胶粉分散到水中形成稳定的乳液，可提高水泥浆黏结性能和内聚力，降低水泥石的弹性模量。应用优选的缓凝剂解决顶部水泥石强度问题，加入晶格膨胀剂可降低水泥石的收缩率。通过以上措施优化形成了韧性水泥浆，基础配方为：JHG+3% 微硅 +4.5% 降滤失剂 +3% 膨胀剂 +2.5% 早强剂 +0.2% 消泡剂 +3% 弹塑剂 +1% 纤维 +（0.5%～1.2%）缓凝剂 + 现场水，其性能见表 24-2，测试条件同表 24-1。

表 24-2　焦石坝地区韧性水泥浆与水泥石性能

配方	密度 g/cm³	滤失量 mL	游离水 mL	48h 抗压强度 MPa	六速旋转读数	稠化时间 min	弹性模量 GPa	变形量 %
1	1.90	28	0	32.8	289/103/78/55/9/8	185	7.8	1.02
2	1.90	30	0	33.1	300/138/104/67/12/8	150	7.9	1.02
3	1.90	32	0	38.2	245/96/70/66/5/4	205	11.6	0.33

表 24–2 中，配方 1 和配方 2 分别为 JY49–3HF 井和 JY81–4HF 井生产套管固井尾浆，配方 3 是未加弹塑剂和纤维的水泥浆。配方 1、配方 2 滤失量均不大于 30mL，游离水为 0，48h 水泥石抗压强度远大于 14MPa，水泥石弹性模量比配方 3 降低了近 32.8%，变形量提高了 67.6%。根据焦石坝地区页岩气水平井固井工况，井口加压 100MPa，套管变形量约为 0.3mm，目的层井径扩大率一般为 4%～6%。计算水泥环厚度不小于 42mm，最小变形量为 0.43mm，大于套管变形量，即水泥石在套管的变形范围内只变形而不破碎。

应用弹性模量测试仪加压使韧性水泥模块变形 1.02%。放压后，重复 25 次后测水泥石抗压强度，仍大于 20MPa，说明水泥石具有良好的韧性和耐久性，满足焦石坝大型压裂韧性要求。

2. 漏失井固井措施

1）井眼准备

针对漏失井固井，清除岩屑床是确保套管顺利安全下入和固井的关键，防漏的解决办法之一就是控制排量。排量达不到会形成岩屑床，对于水平段井眼的清砂尤为重要。井眼准备主要措施有：（1）使用不低于套管刚度的钻具组合并采用“单、双”扶正器通井；（2）按照现场情况提高钻井泵排量，在保证不漏失的前提下满足井下清砂需要；（3）对阻、卡井段应采用正、倒划眼方法解决；（4）清洁井眼可根据现场井下情况采用打入稀塞、稠塞结合的方法，同时可适量加入纤维；（5）为防止下套管时使用的刚性扶正器刮削井眼而导致再次漏失，下套管时维持油基钻井液中一定浓度的堵漏剂。

2）高效纤维隔离液封堵

通过混入 0.2%～0.3% 纤维和 2%～3% 超细碳酸钙，形成一种高效纤维隔离液封堵技术。该技术应用于低密度水泥浆与中间浆体系中，直接影响纤维网的致密度。但并不是纤维越多越好，过多纤维会严重影响水泥浆的流变性。经过多口漏失井现场施工验证，封堵效果良好。

3）管外浆柱结构优化

常规的管外浆柱结构极易激发再次漏失，需进行优化设计。首先按垂深计算当量密度 1.50～1.60g/cm^3 设计双密度管外浆柱，其次高密度水泥浆附加量控制在 5～8m^3，低密度附加量控制在 10%，最后为降低液柱压力，固井前注入密度 1.3～1.35g/cm^3 的低密度钻井液 30m^3。

4）漏失井固井压稳

针对焦石坝页岩气井压力系统复杂，钻井液安全密度窗口窄，特别是龙马溪组易漏失的井，必须实现压稳和防漏相协调，建立了适用于焦石坝固井压稳设计的流程，如图 24–1 所示。

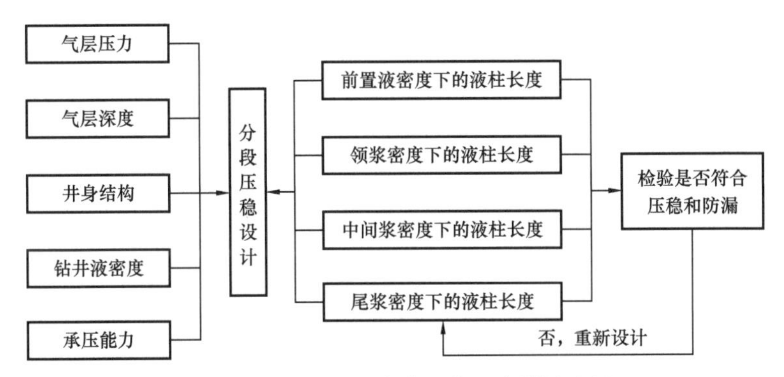

图 24–1　焦石坝漏失井固井压稳设计流程

按照以上设计流程，对水泥浆密度进行压稳和防漏设计，采用多凝水泥浆体系，在尾浆发生失重的情况下，保证上部水泥浆对地层流体的静态压稳。固井施工中，保持固井注水泥排量始终接近大泵循环排量，确保动态压稳。固井施工结束后，根据水泥浆返高，在尾浆形成胶凝强度以后确定回压加量，确保压稳。

3. 提高顶替效率措施

（1）高效去油基冲洗液占环空 200～300m，去油基加重隔离液占环空 1000m，低密度水泥浆占环空 200～300m，形成多级冲洗工艺，以保证井眼清洗效果。

（2）水平段和大斜度段采用直径 195～208mm 欠尺寸刚性螺旋扶正器，水平段每根套管加 1 只，大斜度段每 2 根套管加 1 只，直井段每 5 根套管加 1 只，使套管居中度大于 67%。

（3）全井采用清水顶替，使套管在浮力作用下向井壁高边漂浮，减小套管偏心程度，使水泥浆在环空上返时尽量达到同速，从而提高水泥浆顶替效率。

（4）水泥浆进入套管到返至大斜度井段采用大排量紊流注替，后期采用小排量塞流顶替。

4. 防窜工艺措施

（1）双密度多凝水泥浆柱设计。为减小水泥浆失重，将尾浆稠化时间设计为两凝或三凝，使下部水泥浆失重时上部水泥浆仍能传递压力，确保压稳。

（2）动态平衡静态压稳。根据环空液柱压力，分段设计固井施工注替排量，确保固井施工过程中液柱压力和循环摩阻的当量密度略大于地层压力，小于破裂压力。待固井施工结束后，依据水泥浆的静胶凝强度发展变化，按时间分步进行环空加回压，通过环空的持续补压、保证水泥浆在失重过程中对下部地层的压稳，最终加回压值应大于失重值 2～3MPa。

三、实施效果分析

2015 年 7 月至 2016 年 7 月，焦石坝页岩气田水平井整体固井技术现场应用 27 口井，固井质量合格率 100%，优良率 96.3%，井口带压率 54.55%，比该区前期井口带压率下降 24.28%。

以 JY56–1 井为例。该井钻头程序：ϕ609.6mm × 117m+ϕ406.4mm × 755m+ϕ311.1mm × 2910m+ϕ215.9mm × 4610m，套管程序：ϕ473.1mm × 116.5m+ϕ339.7mm × 753.55m+ϕ244.5mm × 2908.56m+ϕ139.7mm × 4610m，A 靶点位置 3308.72m，垂深 2896.86m，井斜 88.20°，水平段长 1312m。各开次固井取得的效果如下：

（1）导管下深加深至 117m，封固雷口坡组坍塌地层，确保了一开的正常钻进，表层井漏用可控胶凝堵漏，封固井底后，环空反挤常规密度水泥浆，固井质量合格。

（2）技术套管固井领浆采用 1.60g/cm^3 低密度高强水泥浆，设计返至地面，尾浆采用 1.90g/cm^3 常规水泥浆，设计返高 2000m，固井施工正常，替浆剩 5m^3 时发生井漏，泵压 17MPa 压力不降，碰压 21MPa，后反挤水泥浆 30m^3，固井质量良好。

（3）生产套管固井的油基冲洗液密度 1.02g/cm^3，油基加重隔离液密度 1.40g/cm^3，稀水泥浆密度 1.30～1.40g/cm^3，前置液施工排量 1.0m^3/min。领浆采用 1.45g/cm^3 低密度高强水泥浆，设计返至地面，中间浆和尾浆均采用密度 1.9g/cm^3 韧性水泥浆，设计返高分别为 2500m 和 3200m，水泥浆施工排量 1.5～1.8m^3/min，稠化时间分别为 270min、187min 和 171min，加回压 6MPa。候凝 72h 后测井，固井质量优质，共压裂 16 段，井口无带压现象。

案例 25　威远页岩气田提高井筒密封完整性固井技术措施

本案例介绍了威远页岩气田水平井井筒密封完整性固井技术措施，包括水泥环密封完整性理论模型、驱油前置液体系、韧性水泥浆体系、现场配套措施，并列举了现场应用效果。

一、案例背景

威远区块页岩气地层压力高、可压性差，高压力、大型分段压裂对井筒密封完整性要求高，水平井的固井质量直接关系到多级大型体积压裂效果、气井产量、气井寿命等。页岩气大规模高效开发需要提高该地区井筒密封完整性，存在 4 个方面固井技术难点：（1）对井筒长期密封性和水泥石的力学性能要求高，未系统建立水泥环密封完整性的理论模型；（2）压裂过程中井筒内温度变化对套管抗外挤强度有影响，增加套管失效风险，水泥环密封对套管抗内压强度要求高，高压裂压力导致的套管变形与环空带压问题突出；（3）常规前置液对油基钻井液的清洗和驱替效果差，且水泥浆与油基钻井液之间相容性差，严重影响到水泥环的第一界面（水泥环—套管界面）和第二界面（水泥环—围岩界面）胶结质量；（4）1500～2000m 长水平段造成固井时套管顺利下入到位与保证套管居中难度大。

针对以上难点，结合威远区块现场页岩气水平井固井现状，建立提高井筒密封完整性的理论模型，指导固井技术措施的优化，形成适用的固井配套技术。

二、降本增效措施

1. 水泥环密封完整性模型

水泥环密封完整性的失效形式包括水泥环本身的破坏，即拉张、剪切破坏。同时，压裂过程的高压及其后压力的卸载亦可导致在第一界面或第二界面产生环空微环隙（以下简称微环隙）。为全面分析页岩气井压裂和生产过程中的水泥环完整性问题，系统建立了考虑水泥环塑性特征及界面胶结强度的组合体力学模型，如图 25-1 所示。通过模拟水力压裂等作业中套管内压力先上升（加载）后下降（卸载）的过程，分析微环隙产生原因，推导计算变内压条件下界面微环隙大小的理论公式，定量计算水泥环破坏及第

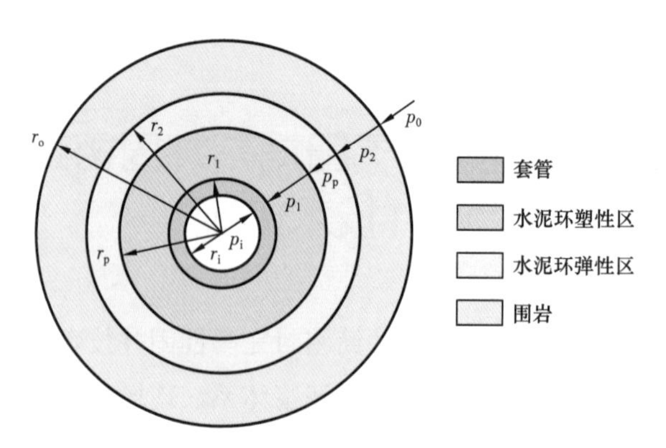

图 25-1　套管—水泥环—围岩组合体模型图

一、第二界面微环隙发展，实现了压裂全过程的水泥环完整性分析。

采用威 204H3-3 井现场数据（表 25-1），模拟水力压裂加载—卸载全过程，分析井深 3500m 水平段套管—水泥环—围岩体系受力状态，校验不同力学参数条件下水泥环是否会发生受压破坏和出现微环隙。通过实例计算分析，对压裂过程中水泥环完整性失效问题进行了梳理，提出了对应的解决思路，指导现场固井施工及材料参数设计。

表 25-1　威 204H3-3 井现场施工及材料参数表

井深 m	套管内半径 mm	套管外半径 mm	水泥环外半径 mm	地层压力系数	压裂压力 MPa	杨氏模量，GPa			泊松比		
						套管	水泥环	地层	套管	水泥环	地层
3500	57.15	69.85	118.75	1.3	100	210	5～10	20	0.25	0.17	0.25

压裂过程中，随着套管内压力上升，第一、第二界面接触压力也随之上升，且第一界面最大压力高于第二界面最大压力，如图 25-2 所示。水泥环受力与水泥石杨氏模量有关，在抗压强度一定的情况下，水泥石杨氏模量越低，第一界面接触压力越小，水泥石越不容易发生受压破坏，如图 25-3 所示。

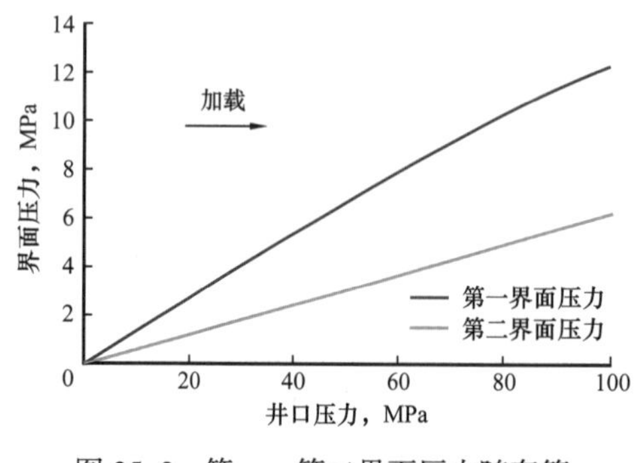

图 25-2　第一、第二界面压力随套管内压变化情况

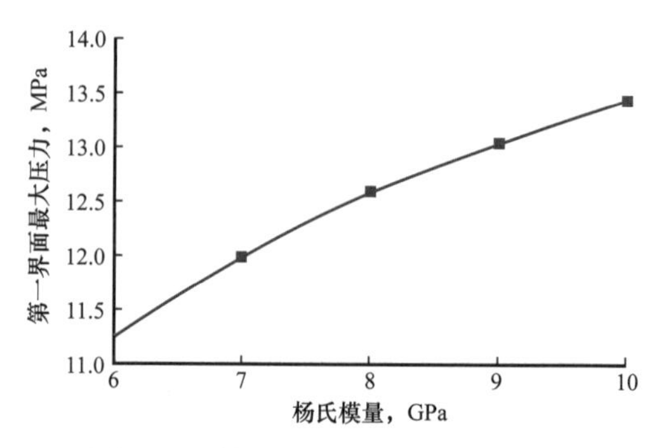

图 25-3　第一界面最大压力与水泥石杨氏模量的关系

随着套管内压力升高，水泥环会由内边界开始逐渐进入塑性区，如图 25–4 所示。进入塑性区的水泥环会产生不可恢复的塑性变形，而套管变形则可完全恢复。在卸载过程中，随着井口压力的减小，水泥环内边界和套管外边界逐渐分离，在第一界面产生环间微间隙，如图 25–5 所示。可见，水泥石杨氏模量越低，塑性区厚度越小，同时微环隙也越小。

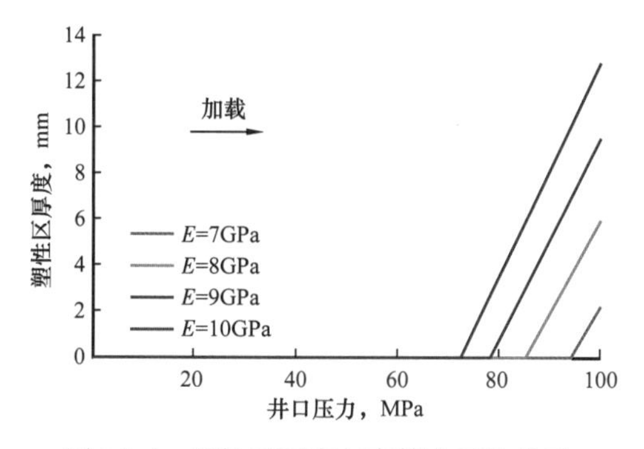

图 25–4　塑性区厚度与套管内压的关系

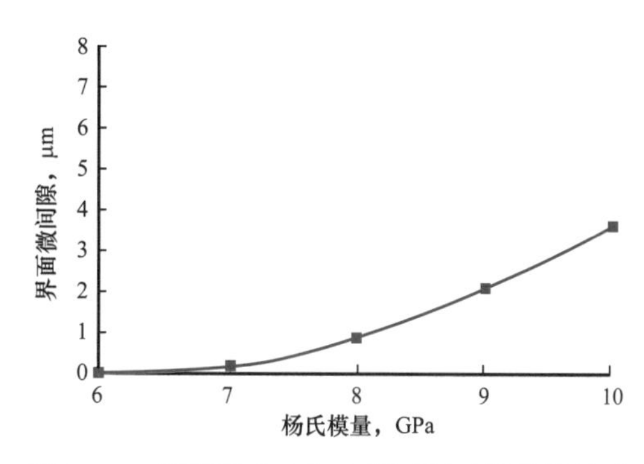

图 25–5　微环隙大小与水泥石杨氏模量的关系

水泥环是否发生塑性变形和微环隙的大小也与水泥环的强度有关，如图 25–6 和图 25–7 所示。水泥石屈服强度越高，塑性区厚度越小，同时微环隙也越小。

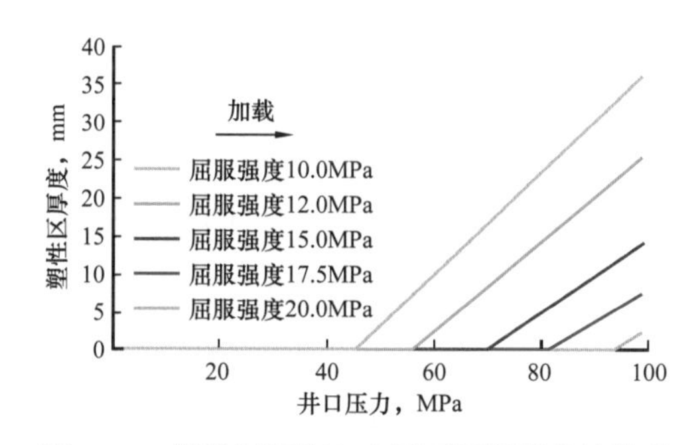

图 25–6　塑性区厚度与水泥石屈服强度的关系

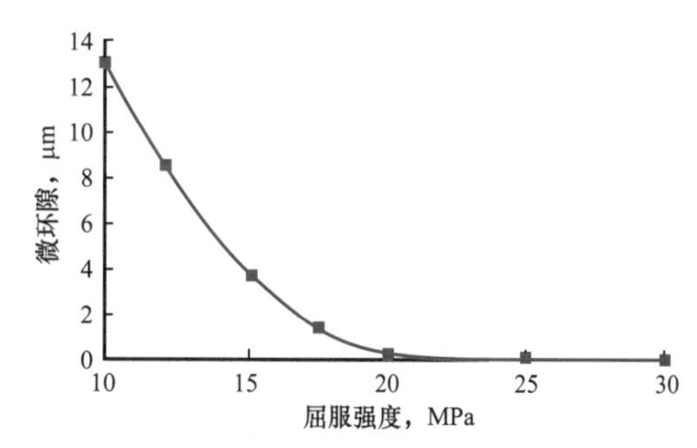

图 25–7　微环隙大小与水泥石屈服强度的关系

为了获得能够在压裂过程中保障井筒完整性所需的水泥环力学参数，分别改变水泥环屈服强度及杨氏模量，计算压裂过程中第一界面最大压力及微环隙。结果表明，具有高强度、低杨氏模量的水泥石可满足大型体积压裂的要求，见表 25–2 中绿色部分。

综合以上实例验证分析结果可以看出，对于同一水泥石，降低杨氏模量或提高水泥石抗压强度、提高界面胶结力，是防止水泥发生破坏及产生微环隙的有效手段。结合以上模型分析，需要从水泥浆配方、施工工艺等多方面进行优化。一是优化前置液体系，提高顶替效率，以保证良好的界面胶结强度，防止界面出现微环隙；二是对水泥石进行韧性改造，降低杨氏模量，以防止水泥石受拉、受剪破坏和微环隙产生，提升系统保持完整性的能力；三是采用清水作为后置液等工艺措施，以提高界面接触力，防止微环隙的出现。模型计算结果在实际应用中效果较好，压裂并未出现环空带压问题。

表 25-2　不同水泥环力学性能条件下压裂过程中第一界面最大压力及微环隙计算结果

界面压力及微环隙	杨氏模量 GPa	屈服强度，MPa						
		10	12	15	17.5	20	25	30
界面压力，MPa	6	10.89	11.24	11.59	11.71	11.74	11.74	11.74
微环隙，μm		9.10	5.30	1.60	0.20	0	0	0
界面压力，MPa	7	11.55	12.00	12.48	12.72	12.84	12.85	12.85
微环隙，μm		12.80	8.40	3.60	1.20	0.14	0	0
界面压力，MPa	7.5	11.81	12.31	12.87	13.03	13.32	13.37	13.37
微环隙，μm		14.70	10.00	4.70	2.00	0.45	0	0
界面压力，MPa	8	12.04	12.59	13.21	13.56	13.76	13.86	13.86
微环隙，μm		16.60	11.60	5.90	2.80	0.90	0	0
界面压力，MPa	9	12.42	13.06	13.81	14.25	14.55	14.79	14.80
微环隙，μm		20.30	14.80	8.40	4.70	2.10	0	0
界面压力，MPa	10	12.69	13.43	14.30	14.83	15.21	15.61	15.66
微环隙，μm		23.90	18.00	11.00	6.70	3.60	0.40	0

2. 驱油前置液体系

威远页岩气田水平井固井过程中，需要在注水泥浆前注入针对油基钻井液的驱油前置液，清除第二界面上存留的油膜及油浆，改变井壁及套管壁的润湿性，保证后期水泥环界面胶结质量。

（1）体系组分及沉降稳定性评价。以含表面活性剂、有机溶剂等成分的冲洗剂和高温悬浮剂为核心，形成的前置液基本配方为：清水 +2.0% 前置液悬浮剂 DRY-S1+2.5% 前置液高温悬浮剂 DRY-S3+2.0% 前置液冲洗剂 DRY-100L+8.0% 前置液冲洗剂 DRY-200L+X% 加重剂 +1.0% 缓凝剂 DRH-200L+0.2% 消泡剂 DRX-1L。由表 25-3 可知，2.10～2.30g/cm^3 密度范围的驱油前置液在 90℃及 120℃条件下均具有良好的沉降稳定性，上下密度差均低于 0.03g/cm^3，可有效满足固井施工要求。

表 25-3　高密度驱油前置液沉降稳定性评价

序号	驱油前置液密度，g/cm^3	90℃上下密度差，g/cm^3	120℃上下密度差，g/cm^3
1	2.10	0.01	0.03
2	2.20	0.01	0.02
3	2.30	0	0.02

（2）界面润湿反转及冲洗效果评价。通过定性及定量两种方法，评价了驱油前置液对钢板表面润湿反转情况。

方法 1：如图 25–8 所示。图 25–8（a）所示为清水在洁净钢板表面的润湿情况。图 25–8（b）为洁净钢板浸泡过油基钻井液后清水在钢板表面的润湿情况，钢板表面黏附油成分，清水在钢板表面润湿明显变差。图 25–8（c）为浸泡油基钻井液后用驱油型前置液清洗后清水在钢板表面的润湿情况，钢板表面由亲油状态转化为亲水状态，清水在钢板表面润湿性能明显转好。

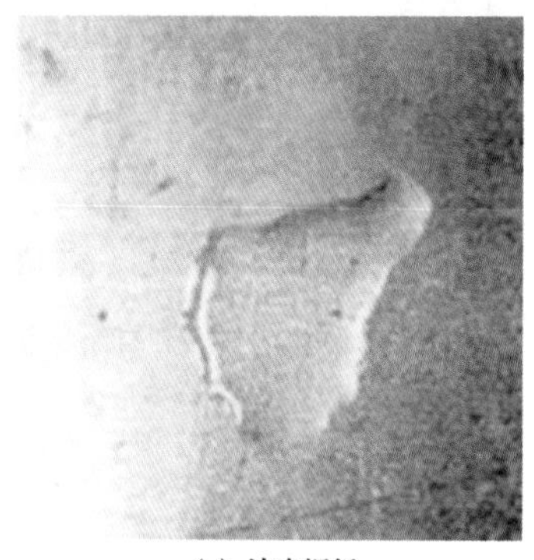
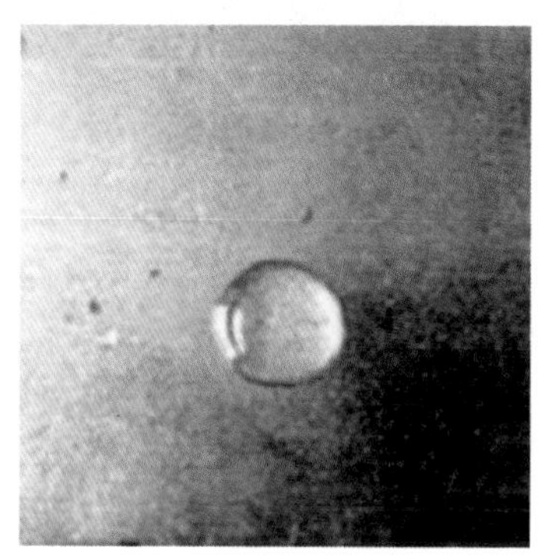
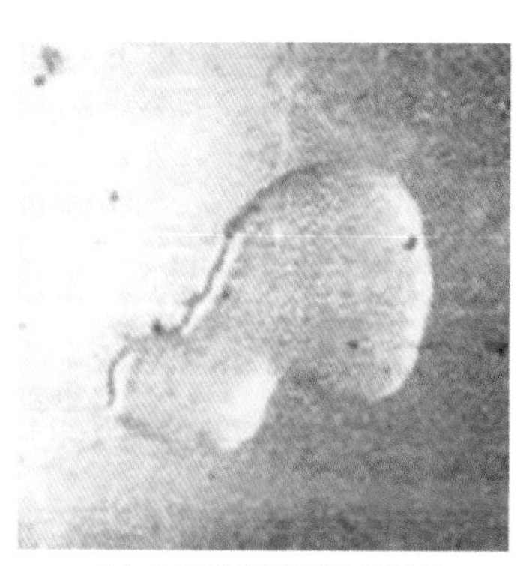
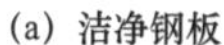

（a）洁净钢板　（b）油基钻井液浸泡钢板　（c）油基钻井液浸泡加驱油型前置液清洗钢板

图 25–8　清水在不同状态钢板表面的润湿情况对比

方法 2：在图 25–8 中（a）、（b）、（c）三种情况下，测定清水在表面的接触角。接触角越小表明清水在表面的铺展能力越高，表面润湿性越好，结果见表 25–4。可以看出，该驱油型前置液体系能够明显降低浸油基钻井液的表面接触角，润湿反转能力强。

表 25–4　清水在不同状态钢板表面的接触角情况对比

钢板序号	接触角，(°)	评价结果
（a）	22	润湿性好
（b）	74	润湿性差
（c）	15	润湿性好

采用六速旋转黏度计法，将密度 2.20g/cm^3 驱油前置液对密度 2.10g/cm^3 油基钻井液冲洗效果进行评价，如图 25–9 所示。图 25–9（a）为油基钻井液浸泡后的黏度计外筒，采用驱油前置液对油基钻井液冲洗 2min 后，如图 25–9（b）所示。再用清水冲洗 1min 后，如图 25–9（c）所示，旋转黏度计筒壁上基本冲洗干净，冲洗效率基本上达到 100%。说明驱油前置液体系针对油基钻井液冲洗效果良好，可在较短时间内达到较高的冲洗效率。

(a) 油基钻井液浸泡黏度计外筒

(b) 驱油前置液对油基钻井液冲洗2min后黏度计外筒

(c) 再用清水冲洗1min后黏度计外筒

图 25-9　驱油前置液对油基钻井液的冲洗效果对比图

（3）相容性评价。密度 2.20g/cm^3 驱油前置液与密度 2.10g/cm^3 油基钻井液、密度 2.25g/cm^3 水泥浆的相容性评价结果见表 25-5。可以看出，驱油前置液与油基钻井液及高密度水泥浆均具有良好的相容性，满足固井施工要求。

表 25-5　驱油前置液体系与油基钻井液和水泥浆的相容性评价结果

混合流体（体积比）			旋转黏度计六速值					
油基钻井液	水泥浆	隔离液	600 r/min	300 r/min	200 r/min	100 r/min	6 r/min	3 r/min
100%	0	0	—	282	205	124	37	35
0	100%	0	—	224	168	104	28	26
0	0	100%	135	93	92	70	32	30
95%	0	5%	—	233	172	105	35	32
75%	0	25%	—	217	161	100	25	22
50%	0	50%	—	197	150	95	17	11
25%	0	75%	94	160	128	91	34	29
5%	0	95%	200	152	132	96	41	35
0	95%	5%	—	223	170	104	20	15
0	75%	25%	—	230	170	105	20	15
0	50%	50%	—	235	180	123	36	31
0	25%	75%	291	209	173	127	50	48
0	5%	95%	85	141	135	99	40	36
33.30%	33.30%	33.30%	—	—	270	179	54	46

3. 韧性水泥浆体系

1）体系构建思路

（1）丁苯胶乳 DRT-100L 为性能优良的增韧防窜剂，配合粉体增韧防窜剂 DRT-100S 对水泥石起到双重增韧效果；（2）优选石英砂、铁矿粉粒径，配合微硅提高水泥石紧密堆积程度，可在一定程度上提高韧性水泥石强度；（3）优选与增韧防窜剂配伍性能好的配套外加剂，调节水泥浆施工性能；（4）优化韧性水泥浆 / 水泥石综合性能，满足 2～3d 质量检测要求及长期密封要求。

2）不同密度韧性水泥浆性能评价

1 号配方（密度 1.90g/cm^3）：夹江 G 级水泥 +20% 石英砂 +3% 微硅 +2% 降失水剂 DRF-120L+X% 缓凝剂 DRH-200L+0.6% 分散剂 DRS-1S+8% 胶乳 DRT-100L+1.2% 胶乳调节剂 DRT-100LT+2% 增韧防窜剂 DRT-100S+0.15% 稳定剂 DRK-3S+ 消泡剂 DRX-1L+ 抑泡剂 DRX-2L+ 水。

2 号配方（密度 2.15g/cm^3）：夹江 G 级水泥 +3% 微硅 ++50% 精铁矿粉 +2% 降失水剂 DRF-120L+X% 缓凝剂 DRH-200L+0.8% 分散剂 DRS-1S+10% 胶乳 DRT-100L+1.4% 胶乳调节剂 DRT-100LT+0.6% 稳定剂 DRK-3S+ 消泡剂 DRX-1L+ 抑泡剂 DRX-2L+ 清水。

3 号配方（密度 2.30g/cm^3）：夹江 G 级水泥 +3% 微硅 +80% 精铁矿粉 +2% 降失水剂 DRF-120L+X% 缓凝剂 DRH-200L+0.8% 分散剂 DRS-15+10% 胶乳 DRT-100L+1.4% 胶乳调节剂 DRT-100LT+0.6% 稳定剂 DRK-3S+ 消泡剂 DRX-1L+ 抑泡剂 DRX-2L+ 清水。

从表 25-6 可以看出，不同密度韧性水泥浆综合性能良好，API 滤失量小于 50mL，上下密度差低于 0.03g/cm^3，无游离水，可有效满足威远页岩气田水平井固井要求。

表 25-6　不同密度韧性水泥浆综合性能评价结果

配方	温度，℃	API 滤失量，mL	稠化时间，min	上下密度差，g/cm^3	游离水，mL
1 号	100	43	228	0.02	0
1 号	110	45	198	0.02	0
1 号	120	46	186	0.03	0
2 号	100	36	279	0.02	0
2 号	110	38	286	0.02	0
2 号	120	42	295	0.03	0
3 号	100	38	264	0.02	0
3 号	110	40	313	0.02	0
3 号	120	40	348	0.03	0

3）韧性水泥石力学性能评价

对不同密度的水泥石抗压强度及杨氏模量进行了评价，结果见表 25-7。可以看出，在 1.90g/cm³ 密度条件下，经韧性改造后的水泥石与未经韧性改造的水泥石相比，抗压强度降低 20%，杨氏模量降低 32%。在 2.15g/cm³ 密度条件下，抗压强度降低 12%，杨氏模量降低 32%。在 2.30g/cm³ 密度条件下，抗压强度降低 12%，杨氏模量降低 30%。韧性水泥石可较好地适应大规模体积压裂，有利于保证水泥石在分段压裂过程中的力学完整性。

表 25-7　韧性水泥石力学性能评价结果

水泥浆密度，g/cm³	120℃抗压强度（72h），MPa	杨氏模量，GPa	备注
1.90	40.5	8.8	未韧性改造
1.90	32.2	6.0	韧性改造
2.15	28.2	8.4	未韧性改造
2.15	24.8	5.7	韧性改造
2.30	27.6	8.3	未韧性改造
2.30	24.3	5.8	韧性改造

4. 现场配套措施

1）清水顶替提高井筒密封效果

采用清水作为顶替液，与采用高密度钻井液作为顶替液相比，套管承受更小周向应力，套管形变量大幅减少，有利于后期压裂过程中保证套管完整性。同时，清水顶替增加了套管内外压差，相当于预应力固井，有利于提高水泥石早期强度、降低孔隙度，降低或减弱套管的径向伸缩扩张带来的微环隙，提高第一、第二界面固井胶结质量。

2）安全下套管及保证套管居中技术措施

（1）加强通井，采用不低于套管刚度的钻具组合通井，通井到底后充分循环，确保井眼干净，达到底边干净无沉砂、起下钻摩阻正常、不涌不漏后才能进入下套管作业；（2）软件模拟下套管过程中摩阻及套管居中度，确保套管安全下入及居中度大于 67%，下完套管后小排量顶通，逐渐加大至正常钻进排量循环，按要求调整钻井液性能，循环至少 2 周；（3）严格控制下放速度，上层套管内每根套管下放时间不少于 30s，出上层套管鞋每根套管下放时间不少于 50s，下部井段每根套管下放时间控制在 30s～1min；（4）采用旋转引鞋，保证套管顺利下入到位；（5）水平裸眼段内每根套管安放 1 只扶正器，刚性与半刚性交替安放，确保水平段套管居中度；（6）若无法解决水平段留长水泥塞问题，可采用复合胶塞，防止磨损导致胶塞失效。

三、实施效果分析

中国石油集团工程技术研究院有限公司（原中国石油集团钻井工程技术研究院）形成的以上水平井固井配套技术首次在威 204H3-6 井进行了现场应用。该井完钻井深 5156m，ϕ139.7mm 生产套管下深 5098m，水平段长 1149m，油基钻井液密度 2.25g/cm^3，固井施工注 2.25g/cm^3 高密度驱油前置液 30m^3，2.30g/cm^3 高密度增韧水泥浆领浆 40m^3，1.92g/cm^3 常规密度增韧水泥浆领浆 33m^3，水平段固井质量优质率 97.7%。

截至 2016 年初，配套固井技术在威远 204 井区及 202 井区共计固井 12 口，水平段平均固井优质率 92%，见表 25-8，且后期压裂效果良好，为该区块页岩气高效开发提供了有效技术支撑。

表 25-8　威远地区 ϕ139.7mm 生产套管固井情况

序号	井号	完钻井深 m	水平段长 m	钻井液密度 g/cm^3	水泥浆密度，g/cm^3		水平段固井优质率
					领浆	尾浆	
1	威 202H2-1	4370	1240	2.08	2.15	1.92	100.00%
2	威 202H2-2	4580	1480	2.10	2.15	1.92	98.66%
3	威 202H2-3	4693	1300	2.07	2.15	1.92	99.92%
4	威 202H2-4	4890	1600	2.12	2.20	1.92	91.26%
5	威 202H2-5	4835	1600	2.08	2.15	1.92	93.78%
6	威 202H2-6	4760	1500	2.08	2.15	1.92	91.73%
7	威 204H2-3	5585	1404	2.21	2.30	1.92	100.00%
8	威 204H2-6	5230	1460	2.20	2.29	1.92	74.40%
9	威 204H3-1	5355	1500	2.19	2.30	1.92	88.04%
10	威 204H3-3	5282	1500	2.20	2.30	1.92	69.70%
11	威 204H3-4	5315	1430	2.20	2.30	1.92	99.55%
12	威 204H3-6	5156	1149	2.25	2.30	1.92	97.70%

案例 26　北美页岩气水平井水基钻井液主要技术措施

本案例首先介绍了页岩气水基钻井液的主要技术途径，其次列举了斯伦贝谢 M-I、哈里伯顿、贝克休斯、Newpark 4 家公司研发的适用于页岩气水平井的水基钻井液体系及应用概况，最后以美国 Haynesville、Fayetteville、Barnett、Eagle Ford 4 个典型页岩气田水基钻井液应用为例，说明了目标区块页岩特征、水基钻井液体系配方和性能及现场应用情况。

一、案例背景

水平井钻井是推动美国页岩气革命的核心技术，钻井液是解决页岩气水平井井壁垮塌、润滑防卡和井眼清洁等难题的关键。常规水基钻井液用于钻页岩气水平井具有局限性，油基（合成基）钻井液由于自身的抑制、润滑、抗污染和高温稳定等优良性能，一直是美国页岩气主产区水平井首选的钻井液。油基钻井液对地层井眼稳定具有广谱适用性，且对长水平井段有较好的润滑效果，能明显减少非生产作业时间和提高钻井效率。但其缺点是环保性能差、成本偏高。因此，在页岩气水平井中，斯伦贝谢 M-I、哈里伯顿、贝克休斯、Newpark 等多家公司均成功应用了可替代油基的高效优质水基钻井液技术。根据有关文献统计，2003—2011 年美国 4 个页岩气田水平井钻井液使用情况见表 26-1，Haynesville、Barnett、Marcellus 和 Eagle Ford 水基钻井液所占的比例分别是 14%、20%、36% 和 19%。近年来，随着技术进步，美国页岩气水平井水基钻井液的应用比例还在逐年提高。

表 26-1　美国 4 个页岩气田水平井钻井液使用情况

区块	水基钻井液，%	油基钻井液，%	合成基钻井液，%
Haynesville	14	86	—
Barnett	20	80	—
Marcellus	36	—	64
Eagle Ford	19	76	5

综上所述，试验和逐步推广应用类油基的优质水基钻井液技术，是实现美国页岩气水平井进一步降低成本的关键因素之一，同时还有利于环境保护。

二、降本增效措施

1. 页岩气水基钻井液技术途径

（1）抑制页岩中活性黏土矿物的水化膨胀分散。主要作用机制：① 减少黏土矿物表面的负电性；② 通过离子交换，将黏土矿物由膨胀型转变为非膨胀型；③ 在黏土矿物表面发生物理化学吸附，使黏土矿物表面疏水；④ 抑制自由水分子向黏土矿物晶层间渗透。常用技术手段：① 钾、钠等阳离子可以通过减小黏土矿物表面扩散双电层厚度和 Zeta 电位，有效降低黏土矿物表面的负电性，钾离子还可以通过离子交换将膨胀型黏土矿物转变为非膨胀型；② 表面活性剂可以吸附在黏土矿物表面，使黏土矿物表面疏水；③聚合物可以通过吸附在黏土矿物表面，形成包被膜或吸附层，从而抑制自由水分子向黏土矿物晶层间渗透；④ 烷烃二胺类化合物可以通过两端的胺官能团吸附在 2 个邻近的蒙脱石层片上，从而抑制水分子向蒙脱石晶层间渗透。

（2）减缓或阻止页岩中压力传递。通过产生高的膜效率和封堵页岩孔喉，减缓或阻止页岩井壁近井地带压力传递，稳定井壁。主要技术手段：① 通过沥青、聚合物、纳米材料封堵或铝酸盐络合物的沉淀作用，封堵页岩孔喉，可以使页岩表面膜效率增加，进而减缓或阻止页岩中孔隙压力传递；② 对于裂缝性页岩，使用合适有效的封堵材料和钻井液类型，降低钻井液在页岩中的侵入量，有利于页岩井壁稳定；③通过提高钻井液黏度降低其通过速率，也可以阻止页岩中压力传递。

（3）降低页岩与钻井液相互作用的总驱动力。对不含蒙脱石或伊 / 蒙混层的页岩地层，页岩孔隙压力仅由钻井液压力渗透机理决定。对含有蒙脱石或伊 / 蒙混层的页岩地层，页岩孔隙压力分别由钻井液压力渗透和化学势两种机理决定。根据钻井液压力渗透机理，过平衡压力使得页岩孔隙压力升高。根据化学势机理，钻井液活度低于页岩活度时，页岩孔隙压力降低；钻井液活度高于页岩活度时，页岩孔隙压力升高。通过添加电解质可以减小钻井液活度，如海水膨润土钻井液、饱和盐水—聚合物（黄原胶）钻井液、KCl 和 NaCl—聚合物（PHPA，黄原胶）钻井液、有机酸盐钻井液和钙基钻井液（石灰、石膏）等。

（4）降低毛管压力。如果页岩亲水，毛管压力是水基钻井液渗入页岩的助力，降低毛管压力有助于抑制水渗入页岩孔喉、微裂缝，稳定井壁。对于给定半径的页岩孔喉，通过表面活性剂减小界面张力或增大接触角能够降低毛管压力。如果页岩疏水，毛管压力是水基钻井液进入页岩的阻力，滤液难以渗入页岩。

（5）持续检测和控制钻井液性能。随着钻井液的循环和与页岩地层及钻屑的相互作用，钻井液成分会持续改变。只有持续检测性能、维持各种添加剂浓度和做好现场性能的及时维护处理，才能够达到理想的效果。

2. 页岩气水基钻井液体系实例

1）斯伦贝谢 M-I 公司页岩气水基钻井液体系

斯伦贝谢 M-I 公司研制了多种适用于页岩气水平井的环保型高性能水基钻井液体系，包括 ULTRADRIL 体系、KLA-SHIELD 体系和 HydraGlyde 体系等。ULTRADRIL 体系主要使用了页岩稳定剂 ULTRAHIB、聚合物包被剂 ULTRACAP 和钻速增效剂 ULTRAFREE 3 种主剂，能够提供良好的抑制性、润滑性、井眼净化能力和高机械钻速，其无毒性使钻井作业产生的钻屑可直接排放，完钻后钻井液可回收使用，大大降低了钻井成本，已成功用于环境敏感地区的高活性页岩钻井。KLA-SHIELD 体系主要使用了液体聚胺页岩抑制剂 KLA-STOP、聚合物包被抑制剂 IDCAPD、架桥剂 SAFE-CARB、LOTORQ 和 LUBE-776 两种润滑剂等，已成功用于北美 Alaska 区块页岩钻井。HydraGlyde 体系主要由低分子量聚合物包被剂 HydraCap、胺基页岩抑制剂 HydraHib 和钻速改进剂 HydraSpeed 组成，在得克萨斯州的 Wolfcamp 页岩区应用，可提高钻速 21%，降低摩阻 22%。此外，斯伦贝谢 M-I 公司还根据 Marcellus 页岩特性，对商品纳米 SiO_2 颗粒进行改性研制了新型纳米封堵剂，颗粒尺寸在 5～100nm 间可调，并形成了配套的新型水基钻井液体系。该体系主要由改性黄原胶提切剂、聚合物降滤失剂、合成树脂、聚合醇混合物、特定的润滑剂及改性纳米 SiO_2 封堵剂组成。与盐水相比，淡水在加入纳米 SiO_2 封堵剂的条件下，页岩渗透率降低达 97.2%，纳米封堵剂颗粒尺寸与页岩孔喉相匹配，对于较大尺寸孔喉，可以通过堆积对其形成有效封堵。

2）哈里伯顿公司页岩气水基钻井液体系

哈里伯顿公司开发了 EZ-MUD GOLD 体系，主要通过 KCl、NaCl 和乙二醇类处理剂 GEM™ 的协同作用来增强对页岩的抑制性，适用于高活性页岩、易卡钻泥包地层，已成功应用于页岩气水平井钻井。针对 Haynesville、Fayetteville、Barnett 页岩气田，哈里伯顿公司通过对各区块页岩特征分析，设计了专用的水基钻井液体系并成功应用，分别为 SHALEDRIL H、SHALEDRIL F、SHALEDRIL B，见表 26-2。3 种体系分别成功应用于路易斯安那州的 Haynesville、阿肯色州的 Fayetteville 和得克萨斯州的 Barnett 页岩气产区，能够有效抑制页岩水化膨胀，保持井壁稳定，取得了良好的应用效果。

表 26-2　哈里伯顿公司在三大页岩气产区的水基钻井液体系设计

页岩气产区	岩石成分	特点	目标	主要添加剂
Haynesville	黏土、碳酸盐、黄铁矿及石英	黏土以伊利石为主，易水化；CO_2 入侵	提高体系热稳定性，抑制黏土水化	表面活性剂、高温降黏剂、分散剂、降滤失剂、页岩稳定剂、缓冲剂（抗 CO_2 污染）
Fayetteville	黏土及石英	黏土主要为蒙脱石、绿泥石灰层，裂缝发育	封住裂缝，防止井壁失稳	硅酸盐、碘化沥青、聚合物
Barnett	黏土及石英	黏土主要为伊利石、伊/蒙混层，易水化、膨胀	抑制黏土水化、膨胀，提高井壁稳定	钾离子、聚合物、硅酸盐、碘化沥青

3）贝克休斯公司页岩气水基钻井液体系

贝克休斯公司开发了专用于页岩气储层的 PERFORMAX 水基钻井液，主要由成膜封堵剂 MAX-SHIELD、稳定剂 MAX-PLEX、抑制剂 MAXGUARD、聚合物包被剂 NEW-DRILL 和防泥包剂 PENETREX 组成。该体系主要是把聚合醇的浊点和铝的化合作用相结合，极大地提高了水基钻井液的抑制性，对页岩孔隙和微裂缝具有有效的封堵作用，有助于提高机械钻速。针对页岩气大位移水平井钻井，专门开发了一种高性能页岩气水基钻井液 LATIDRILL，采用一种特殊的井壁稳定剂，在物理性能上保证井壁的完整性和抑制页岩水化膨胀；采用一种特殊的润滑剂来降低摩阻和提高钻速，通过降低钻井液柱压力与孔隙压力差值，将钻井液漏失降至最低甚至为零，表现出可与油基钻井液相媲美的性能和成本效益，且具有更好的环境友好性。LATIDRILL 钻井液在 Eagle Ford 页岩气田水平井应用情况见表 26-3。

表 26-3　贝克休斯公司 LATIDRILL 钻井液在 Eagle Ford 页岩气田水平井应用情况

应用井段	一开井段	二开增斜稳斜段	二开水平段
井深，m	0～575.61	575.61～1931.71	1931.71～4876.22
套管尺寸，mm	244.5	139.7	139.7
井径，mm	311.1	200.0	200.0
钻井液密度，g/cm^3	1.02～1.10	1.17～1.32	1.32～1.44
塑性黏度，mPa·s	4～9	10～15	15～20
动切力，Pa	4.78～7.18	6.70～7.66	6.70～8.62
API 失水，mL	—	6～5	<5
HTHP 失水，mL	—	—	14～17
pH 值	8～9.2	9～9.2	9～9.2
固相含量，%	6～7	5～6	6～7

水平段钻井液主体配方：重晶石（8201lbs）+ 润滑剂 ECCO-LUBE（330gal）+ 氧化褐煤 BIO-LOSE（1750lbs）+ 稀释剂 DRILL THIN（450lbs）+DRILL-ZAND（1000lbs）+ KOH（1000lbs）+ 堵漏剂 LD-9（10gal）+ 多功能添加剂 LATI-BASE（2000lbs）+ 稳定井壁润滑剂 LATI-MAGIC（60000lbs）+ 润滑提速剂 LATIRATE（2250gal）。堵漏材料：MIL-CARB（碳酸钙）、堵漏剂 CHEK-LOSS、片状碳酸钙 SOLUFLAKE、LCLUBE（石墨类）、LD-9/LD-8、柠檬酸钠、Black Magic SFT（碳酸锌）。LATIDRILL 钻井液可以有效防止页岩水化分散膨胀，防止井眼扩大，从而保证整个井筒的完整性。与油基钻井液相比，该水基体系产生的循环井底温度低，有利于提高井下钻井工具的可靠性和延长工具寿命，单口井钻井液费用在 19 万美元左右。

4）Newpark 公司页岩气水基钻井液体系

Newpark 公司研制了环保型高性能水基钻井液 Evolution 体系，获得第九届世界石油大奖的“最佳钻完井液和增产液体类大奖”、E&P“工程技术创新特别贡献奖”。其主要由高性能井眼稳定剂、纳米封堵剂、高效润滑剂、特殊提速剂、流变性能改良剂等组成。该体系无黏土，核心处理剂包括聚合物增黏剂 EvoVis、专有环保型润滑剂 EvoLube 和流型调节剂 EvoMod，已成功应用于北美密西西比河、Haynesville、Barnett 页岩气和加拿大页岩气区块，钻速和润滑性能与油基钻井液相当。针对 Haynesville、Cotton valley 及 Barnett 页岩气区，分别形成了 1.90～2.30g/cm^3、1.50～1.70g/cm^3、1.10～1.20g/cm^3 3 套高中低密度配方，已先后应用了 4000 余口井，最深井深 7753m、最长水平段 4300m、最高密度 2.40g/cm^3、最高温度 203℃。据文献 AADE-11-NTCE-39 报道，Evolution® 水基钻井液在 Haynesville 页岩气田水平井应用，造斜后机械钻速达 27.45～36.6m/h，水平段最大单日进尺 339m，页岩水平段钻进过程中没有出现坍塌等复杂，电测、下套管等一次到底，为安全快速钻井提供了有效保障。

三、实施效果分析

1. Haynesville 页岩气田水基钻井液应用

1）区块特征

Haynesville 页岩气田是北美最大的页岩气区块之一。该地区页岩为黑色富含有机质，在井温和地层压力等方面显著区别于其他北美的页岩气区块，埋深在 3234～4312m，井底温度接近 193℃，且地层含 CO_2，使用的钻井液密度高。

2）水基钻井液配方及性能

水基钻井液主体配方：清水 +2.85% 膨润土 +0.14%NaOH+（0.85%～1.14%）高温解

絮凝剂（起高温分散作用）+（0.57%～0.86%）表面活性剂（对高温钻井液性能有很好改善，起热稳定性作用）+1.43% 稀释剂（改性磺化单宁）+1.43% 页岩稳定剂（聚胺类处理剂）+0.57% 聚合物降滤失剂（纤维降失水剂）+0.43% 缓蚀剂（减少 CO_2 对钻具腐蚀作用）+（108.57%～140%）重晶石（加重到 1.86～2.10g/cm^3）。

选用 1.38MPa 的 CO_2 污染、12% 低密度固相污染和 204℃高温 48h 老化的方法评价了该配方钻井液高温老化后的流变参数，见表 26-4。1 号为 2.1g/cm^3 密度配方 65℃滚动 3h，49℃下采用范氏黏度计测量 3～600r/min 的读数；2 号为 2.1 g/cm^3 密度配方 65℃滚动 3h，204℃老化 48h，49℃下采用范氏黏度计测量 3～600r/min 的读数；3 号为 2.1g/cm^3 密度配方 +CO_2（1.38MPa 分压）65℃滚动 3h，204℃老化 48h，49℃下采用范氏黏度计测量 3～600r/min 的读数；4 号为 2.1g/cm^3 密度配方 +6% 低密度固相 65℃滚动 3h，204℃老化 48h，49℃下采用范氏黏度计测量 3～600r/min 的读数；5 号为 2.1g/cm^3 密度配方 +12% 低密度固相 65℃滚动 3h，204℃老化 48h，49℃下采用范氏黏度计测量 3～600r/min 的读数。其中，4 号和 5 号的低密度固相选用 Haynesville 露头和 Bossier 钻屑（D50 小于 10μm），以 1：1 比例混合。从表 26-4 可以看出，钻井液流变性能稳定。

表 26-4　Haynesville 页岩气田水基钻井液高温老化及抗污染性能

序号	流变系数						塑性黏度 mPa·s	动切力 Pa	静切力，Pa			API 失水 mL	HTHP 失水（204℃）mL	pH 值	剪切力 Pa
	600 r/min	300 r/min	200 r/min	100 r/min	6 r/min	3 r/min			10s	10 min	30 min				
1	122	67	47	27	5	3	55	6	5	7	9	4.0	—	10.5	—
2	85	48	34	19	4	3	37	5.5	4	5	6	4.4	20	9.1	37.5
3	89	47	32	18	3	2	42	2.5	3	5	7	5.0	20	8.7	47.5
4	116	67	49	29	6	4	49	9	6	7	8	4.6	18	9.0	45.0
5	182	108	80	49	12	9	74	19	10	16	18	3.4	16	8.9	67.5

模拟钻井液从井眼中流入、到达井底、井底静止和流出过程中温度及压力变化，测试以上 2.1g/cm^3 密度配方钻井液的高温高压流变性能，见表 26-5。可以看出，在不同温度和压力条件下，钻井液均未发生胶凝现象，体系具有较好的热稳定性。

选取 Haynesville 地区 Bossier 地层 5～10 目页岩钻屑，称取 30g，热滚后过 40 目筛网，钻井液分散性测试结果见表 26-6。可以看出，Haynesville 地区页岩钻屑在该水基钻井液体系中的回收率都在 98% 以上，该体系具有较强的抑制水化分散能力。

表 26-5 Haynesville 页岩气田水基钻井液高温高压流变性能

序号	条件	悬浮稳定性	流变系数					
			600r/min	300r/min	200r/min	100r/min	6r/min	3r/min
1	49℃，0MPa	12	146	85	63	40	11	11
2	93℃，35MPa	10	104	62	49	33	12	10
3	149℃，52.2MPa	12	84	51	42	31	13	12
4	204℃，70MPa	14	71	43	36	28	13	13
5	204℃，70MPa，24h	12	87	53	43	31	13	12
6	149℃，52.2MPa	10	97	60	48	34	12	11
7	93℃，35MPa	10	125	77	60	40	13	11
8	49℃，0MPa	10	169	102	78	50	15	12

表 26-6 Haynesville 页岩在不同密度水基钻井液中滚动回收率评价

序号	密度，g/cm^3	回收率，%
1	1.86	98.0
2	1.98	98.7
3	2.10	98.5

3）现场应用情况

以路易斯安那州 Boiser 页岩区块为例，从 3295.6m 开始，到 Haynesville 页岩底部的 5482.4m 井段进行了应用。由于复杂的井眼设计，水基钻井液在裸眼段浸泡 45d，CO_2 侵入（>800mg/L）对钻井液的流变性有轻微影响。在 CO_2 侵入量最高（脱气器不能正常工作）时，钻井液黏度增加，通过补充配方处理剂使其恢复正常性能。在井底温度大于 204℃时，机械钻速比邻井使用油基钻井液提高了 8.5%，现场钻井液性能见表 26-7。

表 26-7 Haynesville 页岩气田水平井水基钻井液性能

序号	井深 m	密度 g/cm^3	流变系数						塑性黏度 mPa·s	动切力 Pa	静切力，Pa			API 失水 mL	HTHP（204℃）失水 mL	pH 值
			600 r/min	300 r/min	200 r/min	100 r/min	6 r/min	3 r/min			10 s	10 min	30 min			
1	3832	1.80	101	60	45	30	8	7	41	9.5	3.5	6.5	8.0	5	16.2	10.4
2	4578	1.99	115	66	48	30	8	7	49	8.5	4.0	6.0	6.5	2	14.0	9.3

2. Fayetteville 页岩气田水基钻井液应用

1）区块特征

Fayetteville 页岩气田埋深在 1232～2464m，井底温度 49～104℃。虽然埋深浅、井温也不高，但该地区页岩地层水敏性很强，伊 / 蒙混层矿物比达 24%，油基钻井液是该地区最成功可靠的首选，目前有部分井应用了水基钻井液。

2）水基钻井液配方及性能

该地区试验应用的纳米硅醇封堵钻井液配方：清水 +1.42% 硅酸钾 +1.71% 磺化沥青 +2.29% 改性褐煤 +0.57% 聚阴离子纤维素 +0.57% 改性淀粉 +0.14% 黄原胶 +2.85% 架桥材料（纳微米封堵材料）+2.85% 乙二醇 +4.28% 重晶石（加重密度到 1.08g/cm^3）。

Fayetteville 页岩水基钻井液、清水和抑制性钻井液浸泡 24h 与未浸泡页岩对比结果如图 26-1 所示。与原始页岩相比，该页岩水基钻井液浸泡后会产生微裂隙，但与常规抑制性钻井液和清水浸泡结果对比，可以明显看出，该纳米硅醇封堵钻井液具有一定的裂缝愈合能力，裂隙开度仅几十微米。

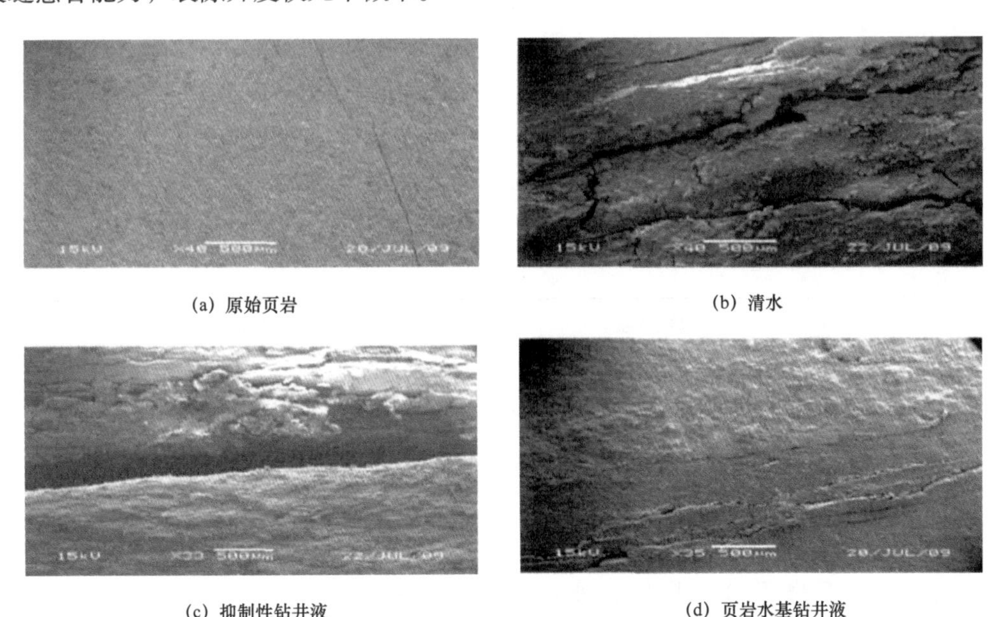

(a) 原始页岩　(b) 清水　(c) 抑制性钻井液　(d) 页岩水基钻井液

图 26-1　Fayetteville 原始页岩和三种流体浸泡 24h 后的微观结构

用 Fayetteville 地区易水化膨胀页岩进行了线性膨胀率测试，并与其他三种抑制性水基钻井液进行对比，结果如图 26-2 所示。从 70h 的线性膨胀率测试结果可以看出，在采用以上配方的页岩气水基钻井液介质条件下，Fayetteville 页岩几乎没有膨胀，而其他三种介质条件下，Fayetteville 页岩均存在比较明显的水化膨胀。

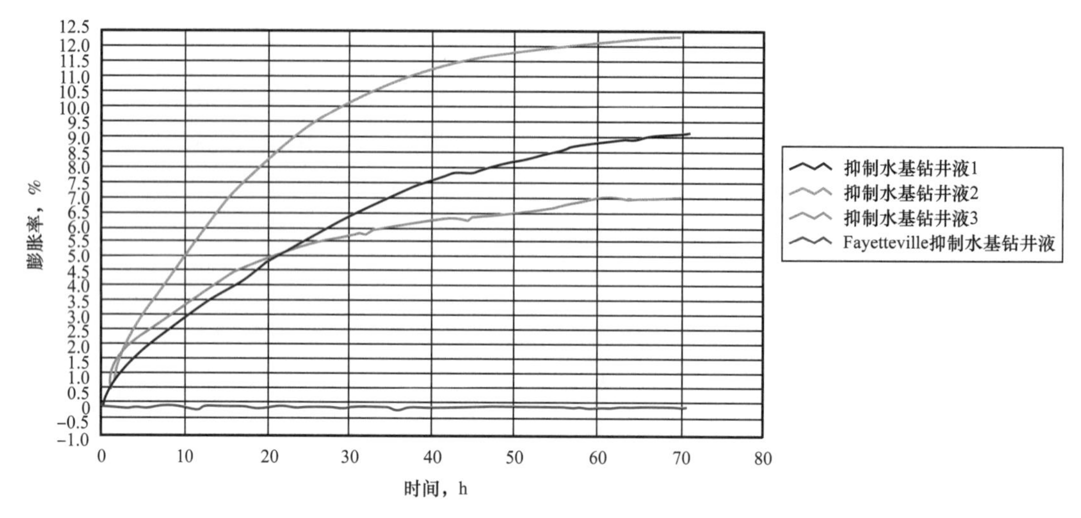

图 26-2　Fayetteville 页岩气田水基钻井液与其他三种钻井液的线性膨胀率对比结果

3）现场应用情况

以阿肯色州 Van Buren 页岩区块应用为例。该地区页岩极易剥落水化，导致高的低密度固相含量、扭矩和摩阻。以上适用于 Fayetteville 页岩的水基钻井液在 Fayetteville 地层 1078～3080m 进行了成功应用，滑动钻井机械钻速 9.2～15.4m/h，复合钻井机械钻速 30.8～77.0m/h。现场应用钻井液在 49℃条件下测试性能见表 26-8，塑性黏度为 21～22mPa·s，动切力为 17.5～19.0Pa，API 失水 4.8mL。

表 26-8　Fayetteville 页岩气田水平井水基钻井液现场性能

序号	井深 m	密度 g/cm³	流变系数						塑性黏度 mPa·s	动切力 Pa	静切力，Pa			失水 mL	pH值
			600 r/min	300 r/min	200 r/min	100 r/min	6 r/min	3 r/min			10s	10min	30min		
1	1774	1.08	77	56	47	36	10	9	21	17.5	4.5	6.0	7.0	4.8	10.7
2	2321	1.08	82	60	47	35	10	9	22	19	4.5	6.5	7.5	4.8	10.9

3. Barnett 页岩气田水基钻井液应用

1）区块特征

Barnett 地区位于 Fort Worth 盆地，覆盖得克萨斯州的 21 个县，被认为是北美页岩气产能增长贡献最大的地区。该地区储层埋深在 2156～3080m，井底温度 52～107℃，伊 / 蒙混层比高达 28%，页岩活性高，油基钻井液成为该地区首选，部分井应用了水基钻井液。

2）水基钻井液配方及性能

该地区应用的水基钻井液主体配方：清水 +（1.42%～2.84%）硅酸钠 +1.42% 磺化沥青 +1.71% 褐煤 +0.28% 聚阴离子纤维素 +0.28% 改性淀粉 +0.14% 黄原胶 +2.85% 架桥材料（纳微米封堵材料）+2.85% 乙二醇 +1.99% 润滑剂 +4.28% 重晶石（加重密度到 $1.08g/cm^3$）。Barnett 抑制性水基钻井液 1 中硅酸盐含量 1.42%，Barnett 抑制性水基钻井液 2 中硅酸盐含量 2.84%，流变性测试温度 27℃。与其他两种抑制性水基钻井液的对比性能测试结果见表 26-9。可以看出，钻井液流变性能良好，相对其他抑制性水基钻井液 1 和 2，Barnett 抑制性水基钻井液有较高的页岩回收率，通过抑制和化学封堵可有效控制黏土的分散。

表 26-9　Barnett 地区抑制性水基钻井液性能对比

序号	钻井液体系	密度 g/cm^3	流变系数				塑性黏度 mPa.s	动切力 Pa	静切力，Pa		API 失水 mL	页岩回收率 %
			600 r/min	300 r/min	6 r/min	3 r/min			10s	10min		
1	抑制性水基钻井液 1	1.08	75	45	7	5	30	7.5	2.5	4	3.6	62
2	抑制性水基钻井液 2	1.08	55	35	6	5	20	7.5	2.5	3	2.8	79
3	Barnett 抑制性水基钻井液 1	1.08	82	49	8	6	33	8	3	4	5	93
4	Barnett 抑制性水基钻井液 2	1.08	87	52	8	6	35	8.5	3	4	5.4	99

3）现场应用情况

以得克萨斯州的 Denton 县页岩区块应用为例。主要难点是页岩微裂隙导致的井眼失稳、高的低密度固相含量、扭矩和摩阻。水基钻井液应用井段 308～2772m，滑动钻井机械钻速为 7.4～24.6m/h，复合钻井机械钻速为 30.8～77.0m/h，现场应用钻井液性能见表 26-10（流变性测试温度 49℃），钻井液流变、失水性能均控制良好。

表 26-10　Barnett 页岩气田水基钻井液现场性能

序号	井深 m	密度 g/cm^3	流变系数						塑性黏度 mPa·s	动切力 Pa	静切力，Pa		API 失水 mL	pH 值
			600 r/min	300 r/min	200 r/min	100 r/min	6 r/min	3 r/min			10s	10min		
1	2147	1.09	61	41	32	22	9	7	20	10.5	4.5	12.5	6	11.2
2	2602	1.1	62	43	34	24	8	6	19	12	3.5	8	5.4	11.1

4. Eagle Ford 页岩气田水基钻井液应用

1）页岩地质特征及井身结构设计

Eagle Ford 页岩层是一套位于 Austin Chalk 之下、Buda 石灰岩之上的薄层灰质页岩，属于上白垩系。其主要岩性可划分为方解石（平均 45%）、石英（平均 10%）和黏土（平均 32%），黏土主要为伊利石（平均 39%）和高岭石（平均 36%），水化膨胀能力较弱，但实钻过程中易发生页岩剥落掉块导致井壁垮塌。该区域的钻井实践和井壁稳定经验表明，当 Eagle Ford 页岩方解石含量为 15% 或以上时，钻井液密度需控制在 1.32～1.44g/cm^3 之间；方解石含量小于 15% 时，钻井液密度需控制在 1.44～1.62g/cm^3 之间。该地区页岩油气的长期生产会形成由排空了的天然或诱导裂缝组成的衰竭区，导致后续钻井过程中易发生井漏。

主体采用两种典型的井身结构设计方案。一种是二开井身结构，表层套管下至 762～1677m 以有效封隔浅层水源，二开 ϕ215.9mm 井眼钻进直至目标深度；另一种是三开井身结构，表层套管设计同上，二开在完成造斜钻进 80°～90° 时下一层技术套管固井，此时技术套管可有效封隔 Austin Chalk 裂缝性漏失层，三开 ϕ155.6～171.5mm 钻头钻水平段至完钻。实际垂深约 2744～2896m，井深 4573～5488m，主要取决于水平井的定向水平段长度。

2）高性能盐水钻井液性能

在 Eagle Ford 页岩气田的许多地区，井漏经常是造成生产时间浪费和成本增加的一个主要原因。水平井钻井过程中，在钻遇 Eagle Ford 上方的 Austin Chalk 地层时经常会发生比较严重的井漏问题，油基钻井液的漏失会导致生产成本和非生产时间大幅增加，且适用于油基钻井液的防漏堵漏材料种类少。针对目标区域地层特征，通过优选高效配套处理剂和配伍性实验，完善构建了适用于 Eagle Ford 页岩气田漏失井的高性能盐水钻井液体系（以下简称 HPBDF）。该体系主体由性能强化剂、流体调节剂、流体稳定剂、黄原胶、低黏 PAC、氯化物（NaCl）及淀粉类材料组成，具备与柴油基钻井液（DOBF）类似的性能，同时兼具在处理井漏时的经济、廉价特性。多口井的应用证明了 HPBDF 钻井液在发生井漏或者井漏不能轻易补救的情况下，该钻井液都可以很好地替代 DOBF 钻井液。

表 26-11 给出了采用 ϕ250.8mm 井眼钻进 Austin Chalk 裂缝性漏失层时该盐水钻井液体系的各项性能参数。该层位钻进时钻井液密度维持在较低范围非常重要，有利于提高机械钻速并避免形成较厚的滤饼。

表 26-11　钻进 Austin Chalk 裂缝性漏失层时的高性能盐水钻井液性能

主要参数	性能指标
井眼尺寸，mm	250.8
垂直深度，m	1037～2866
钻井液密度，g/cm^3	1.14～1.20
塑性黏度，mPa·s	8～18
API 失水，mL/30min	6～8
盐度，mg/L	70000～80000
pH 值	8～9
固相含量，%	<8
摩擦系数	0.08～0.15

表 26-12 给出了采用 ϕ222.3mm 井眼钻进定向和水平段时该盐水钻井液体系的各项性能参数。该层位钻进时盐浓度体系盐矿化度高，只需混合少量的几种组分就能快速配制所需的盐水钻井液，性能维护简单。与表 26-11 给出的钻进漏失层钻井液性能相比，水平段钻井液密度、体系盐浓度更高，摩阻系数、失水控制更低，同时屈服值更高，有利于水平段的携岩和润滑防卡。

表 26-12　钻进水平段时高性能盐水钻井液性能

主要参数	性能指标
井眼尺寸，mm	222.3
垂直深度，m	2927～5030
钻井液密度，g/cm^3	1.29～1.32
塑性黏度，mPa·s	15～35
API 失水，mL/30min	<6
盐度，mg/L	150000～170000
pH 值	9～9.5
固相含量，%	<8
摩擦系数	0.05～0.1

3）现场应用情况

（1）Newtonville 北部地区 5H 井。

5H 井采用二开井身结构，钻井过程中开始使用柴油基钻井液，ϕ222.3mm 井眼钻进至2753m时，发现井涌，密度提高到1.32g/cm³后继续钻进，钻至2880m时，钻井液全部漏失，随后进行起钻作业，并下放开口钻头和钻铤对井漏进行处理。首先用堵漏剂（LCM）作为前置液，随后注入1.20g/cm³的盐水钻井液进行循环，此时可见少量返出液；之后又两次注入堵漏剂（LCM）进行循环，并进行了一次洗井作业；最后用1.260g/cm³的钻井液继续钻井作业，一直钻至2984m时没有再发生井漏。后采用高性能盐水钻井液（HPBDF）进行后续钻井作业钻至4559m。该井的全部钻井液费用为65.6万美元，其中包括漏失的318m³油基钻井液费用，在处理井漏的3d时间里累计漏失了433m³钻井液。

（2）Newtonville北部地区6H井和7H井。

在先期试验的基础上，为了降低成本和减少漏失处理费用，6H井和7H井均从表层井段开始就使用高性能盐水钻井液（HPBDF），两口井均为二开井身结构。6H井ϕ244.5mm表层套管下深1027m，二开ϕ222.3mm井眼完钻井深4809m、垂深2846m。该井在Austin Chalk地层钻进时发生漏失，通过定向工具注入堵漏剂（LCM）后有效减缓了漏失和钻井液损失，累计漏失水基钻井液126m³，固井胶结情况良好。7H井ϕ244.5mm表层套管下深1024m，二开ϕ222.3mm井眼完钻井深4832m、垂深2861m，该井在Austin Chalk层位也发生了漏失，采取了相同的漏失处理措施，累计漏失水基钻井液199m³。

（3）Newtonville东部地区1H井。

1H井全井段均采用高性能盐水钻井液（HPBDF），表层套管下深1029m，该井仅用了21d就钻至井深5047m、垂深3046m。随后进行了钻机作业维修，之后在返排冲洗过程中一个铰刀总成落入井眼，打捞失败后被迫在2577m位置侧钻，10d侧钻至井深5009m、垂深3042m，固井胶结情况良好。该井通过HPBDF钻井液及配套LCM堵漏措施的有效应用，在打捞、侧钻等过程中，长时间仍然有效保持了井壁稳定，未发生任何遇阻卡复杂情况，钻井液漏失量相比前几口井最少，累计漏失水基钻井液119m³。

（4）Newtonville东部地区8H井和4H井。

8H井和4H井由于所处区域漏失更严重，设计采用三开井身结构，为Austin Chalk地层严重漏失时可以使用技术套管封隔创造条件。虽然井眼尺寸增大后对提高钻速不利，但通过高效钻头和底部钻具组合（BHA）优化设计可实现有效提速。8H井ϕ273.1mm表层套管下深1043m，二开ϕ250.8mm井眼钻至2918m，定向井段改用ϕ222.3mm井眼钻进至井深4915m、垂深2822m，采取了相同的漏失处理措施，累计漏失水基钻井液252m³，固井胶结情况良好。4H井ϕ273.1mm表层套管下深700m，二开ϕ250.8mm井眼钻至2991m，定向井段改用ϕ222.3mm井眼钻进至井深4874m、垂深

2809m，整个钻进过程中几乎没有水基钻井液漏失，固井胶结情况良好。

（5）Newtonville 北部地区 1H 井。

1H 井是这一地区的最后一口井，也是井漏最严重的井。其采用三开井身结构，ϕ273.1mm 表层套管下深 1037m，二开 ϕ250.8mm 井眼钻至 2938m，定向井段改用 ϕ222.3mm 井眼钻进至井深 4191m 时遇到了一个断层，钻井液全部漏失，损失了 2604m^3 钻井液之后才被堵上。于是更改计划进行侧钻，最后完钻井深 4146m、垂深 2817m。该井的水基钻井液费用高达 46.2 万美元，其井漏情况与以往不同，主要是由与断层系统相关的断裂带引发的漏失，而先前的井漏通常发生在钻井的垂直井段或者定向早期阶段。

案例 27　长宁页岩气田水平井水基钻井液技术措施

本案例介绍了一种适用于长宁地区页岩特征的强抑制高密度水基钻井液，包括强抑制剂、可变形封堵防塌剂、高效润滑剂等 3 种核心处理剂和高密度钻井液性能及在长宁地区的首次现场试验效果。

一、案例背景

针对长宁地区页岩气水平井，目前已形成了成熟适用的油基钻井液系列技术，有效地解决了高密度长水平段条件下的井壁垮塌、润滑防卡、井眼清洁等难题。但随着新环保法的颁布、环保观念的增强以及降低钻井成本的压力，亟需在长宁页岩气示范区研发并应用可有效替代高密度油基钻井液的高性能水基钻井液技术。

二、降本增效措施

1. 核心处理剂研发

1）强抑制剂

研发出的适用于长宁地区页岩的强抑制剂 CQ-SIA，为低分子量的合成有机聚合物，呈浅棕色黏稠状液体。该高效抑制剂用量很少但抑制能力很强，其性能评价结果如图 27-1 和表 27-1 所示。热滚条件为 100℃、24h，热滚前后岩屑均为 20 目筛网的筛余烘干量。

(a) 龙马溪组岩屑　(b) 岩屑+1%CQ-SIA 100℃热滚24h　(c) 岩屑+2%CQ-SIA 100℃热滚24h

图 27-1　长宁龙马溪组页岩在不同浓度抑制剂溶液热滚后的颗粒实物图

表 27-1　长宁龙马溪组页岩岩屑在几种抑制剂溶液中的滚动回收率评价结果

序号	溶液	起始岩屑量，g	热滚后筛余量，g	滚后回收率
1	清水	50	17.2	34.4%
2	清水 +30%KCOOH	50	27.6	55.2%
3	清水 +5%PEG 聚合醇	50	26.5	53.0%
4	清水 +7%KCL	50	24.3	48.6%
5	清水 +0.5%KPAM	50	35.7	71.4%
6	清水 +1%CQ-SIA	50	50	100.0%
7	清水 +2%CQ-SIA	50	52	104.0%

由性能评价结果可以得出如下认识：

（1）如图 29-1（b）所示，龙马溪组黑色页岩岩屑在浓度为 1% 的抑制剂 CQ-SIA 溶液中，其回收率高达 100%，岩屑基本保持原状，既没有分散变小，也没有聚结变大，热滚后水溶液清澈透明。页岩岩屑在清水中的热滚回收率仅 34.4%，在其他几种常用抑制剂溶液中回收率基本为 50%～70%，远低于在 CQ-SIA 溶液中的热滚回收率。

（2）如图 29-1（c）所示，同样的岩屑在浓度为 2% 的抑制剂 CQ-SIA 溶液中，其回收率达 104%，岩屑全部聚结变大呈圆形颗粒状，且坚硬结实，即岩屑毫无分散，并且抑制剂吸附在岩屑上导致岩屑重量增加，热滚后的水溶液清澈透明。鉴于该处理剂吸附抑制能力太强，现场实际应用中需严格控制使用浓度不超过 1%，以免岩屑在环空中相互聚结变大而造成井下复杂。

2）可变形封堵防塌剂

研发适用于长宁地区页岩的可变形封堵防塌剂 CQ-DEF，是一种合成高分子有机聚合物，呈悬浮状液体，不溶于水和油，耐酸碱腐蚀，颗粒粒径范围在 0.05～2.00μm 之间。其不同于常用的沥青类和多级粒子超细碳酸钙类封堵防塌剂，在井底温度和压力作用下，可根据页岩微裂缝的形状而改变自身的形状，从而达到良好的封堵防塌效果。可变形封堵防塌剂 CQ-DEF 与磺化沥青和超细碳酸钙的岩心渗透率实验数据见表 27-2。岩心渗透率测试条件为驱替压差 3.5MPa，围压 5MPa，恒温 100℃。可以看出，在相同实验条件下，CQ-DEF 具有良好的封堵能力，岩心渗透率大幅降低。

通过室内实验测试了可变形封堵防塌剂 CQ-DEF 在水基钻井液体系中的降滤失能力和滤饼质量，进一步反映出它对井壁的封堵防塌能力，结果见表 27-3。1 号钻井液配方：4% 膨润土 +0.1%NaOH+0.5%PAC-LV+0.15%KPAM+3%SMP-2+3%RSTF+ 重晶石，加重至密度 1.5g/cm^3。可以看出，加入 2% 可变形封堵防塌剂 CQ-DEF 后，API 失水和 HTHP

失水量均明显降低，且滤饼质量薄而韧，相对于常用沥青类和超细碳酸钙类封堵防塌剂，CQ-DEF 显现出更好的封堵防塌能力。

表 27-2 可变形封堵防塌剂 CQ-DEF 与其他封堵剂的封堵能力对比

序号	驱替流体	渗透率，mD
1	饱和氯化钠盐水	0.75
2	饱和氯化钠盐水 +0.5%PAC-LV+2% 超细钙（800 目）	0.56
3	饱和氯化钠盐水 +0.5%PAC-LV+2% 磺化沥青	0.45
4	饱和氯化钠盐水 +0.5%PAC-LV+2%CQ-DEF	0.24

表 27-3 可变形封堵防塌剂 CQ-DEF 降滤失能力与滤饼质量分析

序号	实验配方	API 失水 mL	滤饼 mm	120℃ HTHP		滤饼质量
				失水，mL	滤饼，mm	
1	1 号钻井液	3.6	0.6	9.8	1.5	较厚，韧性差
2	1 号钻井液 +2% 磺化沥青	2.6	0.4	7.6	1.0	较薄，韧性差
3	1 号钻井液 +2% 超细钙（800 目）	3.0	0.6	9.2	1.5	较厚，韧性差
4	1 号钻井液 +2%CQ-DEF	2.0	0.2	5.6	0.6	薄而韧

3）高效润滑剂

研发适用于长宁地区页岩气水平井使用的高效润滑剂 CQ-LSA，是多种植物油与表面活性剂的混合物，浅黄色黏稠状液体。其不同于普通的沥青类和矿物油类润滑剂，具有用量少、吸附膜厚、润滑效率高和持续时间长等优点。CQ-LSA 与普通润滑剂改善润滑的对比实验结果见表 27-4，1 号钻井液配方同上。可以看出，CQ-LSA 的润滑效果明显优于普通常用的润滑剂。

表 27-4 高效润滑剂与常用润滑剂的润滑效果对比

序号	实验配方	滑块摩擦系数
1	1 号钻井液	0.1317
2	1 号钻井液 +5%FK-10	0.0875
3	1 号钻井液 +5%RH-220	0.0963
4	1 号钻井液 +3%CQ-LSA	0.0524
5	1 号钻井液 +5%CQ-LSA	0.0349

2. 钻井液体系性能

在以上 3 种核心处理剂研发的基础上，优选其他处理剂，通过配伍性实验，完善体系配方，最终形成了一套适用于长宁页岩气田水平井的高密度水基钻井液体系，性能评价结果见表 27–5（测定温度 50℃）。可以看出，高密度条件下性能优良，流变性好，表观黏度、动切力和初终切力均适中，API 中压失水和高温高压失水量低，润滑性好，滑块摩擦系数小于 0.05，可满足长宁地区水平段高密度钻井液性能需要。

表 27–5　适用于长宁地区页岩气高密度水基钻井液室内测试性能参数

序号	密度 g/cm^3	表观黏度 mPa·s	塑性黏度 mPa·s	动切力 Pa	初切力 Pa	终切力 Pa	API 失水 mL	滤饼 mm	pH 值	120℃ HTHP 失水，mL	膨润土含量 g/L	摩擦系数
1	2.0	44	37	7	2.5	10	1.2	0.2	9	3.8	15	0.0437
2	2.2	48	40	8	3.0	13	1.0	0.2	9	3.6	10	0.0437

三、实施效果分析

中国石油集团川庆钻探工程有限公司钻采工程技术研究院研发的强抑制高密度水基钻井液，在长宁 × 井进行了首次现场试验并获得成功。在水平段钻进过程中，该钻井液性能稳定、维护处理简单、适应性强，为优质安全快速钻井提供了强有力的技术支撑。

1）实钻工程参数及井眼轨迹

四开井段主要实钻工程参数及井眼轨迹数据见表 27–6。四开井段应用效果良好：一是钻井顺利，没有出现掉块、垮塌、黏卡、井漏等复杂情况；二是钻时快，井眼规则，扭矩小，泵压低；三是起下钻和通井顺畅，摩阻小，仅在井深 3700～3750m 轨迹拐点处需轻微拉划通过，此处最大狗腿度达 14.3°/30m；四是电测一次成功，下套管固井作业顺利。

表 27–6　长宁 X 井四开井段主要实钻工程参数及井眼轨迹数据

地质工程参数		井眼轨迹数据	
产层段层位	龙马溪组	井深，m	5350
产层段岩性	页岩	四开裸眼段长，m	3079
钻压，kN	60～100	垂深，m	3000～3200
转速，r/min	60～90	水平段长，m	1500
排量，L/s	30～32	水平位移，m	2284

续表

地质工程参数		井眼轨迹数据	
扭矩，kN·m	13～18	最大井斜角，(°)	104
泵压，MPa	18～22	水平段平均井斜角，(°)	99
起钻最大摩阻，kN	≤ 200	最大狗腿度，(°) /30m	14.3
下钻最大摩阻，kN	≤ 150	平均井径扩大率	6%

2）实钻钻井液性能

四开井段页岩地层钻进过程中的性能见表 27-7，高密度钻井液性能稳定，流变性好，黏切适中，滤失量低，润滑性好。

表 27-7　长宁 X 井四开井段高密度水基钻井液实钻性能参数

井深	密度 g/cm^3	漏斗黏度 s	塑性黏度 mPa·s	动切力 Pa	初切力 Pa	终切力 Pa	API 失水 mL	滤饼 mm	100℃ HTHP 失水 mL	膨润土含量 g/L	摩擦系数
A 点 3850m	2.03	55	44	8	1.5	11	0.8	0.2	3.4	14	0.05
B 点 5350m	2.03	58	43	9	1.5	12	0.5	0.2	3.0	15	0.05

3）与邻井实钻效果对比

与邻井油基钻井液应用效果对比数据见表 27-8 和表 27-9。

表 27-8　长宁 X 井页岩气水基钻井液与邻井油基钻井液实钻性能对比

井号	钻井液体系	密度 g/cm^3	漏斗黏度 s	塑性黏度 mPa·s	动切力 Pa	初切力 Pa	终切力 Pa	API 失水 mL	滤饼 mm	100℃ HTHP 失水，mL	摩擦系数
长宁 X 井	水基	2.00～2.05	50～60	44～58	6～12	1～3	5～12	0.5～1.0	0.2	2.4～4.4	≤ 0.05
邻井	油基	1.95～2.13	60～80	50～65	7～15	1～4	6～15	0.2～0.8	0.2	1.8～3.8	≤ 0.05

表 27-9　长宁 X 井页岩气水基钻井液与邻井油基钻井液应用效果对比

井号	井深 m	水平段长 m	最大井斜 (°)	最大狗腿度 (°) /30m	排量 L/s	泵压 MPa	起下钻摩阻 kN	井下复杂
长宁 X 井	5350	1500	104	14.3	30～32	18～22	≤ 200	无垮塌，很少划眼
邻井	4800～5300	1500	96～101	8.0～10.0	28～34	20～25	≤ 250	无垮塌，很少划眼

可以看出，该页岩气水基钻井液的性能与油基钻井液性能相当，实钻应用效果与油基钻井液不相上下，在环保和成本方面更优于油基钻井液。该高密度水基钻井液应用过程中展现出以下几个优良特性：

（1）优良抑制能力。该钻井液从四开开钻至井深 5350m 完钻过程中，体系中的膨润土含量始终维持在 14～15g/L，低密度固相含量始终维持在 6%～8%，振动筛返出岩屑成型好，没有明显分散现象。另外，用激光粒度仪对该钻井液进行粒度分析，考察实钻过程中钻井液体系内的微细颗粒变化情况。测试结果表明，从井深水平段 A 点至 B 点，钻井液体系中的微粒粒径变化很小，A 点井深处钻井液中微细颗粒粒径分析结果为 D10=1.1μm、D50=5.1μm、D90=9.0μm，B 点井深处钻井液中微细颗粒粒径分析结果为 D10=1.15μm、D50=4.9μm、D90=9.5μm，证明没有出现岩屑分散现象，具有强抑制能力。

（2）强封堵与优质滤饼。API 中压失水和高温高压失水均低，实钻过程中没有出现掉块、垮塌、黏卡现象，具有强封堵防塌能力，滤饼薄且具有良好韧性和润滑性，护壁功能强。

（3）优良润滑和流变性。长水平段的深井实钻过程中起下钻通畅，摩阻小，电测和下套管顺利。该钻井液具有良好的携砂能力，水平段无岩屑床，流变性能稳定。钻进和通井过程中扭矩小、泵压低、启动泵压低无蹩泵现象，下钻到底循环时钻井液过筛正常，无跑筛现象，流态良好，无气泡，日常维护处理简单。

案例 28　长宁—威远页岩气田水平井白油基钻井液技术措施

本案例介绍了长宁—威远页岩气田水平井高密度白油基钻井液（DEH）体系配方和基本性能、高温沉降稳定性、抑制封堵及抗污染性能，并列举了现场应用主体技术措施及效果。

一、案例背景

四川盆地长宁—威远页岩气田目的层龙马溪组上部主要为绿灰色泥岩、页岩夹泥质粉砂岩，下部为灰色、深灰色、灰黑色、黑色页岩，底部为深灰褐色生物石灰岩。该地区水平井水平段以油基钻井液为主，但在实际应用过程中还存在高温破乳、流变性能不易控制、封堵效果不佳、环保安全等问题。面临的主要技术难点：（1）为有效维持井壁稳定，长宁—威远地区水平段钻井液密度普遍为 2.15～2.30g/cm^3，高密度条件下油基钻井液乳化稳定性不易控制，重晶石易沉降，日常性能维护难度大。（2）使用油基钻井液可较好地解决龙马溪组页岩水平段井壁稳定问题，但适用于油基钻井液体系的封堵材料较少，在封堵效果不好的情况下，油基钻井液中的水侵入地层后同样存在井壁垮塌问题。（3）水平段一般在 1500m 以上，小井眼环空间隙小，泵压高，排量受限，加上岩屑自身的重力效应易形成岩屑床，引起井下出现复杂情况，对高密度条件下的流变性能控制要求高。（4）该地区均配套了废弃油基钻井液无害化工艺，油基钻屑采取甩干、高温热解和萃取等方法进行处理，常用的柴油沸点低，高温作用下挥发的芳香烃多，对环境影响大。

针对以上技术难点，需要对高密度油基钻井液体系配方和性能进行持续改进和升级优化。

二、降本增效措施

1. 钻井液配方和基本性能

中国石油集团川庆钻探工程有限公司在研发三合一乳化剂 CQMO、降滤失剂、封堵剂等材料的基础上，以白油作为基础油，形成了适用于长宁—威远页岩气田水平井的环保型高密度白油基钻井液（DEH 油基钻井液），其配方为：白油 +4% 三合一乳化剂

CQMO+4%CaO+3% 降滤失剂 +30%$CaCl_2$ 水溶液（质量体积比为 25%）+2% 可变形封堵剂 A+2% 刚性封堵剂 B+ 重晶石。

室内配制密度为 2.20g/cm³ 的 DEH 油基钻井液，50℃测定钻井液的基本性能结果见表 28–1。DEH 油基钻井液在老化前后流变性能良好，高温高压失水低，老化后动塑比为 0.25Pa/（mPa·s），可以满足水平井携砂的需要，破乳电压大于 400V，乳化稳定性较好。

表 28–1　DEH 高密度白油基钻井液基本性能

试样	密度 g/cm³	塑性黏度 mPa·s	动切力 Pa	初切力 Pa	终切力 Pa	ϕ_6/ϕ_3	动塑比 Pa/(mPa·s)	破乳电压 V	油水比	HTHP 失水 mL
老化前	2.20	40	8	2	5	5/4	0.20	400	65∶35	3.5
老化 24h 后	2.20	44	11	3	7	6/5	0.25	620	65∶35	2.0

2. 钻井液主要性能指标

1）高温沉降稳定性

将高温滚子炉倒立，装入 400mL 的 DEH 油基钻井液。加热至 130℃，不滚动，模拟钻井液在井筒内静止状态，实验结果见表 28–2。DEH 油基钻井液在 130℃下静止 72h 后，罐底没有沉淀，罐里钻井液上下密度差小（0.03g/cm³），析出油比率低（2.75%）。说明该高密度白油基钻井液具有很好的高温沉降稳定性。

表 28–2　DEH 高密度白油基钻井液高温沉降稳定性

静止时间，h	罐底有无沉淀	罐里钻井液上下密度差，g/cm³	析出油量，mL	析出油比率
24	无	0	0	0
48	无	0.01	5	1.25%
72	无	0.03	11	2.75%

2）抑制性能

分别选用长宁—威远区块页岩岩屑，按 SY/T 6335—1997《钻井液用页岩抑制剂评价方法》测试岩屑在 DEH 钻井液和清水中的回收率（130℃下热滚 24h）和膨胀率（100℃下浸泡 16h），评价结果见表 28–3。两个区块的页岩岩屑在 DEH 油基钻井液中的回收率分别为 98.4% 和 96.5%，膨胀率仅 0.4%。说明该高密度白油基钻井液具有强抑制性能，可有效抑制长宁—威远地区页岩的水化分散和膨胀。

表 28-3　DEH 高密度白油基钻井液的抑制性能评价结果

区块	岩屑回收率		膨胀率	
	DEH 油基钻井液	清水	DEH 油基钻井液	清水
长宁	98.4%	65.4%	0.4%	9.2%
威远	96.5%	63.5%	0.4%	10.1%

3）封堵性能

DEH 油基钻井液选用两种封堵材料，分别是可塑性变形的封堵材料 A 和刚性封堵材料 B，通过 GGS71-A 型高温高压滤失仪对封堵性能进行评价。实验用砂床的底部为粒径 0.25～0.48mm 的岩屑，底部高 6cm；上部为粒径 0.08～0.15mm 的岩屑粉，上部高 6cm。加入 400mL 钻井液，分别测定在压差 3.0MPa 和 4.5MPa 下 130℃高温高压滤失量，评价结果见表 28-4。单独使用封堵材料 A 的效果好于单独使用封堵材料 B，两种材料复配使用具有协同增效作用，封堵效果好，130℃高温高压滤失量为 0。说明该高密度白油基钻井液具有强封堵性能。

表 28-4　DEH 高密度白油基钻井液的封堵性能评价结果

封堵剂加量	HTHP 失水，mL	
	3.0MPa × 130℃	4.5MPa × 130℃
0	8.4	14.6
2%A	5.4	8.2
4%A	3.8	7.4
2%B	6.4	10.2
4%B	5.8	9.4
1%A + 1%B	2.2	3.0
2%A + 2%B	0	0

4）抗污染性能

长宁—威远区块页岩地层含盐量和含水量都很低，钻屑是钻井液最主要的污染源。为此进行了钻屑污染实验，钻井液中加入一定量的钻屑后在 130℃下老化 24h 后的性能评价结果见表 28-5。钻屑加量达到 12% 时，塑性黏度、动切力有较大幅度升高。钻屑加量小于 9% 时，各项性能均很稳定。该高密度白油基钻井液抗钻屑污染能力可有效满足现场安全钻进需求。

表 28-5　DEH 高密度白油基钻井液的抗污染性能评价结果

钻屑加量	塑性黏度 mPa·s	动切力 Pa	初切力 Pa	终切力 Pa	ϕ_6/ϕ_3	破乳电压 V	130℃ HTHP 失水，mL
0	44	11	3.0	7.0	6/5	620	2.0
3%	45	12	3.0	7.0	6/5	720	2.0
6%	48	12	3.5	8.0	7/5	664	1.6
9%	50	13	4.0	9.0	8/6	724	1.6
12%	70	17	5.0	15.0	11/9	760	1.6

三、实施效果分析

在形成适用于长宁—威远页岩气田水平井高密度白油基钻井液体系配方的基础上，围绕该地区井壁失稳、高密度下性能控制、井眼净化和环保安全等难题，制订了现场应用过程中的主体技术措施，主要有以下 4 个方面：

（1）保持适当的钻井液密度以平衡地层坍塌压力，采取刚性封堵材料和塑性变形封堵材料相结合的方法，强化钻井液的封堵能力，保持油基钻井液的活度低于地层的活度，进一步防止地层吸水膨胀失稳。

（2）使用三合一乳化剂 CQMO 并维持有效的含量，以保证高密度高温下的乳化稳定性。根据现场情况及时调整各项性能参数在合理范围，强化固控设备使用，振动筛和除砂器使用率 100%，离心机的使用率不低于 50%。

（3）维持钻井液具有较高的低剪切速率黏度和终切力以有效提高水平段的携岩能力，控制 $\phi 6$ 在 6～11、终切力在 10～20Pa。同时钻井工艺上强化短起下，接立柱时多拉划井壁，通过机械法破坏岩屑床。

（4）完井后留下的油基钻井液 100% 回用。油基钻屑进行无害化处理后使含油量小于 2%，由于白油的沸点比柴油高，高温下挥发出的芳香烃量少，对环境影响较小。

截至 2016 年 5 月，中国石油集团川庆钻探工程有限公司已在长宁—威远页岩气田采用 DEH 高密度白油基钻井液完成了 36 口井施工。钻进过程中高密度钻井液性能稳定，井下安全，有效解决了长宁—威远页岩气田水平井井壁失稳、井眼净化难和摩阻大等难题，为长宁—威远页岩气田的优快钻井提供了有效的安全保障。以威 204H1-3 井为例，四开 $\phi 215.9$mm 井段采用 DEH 油基钻井液，井深 2972m 开始替入油基钻井液，井深 3730m 进入 A 点，井深 5230m 完钻。使用油基钻井液井段长 2258m，水平段长

1500m。钻进过程中分段性能见表 28-6，钻井液性能稳定，井壁稳定，携砂正常，未发生井下复杂情况。四开钻进周期 32.17d，平均机械钻速 5.43m/h，钻井效率高，后续的通井、电测和下套管顺利，井底温度 128℃，井眼规则，平均井径扩大率 4%。

表 28-6　威 204H1-3 井 DEH 高密度白油基钻井液性能

井深 m	垂深 m	密度 g/cm³	塑性黏度 mPa·s	动切力 Pa	初切力 Pa	终切力 Pa	ϕ_6/ϕ_3	动塑比 Pa/（mPa·s）	破乳电压 V	油水比	130℃ HTHP 失水 mL
2972	2859.78	2.18	60	5	2	5.5	6/5	0.08	530	64：36	4.0
3150	3038.62	2.17	48	6.5	3	5	6/5	0.14	405	66：34	4.0
3430	3299.24	2.18	35	6	2.5	4.5	5/4	0.17	745	66：34	3.0
3780	3416.03	2.20	50	9	2.5	6	6/5	0.18	1080	72：28	2.6
4100	3431.63	2.20	52	10	2.5	8	5/4	0.19	1315	80：20	2.0
4450	3447.23	2.22	60	10	3	9	5/4	0.17	1390	90：10	2.0
4810	3465.67	2.25	55	9	3	9	6/5	0.16	1250	90：10	2.4
5230	3506.24	2.25	56	10	3.5	10	6/5	0.18	1180	90：10	2.4

案例 29　长宁页岩气田水平井无土相油基钻井液技术措施

本案例介绍了长宁页岩气田水平井适用的无土相油基钻井液技术措施，包括解决乳化稳定性差和加重材料悬浮性差的关键措施（复合型乳化剂和油溶性聚合物增黏剂）、无土相油基钻井液性能及在长宁页岩气田某平台水平井的现场应用情况。

一、案例背景

随着长宁页岩气田的大规模开发，页岩气水平井采用空气 / 氮气钻至储层顶部后改用油基钻井液钻进。目前，常规油基钻井液主要使用有机土来提高黏度和切力，直接影响到高密度条件下的流变性和携岩能力。为了防止加重材料沉淀，往往要大幅度提高黏度，但黏度太高易造成起下钻遇阻、下钻到底开泵困难、导致诱发性漏失等问题。在此背景下，国外首先开发了不含有机土的无土相油基钻井液体系。该体系由于失去有机土的协同作用，电稳定性受到严重影响，表现为破乳电压很低，油水极易分层。

因此，需要在针对性解决乳化稳定性差和加重材料悬浮性差两个关键难题的基础上，建立适用于长宁页岩气田水平井的无土相钻井液体系配方和配套措施。在保障井壁稳定的前提下，有效降低油基钻井液漏失风险。与传统有土相油基钻井液相比，该钻井液具有更强的电稳定性和更低的终切力。在保障长水平段页岩井壁稳定的前提下，可有效预防高密度油基钻井液因结构强度大和稠化而诱发的漏失问题，为长宁页岩气田水平井安全快速钻井和低成本高效开发提供了有效的技术保障。

二、降本增效措施

1. 关键技术措施

1）复合型乳化剂

通过适量的有机伯胺、醇类溶液和天然脂肪酸反应制备得到复合型乳化剂 G326。该乳化剂能够形成具有一定黏弹性的界面膜，显著降低界面张力，在油水界面排列紧密且具有润湿性能，可将加重材料的亲水性转变为亲油性，从而保证加重材料悬浮稳定性。其加量对破乳电压的影响结果如图 29-1 所示。当复合型乳化剂 G326 加量大于

2% 时，破乳电压升高较快，由 3% 增加到 5% 时破乳电压由 852V 增加到 1663V，推荐 G326 优选加量为 3%～4%。

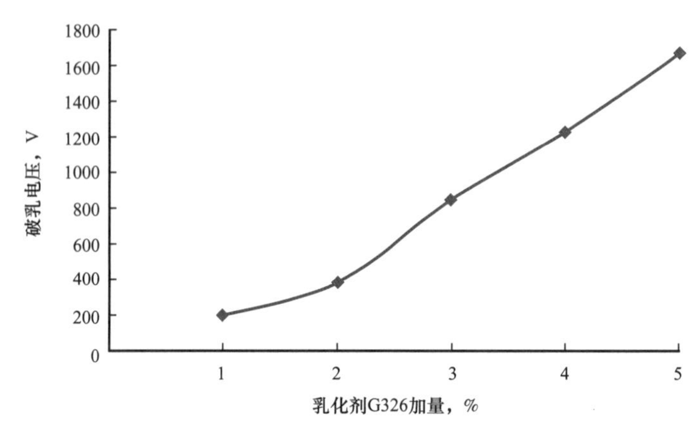

图 29-1　复合型乳化剂对油基钻井液破乳电压的影响

在不加润湿剂的条件下，在油基钻井液中分别加入乳化剂 VM（国外产）和 G326，用六速旋转黏度计测试流变性，加入乳化剂 VM 的油基钻井液在转子上残留了大量加重材料，说明加重材料没有完全被润湿。而加入乳化剂 G326 的油基钻井液在转子上仅残留少量钻井液，说明乳化剂 G326 对于加重材料具有润湿功能，有利于顺利起下钻，配制高密度油基钻井液时无须额外使用润湿剂，简化了配方，节省配制成本，现场维护简单。

2）油溶性聚合物增黏剂

通过适量的脂肪酸二聚体、甲苯溶液、大分子胺和引发剂反应制备得到油溶性聚合物增黏剂，有 G336 和 G322 两种类型增黏剂。将该类增黏剂与几种常用增黏剂加入基浆中，在 150℃温度下滚动 6h，测试基浆的性能，结果见表 29-1。可以看出，增黏剂 G336 和 G322 能够显著增强基浆的悬浮稳定性，热滚后无稠化现象且破乳电压较高，优选 G336 为主要增黏剂，G322 为辅助增黏剂。基浆配方：白油 + 3.0% 乳化剂 G326 + 20%$CaCl_2$ 溶液（质量分数 20%）+ 1.8% 碱性调节剂 $Ca(OH)_2$ + 2.0% 降滤失剂 G326 + 重晶石粉。

表 29-1　不同增黏剂对基浆性能的影响对比分析

增黏剂	实验条件	密度 g/cm^3	破乳电压 V	初切力 Pa	终切力 Pa	表观黏度 mPa·s	塑性黏度 mPa·s	动切力 Pa
G336 + YS－AL	热滚前	1.93	343	7.5	9.5	32.0	27	5.0
	热滚后	1.92	1260	稠化				

续表

增黏剂	实验条件	密度 g/cm³	破乳电压 V	初切力 Pa	终切力 Pa	表观黏度 mPa·s	塑性黏度 mPa·s	动切力 Pa
G336+G322	热滚前	1.98	1400	3.0	4.5	29.0	24	5.0
	热滚后	2.01	1470	3.0	5.0	34.0	28	6.0
HRP+VIS-GEL	热滚前	1.99	1100	3.0	6.5	26.5	24	2.5
	热滚后	2.00	1020	5.0	8.5	34.0	32	2.0
HRP+G336	热滚前	1.99	1430	3.0	5.0	28.0	24	4.0
	热滚后	2.01	1480	4.0	8.0	23.0	20	3.0

表 29-2 和表 29-3 分别为基浆中加入不同加量主增黏剂 G336 和辅助增黏剂 G322 后的流变性能测试结果。可以看出，随着主增黏剂 G336 加量增大，塑性黏度和动切力均升高，加量 0.33% 时动塑比增幅较大（57.14%）。但加量大于 0.45% 后，塑性黏度迅速升高，而动塑比降低，确定主增黏剂 G336 最优加量为 0.33%～0.45%。随着辅助增黏剂 G322 加量增大，动塑比明显提高，动切力增加幅度明显大于塑性黏度，流变性得到明显改善，有利于在低剪切速率下携带岩屑。加量 0.30% 时动塑比增幅高达 257.14%。但加量大于 1.0% 时，塑性黏度迅速升高而导致动塑比开始降低，确定辅助增黏剂 G322 最优加量为 0.3%～1.0%。

表 29-2　主增黏剂 G336 加量对油基钻井液流变性影响

G336 加量，%	表观黏度，mPa·s	塑性黏度，mPa·s	动切力，Pa	动塑比
0.28	16	15	1	0.07
0.33	21	19	2	0.11
0.38	23	20	3	0.15
0.45	38	22	6	0.27
0.50	40	32	8	0.25

表 29-3　辅助增黏剂 G322 加量对油基钻井液流变性影响

G322 加量，%	表观黏度，mPa·s	塑性黏度，mPa·s	动切力，Pa	动塑比
0.10	15	14	1	0.07
0.30	20	16	4	0.25
0.50	26	20	6	0.30
0.70	35	26	9	0.35
1.00	46	30	16	0.53
1.20	61	42	19	0.45

2. 钻井液性能

中国石油集团川庆钻探工程有限公司钻采工程技术研究院在复合型乳化剂和油溶性聚合物增黏剂两种关键材料研发的基础上，以白油作为基础油，形成的适用于长宁页岩气田水平井无土相油基钻井液配方：白油 + 3.0% 乳化剂 G326 + 20%$CaCl_2$ 溶液（质量分数 20%）+ 1.8% 碱性调节剂 $Ca(OH)_2$ + 0.45% 主增黏剂 G336 + 0.60% 辅助增黏剂 G322 + 2.0% 降滤失剂 G328 + 重晶石粉。表 29-4 为该无土相油基钻井液体系在不同密度和油水比条件下的主要性能测试结果。可以看出，随着密度增大，油基钻井液的塑性黏度和切力也相应增大，密度达 2.40g/cm^3 时，流变性依然良好。为防止现场应用过程中钻井液发生稠化，需要适当提高油水比。

表 29-4　不同密度和油水比条件下的无土相油基钻井液主要性能

油水比	密度 g/cm^3	破乳电压 V	表观黏度 mPa·s	塑性黏度 mPa·s	动切力 Pa	初切力 Pa	终切力 Pa	HTHP 失水 mL
75/25	1.60	860	24	20	4	5.0	6	3.2
80/20	1.80	950	30	24	6	6.0	7	3.6
85/15	2.00	1180	37	28	9	6.5	8	3.8
90/10	2.20	1890	45	34	11	8.0	12	4.6
90/10	2.40	1999	53	38	15	10.0	16	5.2

将该无土相油基钻井液与常用有土相油基钻井液进行对比分析。有土相油基钻井液配方：气制油 Saraling185V+20%$CaCl_2$ 溶液（质量分数 20%）+ 2.0% 有机土 + 1.8% 碱性调节剂 $Ca(OH)_2$ + 3.0% 乳化剂 VM + 2.0% 润湿剂 VW + 2.0% 降滤失剂 FM + 0.6% 增黏剂 HH + 重晶石粉。配制密度均为 2.00g/cm^3，分别测试 150℃滚动 16h 前后的破乳电压及终切力，对比结果见表 29-5。可以看出，在密度和油水比相同的条件下，该无土相油基钻井液具有更强的稳定性及更低的终切力，只需要很小的驱动力，即可破坏无土相油基钻井液的空间结构，有利于解决高密度有土相油基钻井液因结构强度太大导致的蹩泵、开泵压力过高和当量循环密度过大诱发井漏等问题。

表 29-5　无土相和有土相油基钻井液主要性能对比分析结果

实验条件	破乳电压，V		终切力，Pa	
	无土相油基钻井液	有土相油基钻井液	无土相油基钻井液	有土相油基钻井液
热滚前	1581	1108	7	11
热滚后	1396	983	8	14

三、实施效果分析

以长宁区块某平台 6 口水平井为例。水平段设计长度 1500m，由于龙马溪组页岩地层层理和微裂缝发育，同时存在高压气层和承压能力较低的易漏地层，钻井过程中易出现喷漏同层。该平台 C1 井和 C6 井因使用的高密度有土相油基钻井液流变性差，钻进过程中诱发漏失，造成了严重的经济损失和井控风险。为此，该平台 C2 井、C3 井、C4 井、C5 井试验应用了无土相油基钻井液。

现场配制无土相油基钻井液时，首先将白油加入 1 号罐，按钻井液配方加入所需的乳化剂、增黏剂、辅助增黏剂及降滤失剂，充分搅拌使其混合均匀。在 2 号罐按要求配好质量分数为 20% 的 $CaCl_2$ 溶液，缓慢加入 1 号罐中，边搅拌边加入 $Ca(OH)_2$ 固体，形成稳定的乳状液后，测试其性能，见表 29-6；待性能达到要求后，加入重晶石粉以达到所要求的钻井液密度。

表 29-6　现场无土相油基钻井液性能

实验条件	密度 g/cm^3	破乳电压 V	油水比	表观黏度 mPa·s	塑性黏度 mPa·s	动切力 Pa	静切力 Pa	HTHP 失水 mL
老化前	0.95～2.40	860～1950	70/30～90/10	16～55	12～37	4～18	2/2.5～12/18	3.2～5.2
老化后	0.95～2.40	820～1870	70/30～90/10	14.5～43	11～29	3.5～14	1/1.5～10/16	3.2～5.6

该平台现场应用取得了以下效果：

（1）有效减少了井下诱导性漏失复杂。对比井 C1 井和 C6 井，因有土相油基钻井液结构强度大、当量循环密度高而诱发地层漏失。C1 井发生 4 次井漏，共漏失油基钻井液 $220m^3$，处理漏失损失时间 19d；C6 井发生 8 次井漏，漏失油基钻井液 $640m^3$，处理漏失损失时间 25d。而采用无土相油基钻井液的 C2 井、C3 井、C4 井、C5 井降低了因钻井液结构强度太大诱发井漏的风险，保障了井下安全，缩短了钻井周期，同时降低了油基钻井液的损失，其中 C1 井和 C2 井所用钻井液的性能对比见表 29-7。

表 29-7　长宁 C1 井和 C2 井油基钻井液性能对比

井号	井深 m	密度 g/cm^3	破乳电压 V	塑性黏度 mPa·s	动切力 Pa	终切力 Pa
C1	2085	1.95	865	52	11	14
	2528	1.98	923	56	12	16
	2947	1.96	1232	59	13	19

续表

井号	井深 m	密度 g/cm³	破乳电压 V	塑性黏度 mPa·s	动切力 Pa	终切力 Pa
C1	3128	1.95	1146	63	14	20
	3517	1.96	1238	62	15	21
	3842	1.96	1346	65	14	21
	4026	1.95	1253	66	15	22
	4153	1.95	1484	71	17	23
C2	2098	1.93	1067	39	7	9
	2430	1.94	999	38	8	9
	2803	1.93	1180	42	9	9
	3180	1.94	955	41	11	10
	3440	1.93	1039	38	12	10
	3762	1.94	1134	42	12	11
	4059	1.95	1356	44	13	11
	4128	1.95	1279	43	12	12

（2）钻井提速效果明显。C2井、C3井、C4井、C5井三开井段平均机械钻速6.82m/h、平均钻井周期30.2d。与C1井和C6井的平均机械钻速4.24m/h和平均钻井周期56.6d相比，平均机械钻速提高了60.8%，平均钻井周期缩短了26.4d，有效降低了钻井成本。

案例 30　涪陵页岩气田水平井油基钻井液技术措施

本案例介绍了涪陵页岩气田水平井两种油基钻井液技术措施。一种是应用井数最多的柴油基钻井液体系配方组成、不同温度和油水比条件下的性能、现场维护处理及应用情况。另一种是无土相油基钻井液性能和现场试验情况。

一、案例背景

涪陵页岩气田水平井目的层为龙马溪组下泥岩段，岩性以黑色粉砂岩、碳质泥页岩夹放射虫碳质泥页岩为主，地层压力系数 1.45，水平段长大于 1500m，钻井过程中存在井壁垮塌、漏失等风险。面临的主要技术难点：（1）页岩黏土矿物含量高，层理发育、脆性强，钻井液滤液侵入导致钻井过程中极易发生井壁坍塌，甚至引发井下安全事故；（2）微裂缝发育、漏失风险大，油基钻井液漏失费用巨大；（3）长水平段井眼清洁携岩性能要求高，尤其是涪陵二期水平井垂深集中在 3500～4500m 深层，井温升高，携岩带砂要求越来越高；（4）油基钻井液几乎不与水敏性地层矿物发生作用，具有抑制性强、润滑性好、抗污染能力突出等特点，是涪陵页岩气田水平井首选的钻井液体系种类，但需要解决低油水比条件下的乳化稳定性、保障井眼净化的流变性能控制、适用于油基钻井液条件下的防漏堵漏措施等关键问题。

针对以上技术难点，根据涪陵页岩气田地质特性及工程要求，需要建立适用于涪陵页岩气田水平井的油基钻井液系列技术，有效解决现场井下复杂事故问题，保障水平井优快钻井的顺利实施，为确保涪陵一期、二期页岩气的高效开发提供有力技术支撑。

二、降本增效措施

1. 柴油基钻井液性能及维护措施

1）配方组成

在攻关研究配套主辅乳化剂、润湿剂、降滤失剂、增黏提切剂、封堵剂等关键材料的基础上，形成的适用于涪陵页岩气田水平井的柴油基钻井液主体配方如下：

柴油∶氯化钙水溶液（26%）=80∶20+1.0% 有机土 +（2.5%～3.0%）主乳化剂 HIEMUL+（1.5%～2.0%）辅乳化剂 HICOAT+（1.0%～1.5%）润湿剂 HIWET+（2.5%～3.0%）降失水剂 HIFLO+（2%～3%）液体沥青 +（1.5%～2.0%）增黏剂

MOGEL+（2.5%～3.0%）石灰 +（1.5%～2.0%）封堵剂 HISEAL+ 重晶石（加重至密度为 1.40g/cm³）。

2）不同温度和油水比下的油基钻井液性能

考察了不同井温下钻井液的基本性能，结果见表 30-1。可以看出，该柴油基钻井液在高温高密度条件下的流变性稳定，破乳电压稳定，失水小，具有良好的抗高温稳定性。

表 30-1 不同温度下柴油基钻井液的基本性能

温度，℃	密度 g/cm³	实验条件	塑性黏度 mPa·s	动切力，Pa	ϕ_6/ϕ_3	初终切力 Pa/Pa	破乳电压 V	HTHP 失水 mL
120	1.70	热滚前	38	8	8/7		684	
		热滚后	56	14	14/13	9/20	986	1.6
130	1.80	热滚前	38	9	10/9		620	
		热滚后	45	16	16/15	11/20	1085	1.8
150	1.80	热滚前	38	9	10/9		697	
		热滚后	40	14	14/13	10/19	1026	2.0
160	1.80	热滚前	38	9	10/9		520	
		热滚后	40	11	13/12	9/18	1067	2.0

为了分析降低油水比后对钻井液性能的影响，考察了不同油水比下钻井液的性能，热滚条件为 150℃、16h，结果见表 30-2。可以看出，随着油水比例的降低，黏度和切力略微增大，破乳电压都在 400V 以上，乳化稳定性好，各项指标均能有效满足现场要求。

表 30-2 不同油水比对柴油基钻井液性能的影响

油水比	实验条件	表观黏度 mPa·s	塑性黏度 mPa·s	动切力 Pa	ϕ_6/ϕ_3	破乳电压 V
80：20	热滚前	37	25	12	12/11	1434
	热滚后	36	25	11	10/9	1120
75：25	热滚前	46	35	11	13/12	860
	热滚后	43	33	10	12/11	907
70：30	热滚前	55	43	12	14/12	675
	热滚后	56	42	14	14/12	830

3）配套防漏堵漏材料

JHCarb 漏失控制材料是高纯度和可溶于酸的碳酸钙粉末及颗粒状桥堵剂。HiFLEX 为有机胶凝材料，其随着时间和温度变化，产生可塑性的高强度凝胶，阻止钻井液向地层漏失。以上材料均具有不同尺寸的粒径分布，组合后适合用来封堵不同尺寸的裂缝。

图 30–1 和图 30–2 分别为油基钻井液中添加配套防漏堵漏材料后封堵 1mm、2mm 裂缝的实验情况。配方为：焦石坝现场柴油基钻井液（密度 1.4g/cm^3）+（3%～5%）JHCarb1400+（1%～3%）JHCarb250+（2%～4%）JHCarb150+（0.5%～1.5%）HiFLEX250+（0.5%～1.5%）HiFLEX150。可以看出，能够实现对 1～2mm 宽度裂缝的有效封堵，随着温度升高，侵入过程中堵漏材料有效滞留在裂缝中，达到进得去、留得住的效果。

(a) 实验装置及模拟裂缝

(b) 实验后裂缝内部

(c) 实验后裂缝端面

图 30–1　封堵 1mm 裂缝情况

(a) 室温堵漏

(b) 50℃堵漏

(c) 80℃堵漏

图 30–2　不同温度下封堵 2mm 裂缝情况

此外，配套了纳米封堵剂，主要为采用纳米石墨粉和超细海泡石纤维组成的混合物。采用钢质微裂缝模块模拟进行 80℃下封堵 0.1mm 裂缝的情况。实验测得油基钻井液在 3.5 MPa 下发生漏失，加入 3% 纳米封堵剂之后，在 3.5MPa、5MPa、10MPa、

15MPa 和 20MPa 不同压力下均未发生漏失，可封堵 0.1mm 以下微裂缝，最高承压 20MPa，有效防止在提密度、起下钻过程中发生压力诱导性漏失，提高地层承压。

4）性能优化

现场采用老浆进行性能优化，按照配方新配制 50～100m^3 的油基钻井液，加重至密度为 1.2g/cm^3 即可。新浆配方为：柴油：氯化钙水溶液（26%）=80∶20+3% 主乳化剂 +2% 辅乳化剂 +3% 降滤失剂。将老浆和新浆按照不同比例混合，测定混合浆的性能，结果见表 30-3。油基老浆和新浆按 4∶1 比例混合时，性能适合页岩气水平井钻井的指标要求。

表 30-3　油基钻井液老浆性能优化

老浆∶新浆	表观黏度 mPa·s	塑性黏度 mPa·s	动切力 Pa	初终切力 Pa/Pa	破乳电压 V	HTHP 失水 mL
5∶1	72	50	22	8/22	874	4.2
4∶1	53	43	10	4/14	1012	2.8
3∶1	44	38	6	2/6	1307	2∶2

在钻井液罐中，将老浆用离心机清除有害固相，固相控制在 25% 以下。在将二开水基聚合物钻井液转化成油基钻井液之后，循环均匀，根据流变性情况适当加入 5～10m^3 柴油，将流变性在开钻前就要控制好，防止后期流变性能由于钻屑的污染大起大落。在油基钻井液转化的过程中，把受到污染的油基钻井液放掉，防止由于水基钻井液进入后，油基钻井液黏度和切力大增，油水比降低，对井下长水平段页岩井壁稳定性造成潜在威胁。

5）现场维护措施

（1）1500～2000m 长水平段井壁稳定问题至关重要。钻井液密度要维持在 1.40～1.50g/cm^3 之间，既确保在井壁周围形成足够的支撑力以维持力学平衡，又要避免液柱压力过高压漏地层。加重时采用补充重浆缓慢提高密度，禁止采用直接吹灰的方法，防止局部密度过高。每次在加重之前，先开动高速离心机清除固相 4h，在一个循环周内对全井油基钻井液进行固相清除，尤其微米级钻屑的清除，离心机使用完之后干甩 5～10min。

（2）漏斗黏度控制在 60s 左右，保持适当黏度和切力，提高油基钻井液的低剪切速率下的黏度。保证 ϕ_3 大于 8，保证携岩能力，确保井底清洁干净，井眼畅通。在钻井液量损耗大的情况下，加入柴油后，钻井液结构力会降低，悬浮能力降低，可能导致重晶石沉降或返砂少，易造成岩屑在水平段沉积。如果 ϕ_3 小于 5，可适当加入有机土或者提切剂，每次控制速度，按照循环周均匀加入 200～300kg，钻进 24h，再测量黏度和切力。切忌大量快速加入有机土、提切剂，否则黏度上升过快会造成流变不好控制，对开泵、下钻激动压力影响比较大。

（3）根据滤失量和消耗量情况，适当加大降滤失剂和封堵剂的用量，改善滤饼质量，降低摩阻，减少消耗量，降低成本。采用 HI-FLO 改性沥青材料和液体乳化沥青的协同增效作用来降低滤失量，在 100℃下控制在 3mL 以内。如果高温高压失水升至 4mL，采用边钻进边加入降滤失材料的方式，每次加入 2t 的改性沥青 HI-FLO 和 2t 的液体乳化沥青，并测定破乳电压是否降低。如在 500～600V 范围内不用处理。如果下降幅度大，按照 2∶1 的比例及时加入主乳化剂（2t）和辅乳化剂（1t），24h 后测定高温高压失水，直到小于 3mL。

（4）强化固控设备使用，确保采用粒径为 0.076mm 的振动筛筛布，24h 使用除砂器，间歇使用离心机及时清除有害固相，确保钻井液流变参数稳定。每钻进 300～500m 进行短程起下钻，清理水平段岩屑床和井壁上的脏滤饼，防止起钻摩阻大、定向滑动钻进的时候托压。到底后，开动离心机 4h 清除部分有害固相。如果密度增加过快，测定固相含量和油水比例，固相含量控制在 25% 以下，油水比例控制到 80∶20，最低为 70∶30。

（5）破乳电压要保证大于 400V。根据破乳电压情况及时加入乳化剂，提高油包水乳液的稳定性，防止油水分层，造成重晶石沉降而发生井下卡钻事故。破乳电压降低的原因有：① 钻屑大量吸附造成乳化剂有效含量降低，根据钻速情况及进尺多少，应及时跟进加入主、辅乳化剂；② 测定油水比例，是否有地层水或邻井压裂液侵入，水相增加，直接影响乳化效果，严重时可能造成破乳；③ 是否在钻井液罐内充分高速剪切乳化好后，补充新鲜油基钻井液，禁止直接向井内补充氯化钙盐水，造成乳化不均匀，还有可能导致井壁失稳、掉块。

2. 无土相油基钻井液性能

针对胶质沥青质含量高，不利于流型控制和进一步提高机械钻速、钻屑吸附损耗高且环保处理压力大等问题，在增黏提切剂、聚合物降滤失剂等专用处理剂研制基础上，形成了适用于涪陵页岩气田水平井的无土相油基钻井液体系，油水比 95∶5～70∶30、温度 80～150℃、密度 0.9～2.2g/cm^3。表 30-4 中不同密度的无土相油基钻井液在 120℃热滚 96h 后流变、失水性能良好，破乳电压稳定，均未发生沉降现象，高温悬浮稳定性良好。

表 30-4　不同密度无土相油基钻井液高温悬浮稳定性

密度 g/cm³	油水比	表观黏度 mPa·s	塑性黏度 mPa·s	动切力 Pa	初终 切力 Pa/Pa	API 失水 ml	动 塑比	破乳电压 V	120℃ /96h 沉降稳定性
1.4	80：20	37.0	30	7.0	2.0/3.5	0.8	0.230	502	未沉
1.6	80：20	45.5	36	9.5	2.5/3.5	1.0	0.260	690	未沉
1.8	80：20	54.0	45	9.0	2.5/4.0	1.2	0.200	802	未沉
2.0	85：15	55.0	45	10.0	3.0/4.0	2.2	0.222	802	未沉
2.2	90：10	58.5	48	10.5	3.0/4.5	2.6	0.219	840	未沉

分别从钻井液流型、钻屑吸附量和润滑性能等三个方面进行了无土相油基钻井液与有土相油基钻井液的对比评价，结果分别见表 30-5、表 30-6 和图 30-3。

表 30-5　无土相和有土相油基钻井液流型对比

钻井液 类型	流性 指数	稠度 系数	表观黏度 mPa·s	塑性黏度 mPa·s	动切力 Pa	初终 切力 Pa/Pa	动塑比	HTHP 失水 mL	破乳电压 V
无土相	0.78	0.14	30.0	25	5.0	2.0/3.0	0.20	4.5	450
有土相	0.70	0.22	28.5	22	6.5	2.5/3.5	0.30	4.6	460

表 30-6　无土相和有土相油基钻井液钻屑吸附量对比

钻井液类型	钻屑，g	含有钻屑，g	吸附量，g	降低率，%
有土相	40	60.92	20.92	10.6
无土相	40	58.70	18.70	

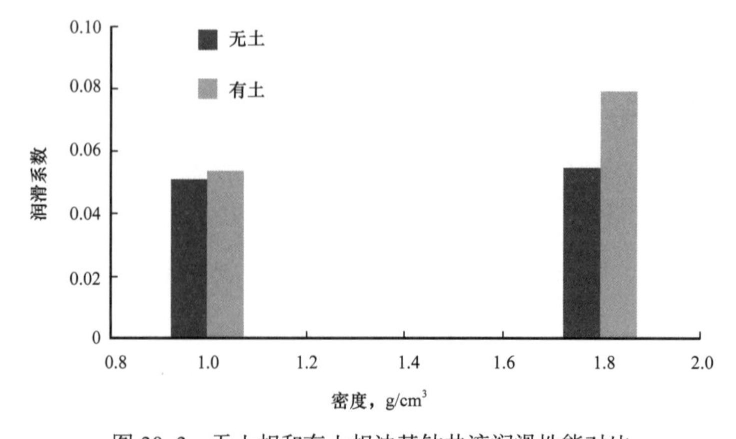

图 30-3　无土相和有土相油基钻井液润滑性能对比

无土相油基钻井液中由于不含有机土和沥青类降滤失剂，固相颗粒含量低。在层流情况下，固相颗粒之间、固相颗粒与液相之间的摩擦作用小于有土相油基钻井液。与有土相油基钻井液相比，无土相油基钻井液的流型指数较大，稠度系数较低，在低剪切应力下即可很好地流动，利于在低泵压下实现高排量，有效传递钻头水功率和提高机械钻速。

无土相油基钻井液在钻屑上的吸附量比有土相油基钻井液少 10.6%。该钻井液不含黏滞性高的有机土和沥青，可有效降低钻屑的吸附损耗，并利于后期含油钻屑的环保处理。

在低密度时无土相油基钻井液与有土相油基钻井液的润滑性能相当。当密度升高时，无土相油基钻井液的极压润滑系数无明显变化，说明在高密度时无土相油基钻井液的润滑性能更具优势。主要是由于无土相钻井液所用增黏提切剂和降滤失剂具有一定表面活性，有利于重晶石的润湿和分散，可有效降低固相颗粒之间的摩擦，有效提高油基钻井液本身的润滑性能。

三、实施效果分析

1. 柴油基钻井液现场应用情况

截至 2016 年初，柴油基钻井液已在涪陵焦石坝地区推广应用 200 多口水平井，部分完钻井的油基钻井液使用情况见表 30–7。现场应用情况表明，柴油基钻井液性能稳定、抑制性强、润滑性能优异，长水平段井壁稳定性好、井径扩大率小、起下钻摩阻低。

表 30–7　焦石坝部分井三开井段柴油基钻井液使用情况

井号	应用井段 m	水平段长 m	平均机械钻速 m/h	起下钻摩阻 kN	井径扩大率 %
JY–2–4HF	2597～4400	1530	14.87	180～200	2.03
JY–11–3HE	2412～4270	1540	11.26	160～200	2.56
JY–17–2HF	2316～3975	1398	11.25	140～180	1.58
JY–28–2HF	2528～4300	1490	14.06	160～200	0.88
JY–30–4HF	2529～4506	1730	13.85	140～200	1.82
JY–31–2HF	4295～1530	1530	10.44	140～200	1.04

以 JYX 井为例，三开 ϕ215.9mm 井眼水平段使用柴油基钻井液。该井段为黑色碳质页岩，裂缝发育，极易出现坍塌掉块。使用过程中，钻屑上返及时呈均质，振动筛返出

砂样棱角分明，具有代表性，无掉块返出，三开平均井径扩大率1.3%，井径规则，井壁稳定效果明显。现场柴油基钻井液维护操作方便、性能稳定，具有良好流变性、低的高温高压失水、强的抑制防塌能力，实现了全过程安全无事故，电测、下套管均一次性成功，下ϕ139.7mm生产套管在水平段的摩阻为100～150kN，具体性能见表30–8。

表30–8　JYX井柴油基钻井液性能

井深 m	温度 ℃	密度 g/cm³	漏斗黏度 s	HTHP失水 mL	API失水 mL	氯根 g/m³	初终切力 Pa/Pa	破乳电压 V
2815	50	1.38	68	4.4	0.5	30000	0.5	520
2973	58	1.41	66	2.8	1.4	27000	6/18	800
3477	58	1.44	70	2.4	1.5	29000	6/20	636
3623	58	1.44	66	2.6	1.4	30000	6/22	725
3818	54	1.47	63	3.0	1.2	28000	6/18	905
4085	60	1.48	78	2.4	1.2	32000	5/18	835
4200	56	1.48	65	2.2	1.0	30000	6/18	1082
4333	60	1.50	74	3.0	0.8	31000	6/20	1048
4466	61	1.49	82	3.0	0.8	31000	6/17	1072
4584	60	1.49	76	1.8	1.4	28000	6/21	1390

2. 无土相油基钻井液现场试验

中国石化中原钻井工程技术研究院研发的无土相油基钻井液在JY47–6HF井进行了现场试验。该井完钻井深5217m，三开井段长2037m，三开累计配浆量380m³，回收钻井液250m³，损耗130m³，每米损耗0.064m³。现场钻井液流变性能控制良好、易于调节，高温高压降滤失效果好，滤饼质量高，原材料种类少、易于现场操作，表30–9为该井实钻钻井液性能。

表30–9　JY47–6HF井无土相油基钻井液分段性能统计

井深 m	密度 g/cm³	HTHP 失水 mL	滤饼 厚度 mm	表观 黏度 mPa·s	塑性 黏度 mPa·s	动切力 Pa	动塑比	初切力 Pa	含油量 %	固相 含量 %	破乳 电压 V
3360	1.36	0.8	0.3	40.0	34	6.0	0.18	2.5	60	20	
3394	1.42	0.6	0.3	41.5	35	6.5	0.19	2.0	65	20	640

续表

井深 m	密度 g/cm³	HTHP 失水 mL	滤饼 厚度 mm	表观 黏度 mPa·s	塑性 黏度 mPa·s	动切力 Pa	动塑比	初切力 Pa	含油量 %	固相 含量 %	破乳 电压 V
3464	1.42	0.8	0.4	41.5	34	7.5	0.22	2.5	65	19	665
3961	1.44	0.8	0.5	51.0	39	12.0	0.31	4.5	60	25	732
4353	1.44	1.0	0.4	47.5	36	11.5	0.32	4.0	64	23	750
4490	1.43	2.8	1.0	52.5	40	12.5	0.31	4.5	59	23	550
4691	1.43	2.2	1.0	54.5	41	13.5	0.33	4.5	61	22	500

第3篇　完井工程措施案例

本章精选提炼了7个案例，主要介绍国内外页岩气完井压裂工程降本增效配套措施，总体上分为2个单元。第1单元包括案例31至案例33，主要介绍页岩气完井压裂降本增效配套措施；第2单元包括案例34至案例37，主要介绍页岩气水平井增能压裂、多级滑套压裂、重复压裂等技术措施。

案例 31　Marcellus 页岩气田水平井完井压裂降本增效配套措施

本案例介绍了 PDC Mountaineer 公司在 Marcellus 页岩气田前 6 口井完井压裂技术配套措施，包括优化压裂设计、压裂施工参数和前 30d 产量对比。

一、案例背景

PDC Mountaineer（PDCM）是一家独立油气公司，作业区块位于美国从纽约州延伸至田纳西州的 Marcellus 页岩气田内。PDCM 公司早期采用常规钻完井工艺钻了 3 口水平井，这 3 口井水平段短，平均长度仅为 2609ft。随着后期水平段长度不断增加，提高压裂设计的针对性、实现增产就显得十分必要。

PDCM 公司利用测井资料对地层进行了精确的刻画，储层实现了有效分段，优化了完井级数和射孔位置，保证压裂作业时所有簇都能同时被压开。通过优化设计，后面试验的 3 口井的初始产量实现了翻倍，达到了经济效益开发。PDCM 公司在 Marcellus 页岩气田内 6 口试验井基本信息见表 31-1。

表 31-1　PDCM 公司在 Marcellus 页岩气田内 6 口试验井基本信息

井号	水平段长度，ft	压裂段数	平均单段长度，ft	是否采用优化设计
1 号	3375	14	241	否
2 号	2312	7	330	否
3 号	2140	7	306	否
4 号	4500	12	375	是
5 号	3950	12	329	是
6 号	3925	12	327	是

二、降本增效措施

1. 优化压裂设计

收集影响完井压裂方案优化设计的工程数据，包括井斜、伽马测井数据、岩石物理性质、射孔位置、各级长度、每级最小和最大簇数、力学性质、井眼直径、射孔密度、相位角、泵注排量、液体类型及区域需要避开的目标等。

利用以上基础数据，建立页岩气井的 3D 模型，录入可用测井资料，并对测井数据进行平滑处理。图 31–1 左侧展示的是原始应力数据，右侧是 5ft 移动平均处理后的数据。测井资料的读取以 0.5ft 为刻度进行计算。

模型处理基础数据后，按水平段的岩性变化有效分段。避免一段内含有多个不同岩性段。通过 LWD 剖面进行小层细分，如图 31–2 所示。

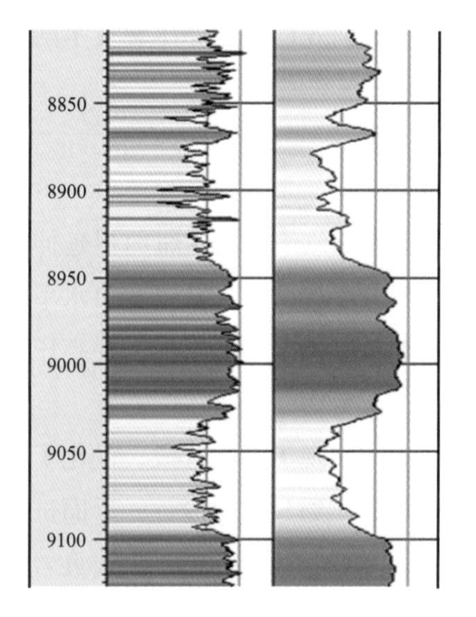

图 31–1　原始和平均化测井数据

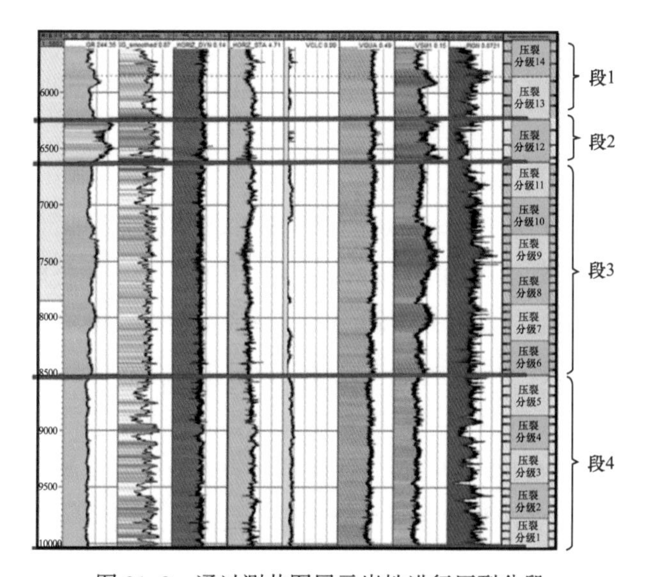

图 31–2　通过测井图展示岩性进行压裂分段

对每个压裂段进行分级，优化压裂分级和射孔设计，明确射孔位置、射孔簇数量、泵注排量和流体类型。射孔位置应位于具有相似最小地应力的井段内，理想状态下误差小于 0.01psi/ft。对于射孔簇之间应力差超高 0.01psi/ft 的情况，通过增加高应力区射孔数量来消除。

建立分级和射孔簇后，对设计结果进行质量控制检查，以确保设计符合优化标准。严格审核校正各簇和各级的应力状态和射孔数，确保各项指标满足标准要求。对于 6 口井中的后 3 口井，考虑水平段力学性质，进行了压裂设计优化，具体设计参数见表 31–2。

表 31–2　完井压裂优化设计和非优化设计参数

井号	完井方式	流体类型	水平段长度 ft	压裂段数	平均每段压裂级数	单位长度支撑剂泵注量 lb/ft	设计排量 bbl/min
1 号	非优化设计	滑溜水	3375	14	5	1783	80
2 号	非优化设计	滑溜水	2312	7	5	672	80

续表

井号	完井方式	流体类型	水平段长度 ft	压裂段数	平均每段压裂级数	单位长度支撑剂泵注量 lb/ft	设计排量 bbl/min
3 号	非优化设计	滑溜水	2140	7	5	855	80
4 号	优化设计	滑溜水	4500	12	5	1002	80
5 号	优化设计	滑溜水	3950	12	4.5	1251	80
6 号	优化设计	滑溜水	3925	12	4.5	1245	80

2. 压裂施工参数

现场施工顺利，没有出现脱砂问题。表 31–3 对比了采用完井优化设计井与未开展完井优化设计井的施工参数。可以看到，采用完井优化设计的压裂段，施工时的平均压力较低、平均施工排量较高，支撑剂量较未优化提高 23%。

表 31–3　优化设计和非优化设计的压裂施工参数

井号	完井方式	平均施工压力 psi	平均施工排量 bbl/min	实际泵入砂量占设计砂量比例
1 号	非优化设计	7749	78.1	107%
2 号	非优化设计	7557	76.3	55%
3 号	非优化设计	7716	66.3	65%
平均		7674	73.6	75%
4 号	优化设计	7308	79.2	92.8%
5 号	优化设计	7105	81.9	101.7%
6 号	优化设计	7298	82.3	100.5%
平均		7237	81.1	98%
优化平均 – 非优化平均		–437	7.5	23%

三、实施效果分析

表 31–4 是投产前 30d 的产量对比。数据显示完井优化后，4 号、5 号、6 号井产量较未优化的 1 号、2 号、3 号井有明显提高，单位长度产量平均增加了 106%，单段产量平均增加了 133.2%。

施工数据和生产数据证明了优化方法的有效性，该压裂优化设计方法在 Marcellus 页岩气田得到大面积推广应用。

表 31-4　6 口井投产 30d 产量对比

井号	水平段长度 ft	压裂段数	累计产量 10^3ft^3	单位长度产量 $10^3ft^3/ft$	单段产量 10^3ft^3/ 段
1 号	3375	14	63194	18.7	4513.9
2 号	2312	7	42396	18.3	6056.6
3 号	2140	7	65039	30.4	9291.3
非优化平均	2609	9.3	56876.3	21.8	6093.9
4 号	4500	12	212631	47.3	17719.3
5 号	3950	12	162652	41.3	13554.3
6 号	3925	12	180436	46.0	15036.3
优化平均	4125	12.0	185239.7	44.9	15436.6
优化平均 – 非优化平均			128363.4	23.1	9342.7
变化幅度				106.0%	153.3%

案例 32　涪陵页岩气田水平井完井压裂降本增效配套措施

本案例介绍了涪陵页岩气田水平井完井压裂降本增效配套措施，包括优化压裂设计（优化分段射孔参数、优化压裂施工规模、优化泵注程序、优化压裂液体）、优化压裂生产组织（工厂化压裂、拉链式压裂）、优化工程管理模式（建立风险评价体系和考核标准、建立压裂实时监控系统及试气工程数据库）3 个方面 8 项具体措施，并分析了 2013—2015 年总体实施效果。

一、案例背景

涪陵页岩气田采取水平井分段压裂方式进行开发。随着开发的深度推进，开发难度逐渐增大，加之当前气价持续低迷，在双重压力之下为实现页岩气田效益开发，降本增效至关重要。涪陵页岩气田 2013—2015 年已完成试气 200 余口井，平均单段液量 1839m^3，单段平均加砂量 51.5m^3。涪陵页岩气田压裂降本增效主要体现在优化压裂工艺设计、优化压裂生产组织、优化工程管理模式 3 个方面，实现效益开发。

二、降本增效措施

1. 优化压裂工艺

为了达到更好的试气效果，同时有效控制成本，进行压裂工艺设计优化，主要包括优化分段射孔参数、优化压裂施工规模、优化泵注程序、优化压裂液体。

1）优化分段射孔参数

涪陵页岩气田分段压裂单段主要采取 2～3 簇射孔方式，平均簇间距 28.9m，平均段长 72m。对于不同地质条件，进行针对性设计，合理优化段簇间距，主要措施如下。

（1）针对埋深较大的井，地层改造难度加大，诱导应力作用范围减小，适当缩小簇间距，减小段长，提高单井产能。主体区块试验井组（平均垂深 2420m）平均段长 81m，西南区块（平均垂深 3280m）平均段长降低到 70m 左右，簇间距主体区块 28.9m，西南区块降到 27.5m 左右。例如：JY6X-A 井水平段平均垂深 3550m，高于西南区平均垂深（3280m），平均段长减小至 67m，最终测试产量达到 $8\times10^4m^3/d$，在地层埋深更深的情况下产量大于西南区块平均水平。

（2）针对水平段固井质量较差的井，适当放大段间距，有效保证压裂安全施工。例如：JY1X-B 井全井段固井质量较差，为了保证安全施工，平均段长大于 90m，平均簇间距 31m，最终顺利完成压裂，12mm 油嘴测试产量达到 $40\times10^4m^3/d$ 以上，实现高产。

（3）针对脆性较差、塑性较强的段，在压裂裂缝改造复杂化难度较大的情况下，采取“少段多簇”方式，进行 4 簇射孔，平均段长 95m，通过多缝进行弥补，提升改造效果，同时减少成本。

2）优化压裂施工规模

根据井眼穿行轨迹、各层段特性、断层及裂缝特征，以及邻井空间位置对应关系，结合压裂模拟软件、微地震监测、产剖测试等方法，优化单井各压裂段规模，主要措施如下。

（1）对于距离断层较近的井段，适当缩小压裂规模，根据断层的距离设计液量控制在 1000～1500m^3，有效避免沟通断层，保证压裂效果，减小施工成本。某井近断层设计参数见表 32-1。

表 32-1　某单井不同段砂量液量设计

工况	预处理酸 m^3	减阻水 m^3	胶液 m^3	压裂液总量 m^3	70/140 目支撑剂 m^3	40/70 目支撑剂 m^3	30/50 目支撑剂 m^3	支撑剂总量 m^3
近断层施工	20	1205	275	1500	6.0	35.4	4.2	45.6
正常施工	20	1880	–	1900	9.5	56.1	4.5	70.1

（2）单井压裂规模采取“W”形设计，大小规模相间进行，单井采取 3～5 段大规模设计，如图 32-1 中（2）、（8）、（14）、（17）、（20）。同时与邻井大规模错开，在保证不沟通邻井的情况下实现地层有效开发利用最大化。大规模设计液量在 1900～2000m^3 之间，小规模设计液量在 1600～1800m^3 之间。

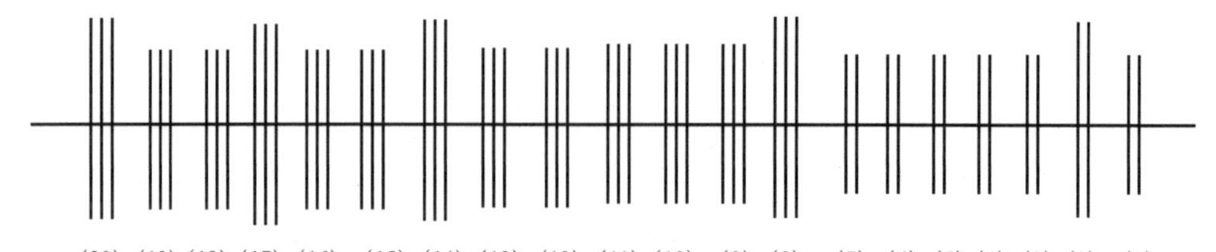

图 32-1　各层段裂缝布局及施工规模设计示意图

3）优化泵注程序

涪陵页岩气田不同区块、不同小层的地质条件不同，根据其特点，主要考虑不同小层岩性、层理及曲率发育状况等特征，优化泵注程序，主要措施如下。

（1）主体区块龙马溪组 3 小层以“预处理酸 + 减阻水”模式为主；西南区块及周边区块龙马溪组 3 小层随着埋深的增加以及曲率发育程度的增加，采取“预处理酸 + 胶液 + 减阻水”模式进行施工，减小液体滤失，促进裂缝延伸，提升整体压裂效果。例如：JY8XHF 井 A、B 靶点垂深为 3674.79～4084.97m，前 3 段采取“前置酸 + 减阻水”压裂模式施工，压裂施工难度较大，加砂困难。对 JY8XHF 井后续段（以龙马溪组 3 小层为主）进行调整，采取“前置酸液 + 前置胶 + 减阻水”模式，单段前置胶液用量 150m^3，单段加砂量得到提高，最终试气效果得到了改善，平均单位段长日产量由 6.64 m^3/（d·m）提高到 87.70m^3/（d·m），增长了 12.2 倍，见表 32-2。

表 32-2　JY8XHF 井产量效果数据统计

压裂段	平均加砂量 m^3	日产量 m^3/d	段长 m	单位段长日产量 m^3/（d·m）
1～3 段	31.0	1109	167	6.64
4～27 段	61.7	129625	1478	87.70

（2）对于龙马溪组 1 小层，层理缝发育，改造难度相对较大，采取“预处理酸 + 胶液 + 减阻水”模式为主进行压裂施工，增加缝宽，减小施工风险。

（3）曲率较发育区域，滤失较强，增加前置粉陶用量或中途转粉陶段塞，封堵微裂缝，降低滤失，提升液体效率，减少施工砂堵风险，提高改造效果。

4）优化压裂液体

（1）优化压裂液添加剂浓度。不同深度、不同温度的井对压裂液性能要求会有所不同，根据温度和井深采取不同浓度的压裂液，同时保证压裂液性能，确保压裂施工顺利。对于减阻水，随着井深的增加，减阻剂浓度由 0.08% 提高到 0.15%，甚至 0.2%；根据不同地区黏土矿物含量的不同，防膨剂浓度 0.2%～0.4%；对于胶液，随着地层埋深的增加，地层围压增强，岩石趋于塑性，稠化剂浓度从 0.25% 提升到 0.35%。

（2）优化地层返排液处理。为了有效处理压裂返排液，进行返排液性能研究，确保利用返排液配置的压裂液符合压裂设计要求。同时，通过返排液重复利用技术研究，最终形成涪陵地区页岩气藏压裂返排液处理规范，规定了涪陵地区页岩气井压裂返排液回注和重复利用的处理方法和技术指标。通过返排液的重复利用，节约水资源，确保零排放、零污染。压裂返排液重复利用流程如图 32-2 所示。

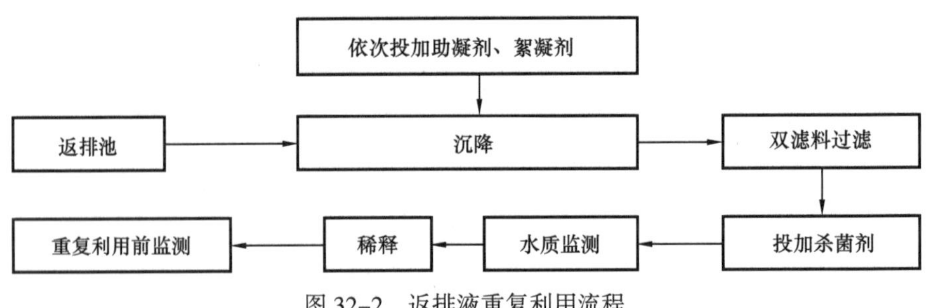

图 32–2　返排液重复利用流程

2. 优化压裂生产组织

1）工厂化压裂

工厂化压裂模式是利用一套或多套压裂设备对同一平台的多口井同时进行压裂施工。涪陵页岩气田以单平台多井模式开发，通过采用工厂化压裂模式，在不移动设备的情况下，连续施工，加快压裂速度和装备利用效率，缩短施工周期。工厂化压裂模式与单井压裂模式相比，提高效率 50% 以上，压裂车辆动用减少 35%，平均缩短试气周期 50% 以上。

2）拉链式压裂

拉链式压裂通过分配管汇切换高压流程，压裂和泵送同时进行互不干扰，实现一口井在压裂施工的同时，另一口井进行泵送桥塞—射孔联作施工，如图 32–3 所示。当一口井压裂施工井完成后，通过流程切换，可继续施工另一口已完成泵送桥塞的井，中间基本无须停等，实现连续作业。按照单井单次压裂模式，完成 2 口井的压裂任务，至少需 20d 左右，其主要问题是压裂施工与泵送桥塞作业交替进行，每天只能完成 2 段压裂，泵送 2 级桥塞。采用拉链式压裂，可以在相同的工作时间内每天实现 4 段压裂，泵送 4 级桥塞，可以将两口井压裂工期缩短为 10d 左右。例如：JY9 平台 2 口井，11d 完成压裂施工。

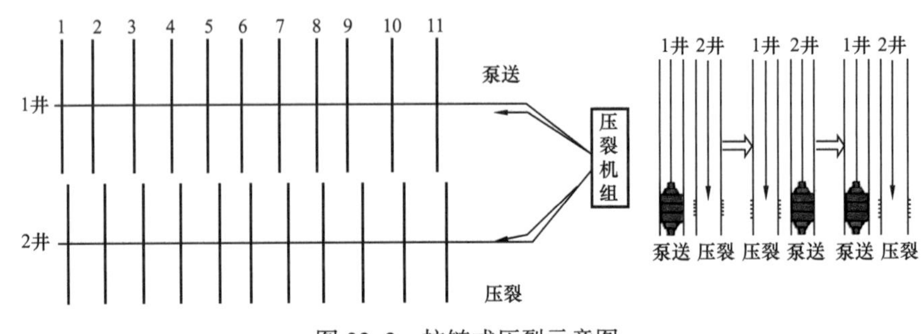

图 32–3　拉链式压裂示意图

3. 优化工程管理模式

1）建立风险评价体系和考核标准

为更好地管理现场压裂试气，运用现代科学管理方法，涪陵页岩气田建立了严密的组织监管体系，制定各项管理文件几十项，做到覆盖面 100%；建立了一整套风险评价体系，同时对各项作业施工提出严格考核标准，实行各施工队伍打分制，进行对比考核，尽可能降低现场事故发生率，减少风险成本。

2）建立压裂实时监控系统及试气工程数据库

一方面是涪陵页岩气田通过建立压裂实时监控系统对压裂进行实时跟踪；另一方面是建立和完善试气工程数据库，数据库目前已涵盖压裂日报、压裂公报及综合分析等 12 个模块，能为压裂施工分析及时提供第一手资料。两方面结合，既能减少人力资源需求，又方便分析、指导压裂，及时对后续井段和邻井压裂做出合理调整，提高单段及单井压裂试气效果。

三、实施效果分析

2013—2015 年，通过对工艺设计、施工组织及管理模式进行优化，在气层平均埋深增加以及全烃甲烷含量减小的情况下，单段压裂费用下降近 20 万元，平均单井无阻流量保持在 $30 \times 10^4 m^3/d$ 以上，确保气田效益开发，见表 32-3。

表 32-3　2013—2015 年单井压裂费用及产能统计

年份	平均埋深，m	全烃含量，%	甲烷含量，%	单井无阻流量，$10^4 m^3/d$	单段费用，万元
2013	2431.56	23.61	20.67	55.22	约 190
2014	2435.07	21.75	18.63	48.38	约 170
2015	2908.14	16.71	14.42	33.42	约 170

案例 33　涪陵焦石坝页岩气田水平井完井压裂降本增效配套措施

本案例介绍了焦石坝页岩气田水平井完井压裂降本增效配套措施，包括优化压裂分段、优化簇间距和段间距、优化压裂规模、优选压裂材料体系、优化压裂分段工艺等内容，并给出了 26 口井施工参数。

一、案例背景

焦石坝地区位于川东褶皱带东南部，万县复向斜的南翼，构造为一个被大耳山西、石门、吊水岩、天台场等断层所夹持的断背斜构造。该地区泥页岩主要发育在上奥陶统五峰组—下志留统龙马溪组，主要为灰黑色碳质泥岩、灰黑色泥岩、灰黑色粉砂质泥岩，发育稳定，页岩厚度 80～114m，孔隙度平均值为 4.61%，渗透率平均值为 23.63mD。焦石坝龙马溪组底部 38m 为优质页岩气层段，裂缝发育，孔隙度较高。

焦石坝地区钻探的 JY1HF 井压裂试气后获得了 $20.3 \times 10^4 m^3/d$ 的高产，成为国内第一口具有商业开发价值的页岩气井。但在该井压裂过程中，由于地层的非均质性较强，出现了层段加砂异常，压裂液滤失严重，裂缝发育特征明显，调整设计参数后才得以顺利施工。以形成“支撑主缝 + 复杂网缝”为目标，确定了压裂设计思路。（1）综合工程和地质因素，优化压裂参数，包括射孔簇数、簇间距和段间距等。采用高排量注入，提高净压力，实现裂缝网络化，提升改造体积。（2）盐酸预处理前置液阶段添加粒径 100 目粉陶，打磨孔眼、暂堵降滤，促进裂缝延伸，降低施工压力。（3）采用减阻水 + 线性胶的混合压裂液体系，促进裂缝系统复杂化。

二、降本增效措施

1. 优化压裂分段

综合考虑岩石力学参数、固井质量等工程因素进行综合压裂分段。按照优化结果，水平段轨迹穿行于龙马溪组底部及五峰组，考虑到诱导应力的作用，压裂段长度设计 85～95m/ 段。水平段轨迹穿行于龙马溪组时，压裂段长度设计 75～85m/ 段。

2. 优化簇间距和段间距

以产能预测为基础优化簇间距和段间距，通过数值模拟确定最佳簇间距和段间距。龙马溪组中部及以上层段时，簇间距为 20～30m；储层下部页理缝极发育，易形成较复杂的网络裂缝，簇间距 30～35m、段间距 35～40m。

3. 优化压裂规模

应用页岩储层缝网压裂模式，分段模拟 $1400m^3$、$1600m^3$、$1800m^3$、$2000m^3$ 压裂规模的支撑裂缝几何参数，并针对五峰组和龙马溪组进行优化设计。五峰组以形成网络裂缝为主，层理开启较多，缝长延伸相对受限；龙马溪组以形成复杂裂缝为主，层理开启较少，缝和缝长延伸较为顺畅，考虑到目前井间距为 600m，裂缝设计半长控制在 300m 以内，避免两井间产生干扰。根据 Meyer 压裂设计软件模拟结果，确定单段砂量为 50～$65m^3$，液量在 1400～$1700m^3$ 时，支撑半缝长为 195～210m，裂缝半缝长为 260～290m，能满足压裂改造需求。

4. 优选压裂材料体系

减阻水能有效提高裂缝改造体积，中黏线性胶有利于提高缝内净压力，选用减阻水体系和线性胶体系，可携带高浓度支撑剂，形成高导流能力主支撑裂缝。线性胶配方：0.3%SRFR-CH_3+0.15% 复合增效剂 +0.05% 黏度调节剂 +0.02% 消泡剂 +0.3% 流变助剂，配制好的液体表观黏度为 30～35mPa·s，悬砂能力强，易于水化。减阻水配方：（0.1%～0.2%）减阻剂 JC-J10 或 SRFR-1+0.1% 复合增效剂 +0.3% 防膨剂 +0.02% 消泡剂，两种减阻水体系表界面张力低，黏度 3～12mPa·s，减阻率 50%～70%，水化时间短，满足连续混配需求。

涪陵页岩气田储层闭合应力为 50MPa，要求支撑剂抗破碎能力高，并要满足减阻水加砂压裂工艺的需求，因此选择密度为 $1.6g/cm^3$ 的树脂覆膜砂。经性能评价，在闭合应力 50MPa 时，破碎率低于 5%，导流能力在 $20μm^2·cm$ 以上，支撑裂缝的渗流能力强。选择粒径 100 目支撑剂 +30/50 目支撑剂 +40/70 目支撑剂组合，能有效提高裂缝支撑效果。

5. 优化压裂分段工艺

焦石坝地区页岩气水平井选用桥塞分段方式压裂，施工采用电缆射孔—桥塞联作工艺，保证各个压裂层段的有效封隔和长时间大排量的注入，压裂结束后采用连续油管进行一次性钻塞，确保了压后井筒的畅通。

三、实施效果分析

焦石坝地区页岩气水平井压裂试气 26 口井，施工参数见表 33-1。单井水平段主体长度 1000～1500m，采用缝网压裂模式和组合加砂、混合压裂方式，实现长水平段桥塞多级压裂。对于水平段长度 1000m 左右的水平井，单井平均液量为 24088m^3，单段平均液量为 1712m^3，单井平均砂量为 830m^3，单段平均砂量为 58.5m^3；对于水平段长度 1500m 左右的水平井，单井平均液量为 31347m^3，单段平均液量为 1760m^3，单井平均砂量为 947.6m^3，单段平均砂量为 52.3m^3。

表 33-1　焦石坝地区 26 口页岩气水平井压裂施工参数

序号	井号	水平段长 m	段数	总砂量 m^3	总液量 m^3	平均单段砂量 m^3	平均单段液量 m^3
1	1HF	1000	15	965	29278	64.3	1951.9
2	1-3HF	1003	15	989	23170	66.0	1544.7
3	7-2HF	880	13	874	22466	67.2	1728.2
4	4HF	1198	15	648	23869	43.2	1591.3
5	1-4HF	1007	13	648	22661	49.8	1743.2
6	12-1HF	1344	16	821	29233	51.3	1827.1
7	12-2HF	1371	20	1255	28975	62.8	1448.8
8	3HF	1398	17	1015	28627	59.7	1683.9
9	11-2HF	1419	14	515	25482	36.8	1820.1
10	10-2HF	1442	15	704	33675	46.9	2245.0
11	11-1HF	1451	17	946	30336	55.6	1784.5
12	13-2HF	1457	18	968	34406	53.8	1911.4
13	6-2HF	1477	15	773	28621	51.5	1908.1
14	2HF	1458	18	778	30396	43.2	1688.7
15	8-2HF	1499	21	961	39649	45.8	1888.0
16	1-2HF	1504	22	1161	40237	52.8	1829.0
17	4-2HF	1505	18	876	27906	48.7	1550.3
18	8-3HF	1542	19	919	31873	48.4	1677.5
19	13-3HF	1559	20	1166	33095	58.3	1654.8
20	9-1HF	1561	19	1265	28509	66.6	1500.5

续表

序号	井号	水平段长 m	段数	总砂量 m^3	总液量 m^3	平均单段砂量 m^3	平均单段液量 m^3
21	6-3HF	1578	16	847	29154	52.9	1822.1
22	12-3HF	1584	18	1068	33647	59.3	1869.3
23	7-3FH	1611	19	969	26974	51.0	1419.7
24	7-3HF	1616	19	849	34615	44.7	1821.8
25	10-3HF	1619	20	1096	30976	54.8	1548.8
26	12-4HF	2099	26	1344	46140	51.7	1774.6
平均		1430	18	939	30537	53.4	1739.7

已投产井单井无阻流量日产气（10.1～155.8）$\times 10^4m^3$，单井日产气（5～35）$\times 10^4m^3$，区域井组日产气量达 308.66 $\times 10^4m^3$。

案例 34　长宁页岩气田水平井组拉链式压裂降本增效配套措施

本案例介绍了中国第一个页岩气水平井组拉链式压裂配套降本增效技术措施，包括整体压裂工艺、压裂作业模式、地面配套设备等内容，并分析了 3 口井压裂施工效果。

一、案例背景

页岩气储层具有超低孔隙度、低渗透率的特征。若不借助水力压裂，无法实现经济开采。2009 年中国第 1 口页岩气直井实施了压裂并获气，从此拉开了川渝地区页岩气勘探开发序幕。经过几年的探索和实践，长宁—威远国家级页岩气示范区内形成了自主页岩气储层改造技术，相继完成了一批直井和水平井体积压裂改造，并获得工业产能，工厂化作业模式成为提高压裂作业效率的一个亮点。

A 平台是四川盆地长宁—威远国家级页岩气示范区第一个工厂化试验平台，目标层位为志留系龙马溪组。该平台同井场布井 6 口，分 2 排分布。计划首先完钻上倾方向的 1 井、2 井、3 井，并对此 3 口井实施压裂作业和测试投产。针对该平台压裂改造工艺要求和四川盆地山地地形特点，采用工厂化作业优化设计，在国内首次采用拉链式压裂作业模式。通过地面标准化流程、拉链式施工、流水线作业和井下交错布缝、微地震实时监测，最大限度增加储层改造体积，充分体现了工厂化压裂对页岩气水平井平台大规模体积压裂改造的提速提效作用。

二、降本增效措施

1. 体积压裂工艺

针对页岩气储层超低孔低渗的特点，以产生复杂网状裂缝、增大裂缝与储层接触面积为目的，形成低砂比、大液量、大排量、段塞式滑溜水注入为特征的体积压裂技术，并配套形成大液量储液、大排量连续供液、压裂液连续混配、连续供砂、电缆泵送桥塞与分簇射孔联作、分段压裂、微地震监测、连续油管钻磨、压裂返排液回收利用等全套工艺技术系列，以满足体积压裂改造的需要。

2. 压裂作业模式

长宁区块在 A 平台 2 口水平井采取拉链式压裂作业模式，即同一井场 1 口井压裂、

1 口井进行电缆桥塞射孔联作，两项作业交替进行实现无缝衔接。同时，在另 1 口井实施地震监测，之后单独对监测井进行压裂，如图 34-1 所示。

具体作业流程如下：（1）一套压裂设备先对 1 井、2 井实施拉链作业；（2）电缆作业设备在 1 井、2 井之间倒换，开展下桥塞和坐封作业；（3）压裂 3 井的同时，1 井、2 井开始钻磨桥塞，后钻磨 3 井桥塞；（4）钻磨完 1 口井的桥塞后进行放喷排液，最终实现 3 口井放喷排液。

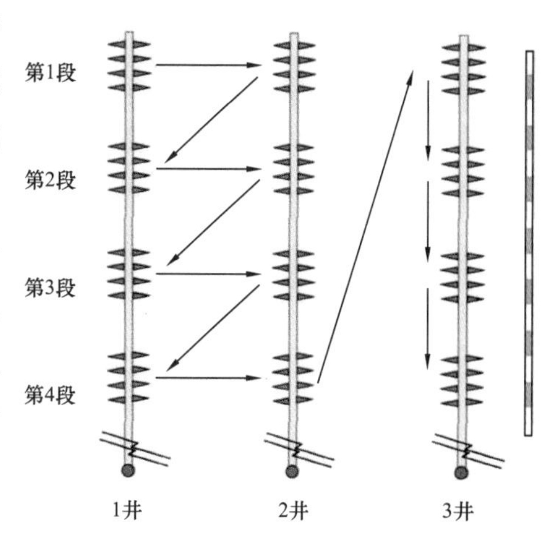

图 34-1　A 平台拉链式压裂模式示意图

3. 地面配套设备

拉链式压裂作业期间，地面设备有压裂、混砂、连续混配、电缆作业、连续油管和地面排液设备等，还包括供水、液罐、砂罐、酸罐等辅助设备。此外，设计研制了现场连续加油设备，保障现场设备连续作业，通过特殊多通道压裂井口满足长时间大排量压裂施工需求，压裂指挥中心统一指挥整个拉链式压裂作业。考虑到拉链式压裂涉及众多作业内容和大量交叉作业，现场按照功能区布置地面设备，设备的摆放同时兼顾安全性及方便性。地面供水采用水源—储水池—过渡液罐三级供水模式，相邻平台 1 个储水池进行集中统一调配，保障拉链式压裂供水要求。

压裂设备采用流线型布局，分为加砂压裂车组和泵送桥塞车组，压裂车组水功率为 38000hp。减少长时间高压泵注中的管路磨损。两套车组通过不同的流程分开连接，两套流程都能够实现两口井间的快速切换和压力隔离，提高交叉压裂作业效率，减少交叉作业中的高压风险。

三、实施效果分析

通过对 A 平台 1 井、2 井不间断作业，顺利完成国内首次页岩气水平井组拉链式压裂，未发生任何损失工时事件，充分体现了“施工作业的规模化、工艺实施的流程化、组织运行的一体化、生产管理的精细化、现场施工的标准化”等“五化”的工厂化压裂作业特点。

24 段拉链式压裂，平均每天压裂 3.16 段，最多 1 天压裂 4 段，平均单段液量砂量 1800m^3，段与段之间的准备时间在 2～3h，完成设备保养、燃料添加等工作。施工效率比传统压裂方式提高了78%，极大地提高了作业时效。

1井、2井压裂后的返排液经过现场回收处理，在3井的压裂施工中进行了重复利用，利用率达到86.7%，返排液重复利用时降阻率68.2%～71.5%，满足体积压裂工艺要求，实现了高效、环保的压裂作业。

案例 35　Montney 页岩气田增能压裂液技术措施

本案例介绍了加拿大 Montney 页岩气田两个示范区实施的二氧化碳（CO_2）、氮气（N_2）泡沫增能压裂液技术实施效果，并与常用滑溜水压裂液和稠化油压裂液的经济效益对比分析。

一、案例背景

Montney 页岩气田位于加拿大西部沉积盆地，储层埋深 915～2438m。Montney 区块有两个生产层位：上部层位是一个浅褐色块状粉砂岩，夹层中含细粒砂岩，下部层位是一种含深灰色白云质粉砂岩与泥岩互层。Montney 页岩气田已开展增能压裂工艺技术的现场作业，并与常规压裂液的压裂增产效果进行了对比分析。如图 35-1 所示，根据油气井所处的位置不同，将油气井划分为四个主要区块，通过其生产数据，对增能压裂液和常规压裂液增产效果、压裂成本和油气采出程度进行评估。表 35-1 给出了研究区块内不同压裂施工类型的井数。区块 2 和区块 4 的井全部采用了增能压裂处理，因此，以区块 1 和区块 3 作为目标开展评价。

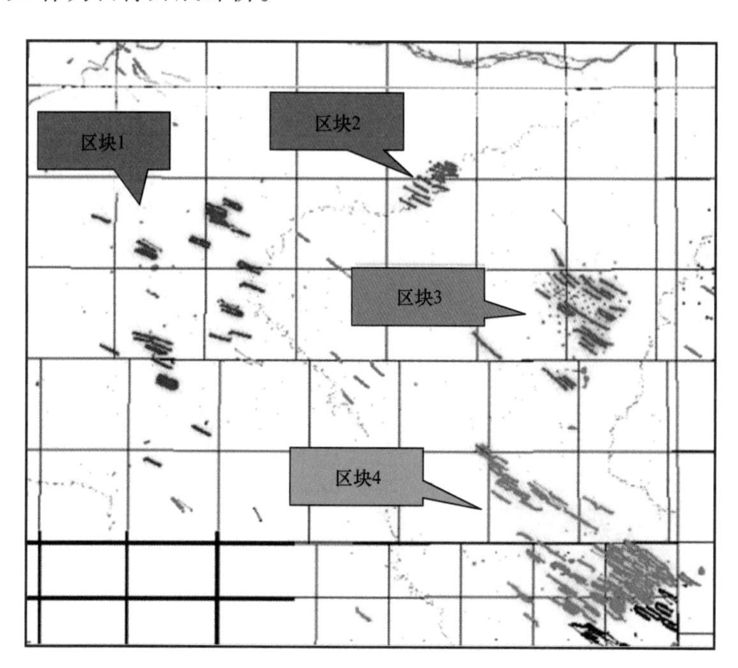

图 35-1　Montney 页岩气田区块分布图

表 35-1　井组和施工作业类型　　单位：口

井组	井组内包含的井数	增能压裂井	非增能压裂井	数据不足的井
区块 1	24	12	12	0
区块 2	5	3	0	2
区块 3	10	5	4	1
区块 4	15	15	0	0
其他	12	8	1	3
合计	66	43	17	6

二、降本增效措施

水平井钻井技术和压裂改造措施是实现页岩油气藏经济开发的关键技术。滑溜水水力压裂施工工艺是常用的一种方式。在滑溜水压裂施工作业过程中，用水量非常大，回收率很低，且压裂改造后的采收率也往往达不到预期。对此，增能压裂液开始被尝试着替代滑溜水而用到页岩油气井的压裂改造过程中。增能压裂液是在常规压裂液基础上混拌高浓度液态氮气或二氧化碳，以气相为内相、液相为外相的低伤害压裂液。具有携砂能力强、滤失低、残液返排率高等特点，特别适合低温、低压、水敏或水锁等敏感性强的储层。增能压裂液可以有效减少压裂用水量，有利于环保。该项工艺技术已经在部分地区取得了良好的应用效果，尽管压裂施工成本有所增加，但其获得的油气产量大幅提高，收益远远超出其施工本身增加的成本。

1. 区块 1 增能压裂施工

区块 1 有 24 口井实施压裂，井位分布如图 35-2 所示，其中 12 口井采用增能压裂液，见图中绿色部分；另外 12 口井采用非增能压裂液，见图中蓝色部分。对于二氧化碳泡沫压裂处理方式来说，大多数施工参数值显著低于滑溜水压裂作业；注入速度大约是滑溜水压裂的一半，注入压力减少了 1/4，使用的液体体积不到滑溜水压裂时液体用量的一半。由图 35-3 可见，未来 10 年增能压裂井的采出量约为 $8009\times10^4m^3$，非增能压裂井的采出量为 $7188\times10^4m^3$，将增加 $821\times10^4m^3$，增加了 11%。

2. 区块 3 增能压裂施工

区块 3 有 9 口井实施压裂，井位分布如图 35-4 所示，其中 5 口井采用增能压裂液，见图中绿色部分；另外 4 口井采用非增能压裂液，见图中蓝色部分。由图 35-5 可见，未来 10 年增能压裂井的采出量约为 $19103\times10^4m^3$，非增能压裂井的采出量约为 $8490\times10^4m^3$，将增加 $10613\times10^4m^3$，增加了 125%。

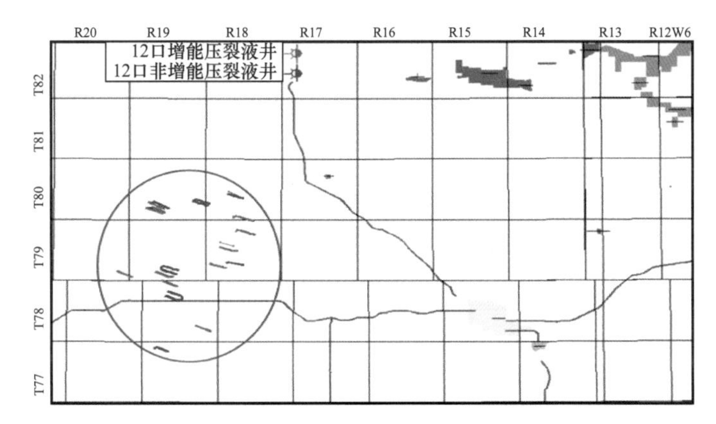

图 35-2　Montney 页岩气田区块 1 布井图

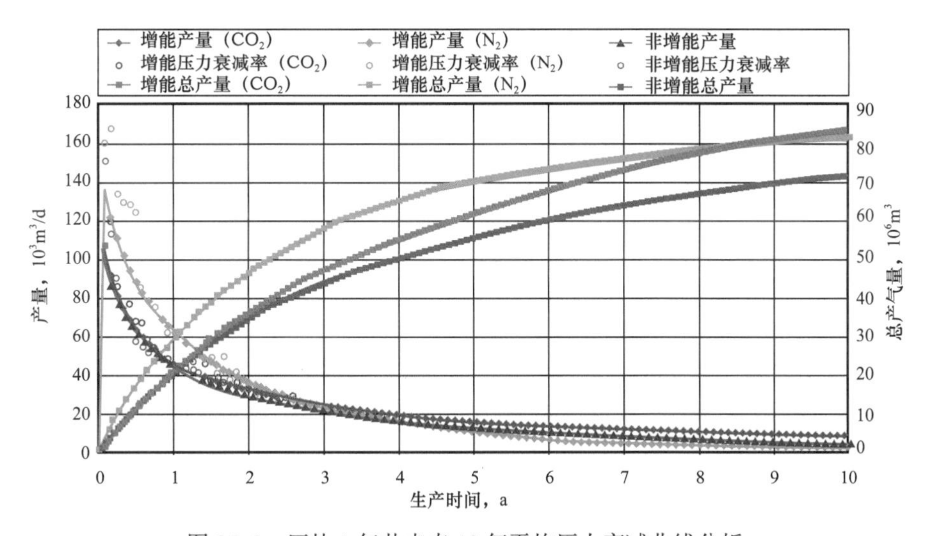

图 35-3　区块 1 气井未来 10 年平均压力衰减曲线分析

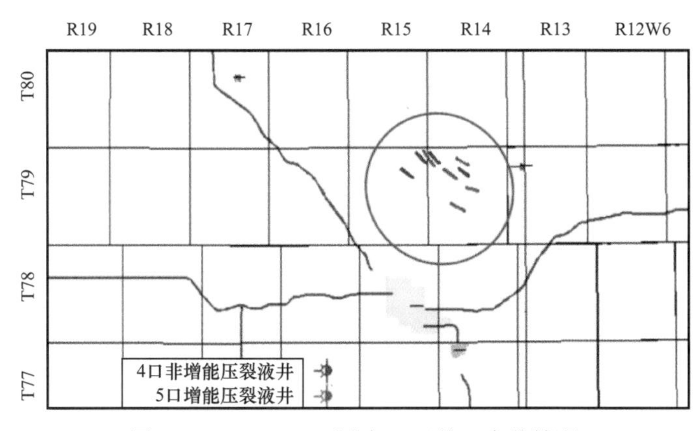

图 35-4　Montney 页岩气田区块 3 布井情况

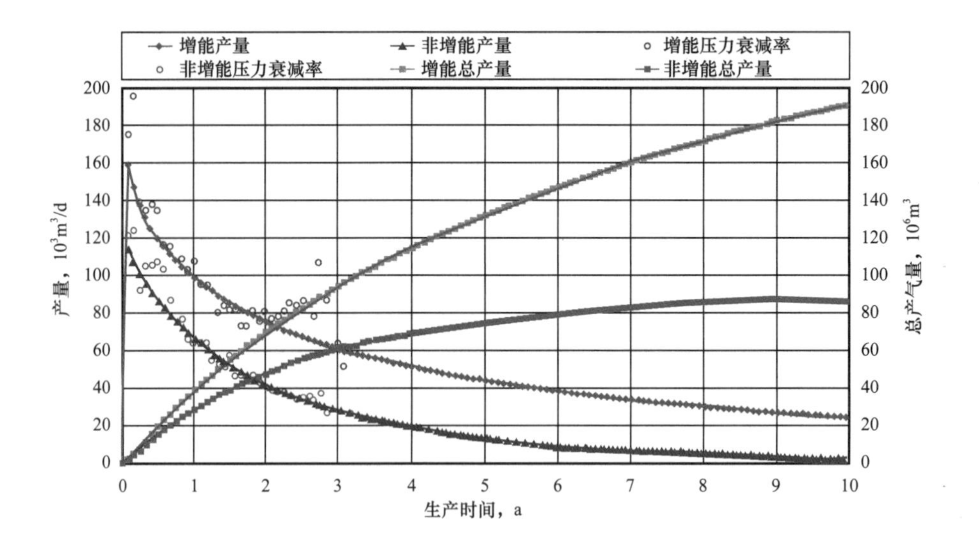

图 35-5　区块 3 油气井未来 10 年压力衰减曲线分析

三、实施效果分析

经济效益分析基本条件如下：供水成本为 10 加元 /m^3，回收率为 25%，处理成本为 20 加元 /m^3；稠化油的回收率为 75%，成本为 950 加元 /m^3；天然气价格 0.14 加元 /m^3。经济效益对比分析采用压裂施工、支撑剂、化学剂和低温气体的成本，不包括水或油等基础液体的成本，区块 1 和区块 3 压裂施工参数和成本见表 35-2，两个区块经济效益分析数据见表 35-3。

表 35-2　区块 1 和区块 3 压裂施工参数和成本

区块	压裂类型	井数 口	压裂段长 m	泵速 m^3/min	注入压力 MPa	压裂级数	液体体积 m^3	单级液体体积 m^3	支撑剂 t	单级支撑剂 t	压裂施工成本 10^4 加元	压裂总成本 10^4 加元	总成本比率
区块 1	非增能，滑溜水	12	1770	9.1	54.6	5	4630	955	860	177	126	133	1.00
	增能平均值	12	1862	6.2	52.3	6	2931	518	892	150	177	181	1.36
	增能，N_2 滑溜水	5	1950	9.6	61.0	5	4203	853	964	196	149	156	1.17
	增能，CO_2 泡沫	7	1799	4.2	47.0	7	2023	279	841	117	197	198	1.49
区块 3	非增能，稠化油	4	1163	1.8	32.6	5	1769	354	589	118	199	241	1.81
	增能，CO_2 泡沫	5	1418	3.2	36.1	7	1247	196	748	122	172	174	1.31

表 35-3　区块 1 和区块 3 经济效益分析

区块	井数		10 年累计产量 10^4m^3		产量增加 10^4m^3	总产值 10^4 加元		增加产值 10^4 加元
	非增能	增能	非增能	增能		非增能	增能	
区块 1	12 口	7 口（CO_2） 5 口（N_2）	7188	8009	821	1006	1121	115
区块 3	4 口	5 口（CO_2）	8490	19103	10613	1189	2674	1485

1. 区块 1 经济效益分析

表 35-2 列出了滑溜水压裂、氮气滑溜水压裂和二氧化碳泡沫压裂的成本。与非增能压裂总成本相比，氮气滑溜水压裂总成本约高 17%，二氧化碳泡沫压裂总成本高 49%，应用增能压裂液平均高 36%，增加成本 48 万加元。在天然气价格为 0.14 加元 /m^3 条件下，$821 \times 10^4m^3$ 产量增加所带来的价值 115 万加元，扣除增加成本 48 万加元，增加效益 67 万加元。

2. 区块 3 经济效益分析

该区块压裂井使用了两种不同的压裂液，一种是以稠化油为代表的非增能压裂液，另一种是以二氧化碳泡沫为代表的增能压裂液。表 35-2 列出了稠化油压裂液和二氧化碳泡沫压裂液的压裂成本，采用稠化油压裂液进行压裂的成本最高，比滑溜水压裂的成本高出 81%。参照区块 1 的滑溜水压裂成本，区块 3 采用增能压裂增产所带来的价值达 1485 万加元，扣除增加成本 41 万加元，增加效益 1444 万加元。

案例 36　Eagle Ford 页岩气田水平井多级滑套压裂技术措施

本案例介绍了 Eagle Ford 页岩气田水平井多级滑套压裂基本原理、1 口井 16 段压裂施工方案和相关施工参数。

一、案例背景

Eagle Ford 页岩气田初期采用“打水泥塞—射孔”（P-n-P）工艺实现多段压裂。该工艺措施虽然在应用过程中得到了不断完善，但施工效率仍然偏低。当对得克萨斯州 Zavala 新区进行开发时，为了获得更高的作业效率，石油公司决定使用多级滑套压裂（CMSS）技术实施压裂改造。

二、降本增效措施

1. 多级滑套压裂原理

CMSS 技术使用的多级压裂滑套可从地面控制，无须使用钢丝下入井下工具进行操作。CMSS 完井过程中要用着陆挡板和压裂球，压裂球由井口远距离投入井内，随流体下落并坐在着陆挡板上，蹩压并将滑套打开，压裂液从侧向孔道流出，从而实现对目标油气层的压裂处理，如图 36-1 所示。从水平井段趾部至跟部，每级滑套所对应使用的压裂球及挡板的尺寸依次逐级变大，依次完成单个井眼内的多级压裂施工。

图 36-1　多级滑套压裂示意图

2. 多级滑套压裂实例

以 Eagle Ford 页岩气田某井为例，该井井深 11965ft，水平段长 5913ft，井身结构如

图 36–2 所示。$10^3/_4$in 表层套管下深 3010ft，水泥返至地面；$5^1/_2$in 生产套管下深 11965ft，水泥返至地面。其中，储层段套管柱按照等间隔距离共安装 17 个多级滑套（表 36–1），并采用酸溶性水泥进行固井。

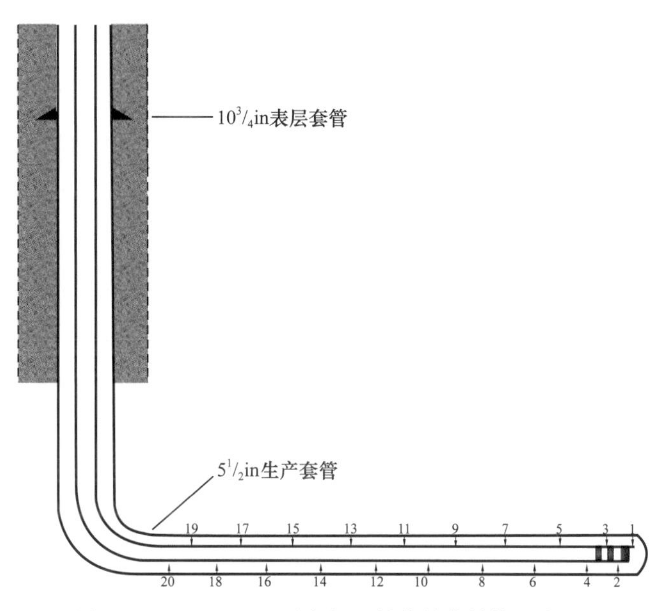

图 36–2 Eagle Ford 页岩气田某井井身结构示意图

表 36–1 生产套管及滑套参数

序号	描述	内径，in	外径，in	段长，ft	深度，ft
	5.5in 20.00# 套管（180 根）		5.500	7530.32	地面
20	投球滑套 15（4.198in 挡板） 滑套工具 17	4.189	6.500	3.33	7520.28
	5.5in 20.00# 套管（6 根）		5.500	271.89	7523.61
19	投球滑套 14（4.005in 挡板） 滑套工具 16	4.005	6.500	3.34	7795.50
	5.5in 20.00# 套管（6 根）		5.500	268.75	7798.84
18	投球滑套 13（3.822in 挡板） 滑套工具 15	3.822	6.500	3.31	8067.59
	5.5in 20.00# 套管（6 根）		5.500	270.62	8070.90
17	投球滑套 12（3.645in 挡板） 滑套工具 14	3.645	6.500	3.34	8341.52
	5.5in 20.00# 套管（6 根）		5.500	271.32	8344.86
16	投球滑套 11（3.473in 挡板） 滑套工具 13	3.473	6.500	3.34	8616.18
	5.5in 20.00# 套管（6 根）		5.500	271.51	8619.52
15	投球滑套 10（3.310in 挡板） 滑套工具 12	3.310	6.500	3.35	8891.03

续表

序号	描述	内径，in	外径，in	段长，ft	深度，ft
	5.5in 20.00# 套管（6 根）		5.500	267.04	8894.38
14	投球滑套 9（3.155in 挡板） 滑套工具 11	3.155	6.500	3.35	9161.42
	5.5in 20.00# 套管（6 根）		5.500	271.57	9164.77
13	投球滑套 8（3.040in 挡板） 滑套工具 10	3.040	6.500	3.34	9436.34
	5.5in 20.00# 套管（6 根）		5.500	271.76	9439.68
12	投球滑套 7（2.915in 挡板） 滑套工具 9	2.915	6.500	3.34	9711.44
	5.5in 20.00# 套管（6 根）		5.500	271.79	9714.78
11	投球滑套 6（2.790in 挡板） 滑套工具 8	2.790	6.500	3.35	9986.57
	5.5in 20.00# 套管（6 根）		5.500	271.49	9989.92
10	投球滑套 5（2.665in 挡板） 滑套工具 7	2.655	6.500	3.34	10261.41
	5.5in 20.00# 套管（6 根）		5.500	271.3	10264.75
9	投球滑套 4（2.540in 挡板） 滑套工具 6	2.540	6.500	3.33	10536.05
	5.5in 20.00# 套管（6 根）		5.500	269.49	10539.38
8	投球滑套 3（2.415in 挡板） 滑套工具 5	2.415	6.500	3.33	10808.87
	5.5in 20.00# 套管（6 根）		5.500	270.49	10812.20
7	投球滑套 2（2.290in 挡板） 滑套工具 4	2.290	6.500	3.34	11082.69
	5.5in 20.00# 套管（6 根）		5.500	269.38	11086.03
6	投球滑套 1（2.165in 挡板） 滑套工具 3	2.165	6.500	3.33	11355.41
	5.5in 20.00# 套管（6 根）		5.500	270.54	11358.74
5	压差滑套 2（9739 psi 打开） 滑套工具 2	2.040	6.500	3.08	11629.28
	5.5in 20.00# 套管（1 根）		5.500	62.21	11632.36
4	压差滑套 1（9316 psi 打开） 滑套工具 1	4.000	6.500	3.08	11694.57
	5.5in 20.00# 套管（4 根）		5.500	178.12	11697.65
3	浮箍		6.280	1.3	11875.77
	5.5in 20.00# 套管（1 根）		5.500	41.88	11877.07
2	浮箍		6.100	1.05	11918.95
	5.5in 20.00# 套管（1 根）		5.500	41.9	11920.00
1	划眼引鞋		7.200	3.1	11961.90
					11965.00

该井压裂施工分 16 级进行，水力压裂改造井段 7522ft 至 11965ft。压裂液由预处理的清水及粒径 100 目、30/50 目、20/40 目的陶粒等 3 种不同类型的支撑剂配制而成。表 36–2 和表 38–3 分别为 1～4 级和 5～16 级压裂施工方案。表 36–4 和图 36–3 分别为打开滑套时的工作压力、压裂施工压力以及使每个压裂球落座于挡板上所需顶替的压裂液用量。图 36–4 对目标井每级压裂施工压力进行了对比，图中各级最大施工压力的变化反映了相应储层性质上的差异。

表 36–2　1～4 级压裂施工方案

施工流程	流体类型	步骤描述	液量 bbl	支撑剂 lb	支撑剂类型	总液量 bbl	混液排量 bbl/min	净液排量 bbl/min
步骤 1	预处理清水	注入井筒液体	5000	0		5000	10	10
步骤 2	15% 盐酸	加酸	5000	0		5000	10	10
步骤 3	预处理清水	顶替	10000	0		10000	54	54
步骤 4	预处理清水	加砂	10000	5000	100 目	10228	54	53
步骤 5	预处理清水	加砂	10000	10000	100 目	10456	54	52
步骤 6	预处理清水	顶替	10000	0		10000	54	54
步骤 7	压裂液	填充	20000	0		20000	54	54
步骤 8	压裂液	加砂液	20000	10000	30/50 陶粒	20456	54	53
步骤 9	压裂液	加砂液	22000	22000	30/50 陶粒	23003	54	52
步骤 10	压裂液	加砂液	22000	44000	30/50 陶粒	24006	54	49
步骤 11	压裂液	加砂液	20000	60000	20/40 陶粒	22736	54	48
步骤 12	压裂液	加砂液	16000	64000	20/40 陶粒	18918	54	46
步骤 13	预处理清水	洗井	11000			11000	54	54
合计			181000	215000		190803		

表 36–3　5～16 级压裂施工方案

施工 流程	流体类型	步骤描述	液量 bbl	支撑剂 lb	支撑剂 类型	总液量 bbl	混液排量 bbl/min	净液排量 bbl/min
步骤 1	预处理清水	注入井筒 液体	5000	0		5000	10	10
步骤 2	15% 盐酸	加酸	4000	0		4000	10	10
步骤 3	预处理清水	顶替	10000	0		10000	54	54
步骤 4	预处理清水	加砂	10000	5000	100 目	10228	54	53

续表

施工流程	流体类型	步骤描述	液量 bbl	支撑剂 lb	支撑剂类型	总液量 bbl	混液排量 bbl/min	净液排量 bbl/min
步骤 5	预处理清水	加砂	10000	10000	100 目	10456	54	52
步骤 6	预处理清水	顶替	10000	0		10000	54	54
步骤 7	压裂液	填充	25000	0		25000	54	54
步骤 8	压裂液	加砂液	22000	11000	30/50 陶粒	22502	54	53
步骤 9	压裂液	加砂液	22000	22000	30/50 陶粒	23003	54	52
步骤 10	压裂液	加砂液	20000	40000	30/50 陶粒	21824	54	49
步骤 11	压裂液	加砂液	20000	60000	20/40 陶粒	22736	54	48
步骤 12	压裂液	加砂液	16750	67000	20/40 陶粒	19805	54	46
步骤 13	压裂液	加砂液	10000	50000	20/40 陶粒	12280	55	45
步骤 14	预处理的清水	洗井	11000			11000	54	54
合计			195750	265000		207834		

表 36-4 压裂球落座参数

压裂过程	投球时间 h:min	落座挡板上时间 h:min	压裂球落座压力 psi	打开滑套压力 psi	Δp psi	初始压力 psi	顶替液量 bbl
施工前准备	无	无	无	无	无	无	无
1 级	无	无	无	无	无	无	无
2 级	11:21	11:32	4327	8561	4234	5894	0
3 级	12:49	13:00	4398	7223	2825	4560	+12
4 级	14:16	14:26	4112	7010	2898	4563	+1
5 级	15:42	15:52	4170	6999	2829	4124	–4
6 级	17:11	17:21	4300	7325	3025	3936	+4
7 级	18:40	18:49	4329	7064	2756	4186	+6
8 级	20:08	20:18	4261	7192	2931	4388	+2
9 级	0:32	0:41	4227	7070	2843	3990	–7
10 级	1:59	2:07	4314	8473	4159	4560	–10
11 级	3:23	3:32	4276	7141	2865	4061	+1

续表

压裂过程	投球时间 h:min	落座挡板上时间 h:min	压裂球落座压力 psi	打开滑套压力 psi	Δp psi	初始压力 psi	顶替液量 bbl
12 级	4:50	4:57	4218	7095	2877	–4200	–15
13 级	6:14	6:23	3852	6758	2906	–4000	+1
14 级	7:41	7:52	3680	6741	2861	–4000	+8
15 级	11:14	11:26	3653	6446	2793	4632	+4

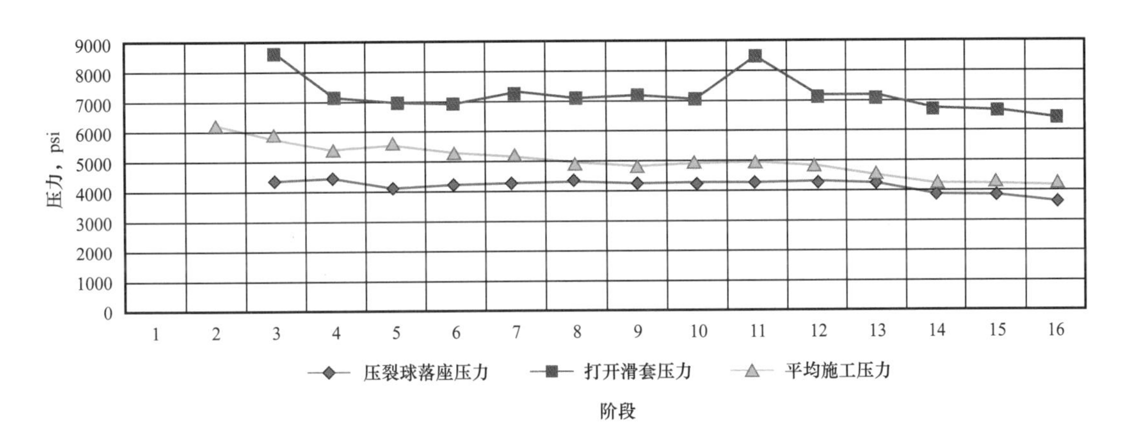

图 36–3　压裂球落座时压力

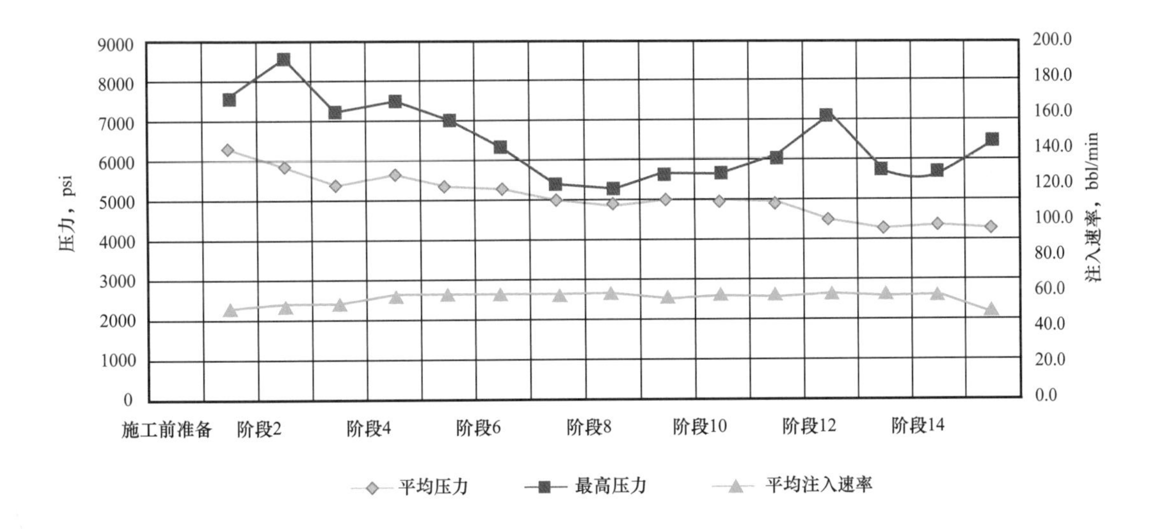

图 36–4　每级压裂施工压力

三、实施效果分析

CMSS完井施工过程中，每级的平均泵送时间为1.6h，平均每级向井内泵入240000bbl的支撑剂。在整个现场施工过程中，因停泵维修以及等待物料运抵现场而停工的非压裂工作时间只有5.4h。15级施工的总泵送时间为24.1h，施工速度比原“P-n-P”完井法提高66%。

案例 37　Haynesville 页岩气田水平井重复压裂技术措施

本案例介绍了 Haynesville 页岩气田水平井暂堵转向重复压裂技术措施，包括测试压裂施工、前期阶段施工、交联压裂液阶段施工、复合阶段施工等内容，分析了整体施工效果和产量变化情况

一、案例背景

重复压裂改造技术可以有效增加非常规油气井最终可采量（EUR）和最终采收率。然而，前期微地震监测、放射性示踪剂和生产测井资料结果显示，大部分水平井重复压裂改造过程中，支撑剂仅分布于前 1000～2000ft 水平段。如何提高页岩气长水平井重复压裂改造效果，成为压裂技术亟需解决的难题。

Haynesville 页岩气田 2010 年 6 月完钻的 1 口水平井，水平段长度为 4367ft。采用快钻桥塞和射孔方式，对整个水平井段进行了 15 段压裂改造。每段包含 5 个 1ft 长的射孔簇，簇间距 49ft。压裂段施工压力 8678～9766psi，平均 9171psi，平均排量 69.8bbl/min，瞬时停泵压力（ISIP）6133～6451psi。2015 年 6 月采用可生物降解微粒作为暂堵剂对该井进行了重复压裂，应用示踪剂技术发现 70 个射孔簇中有 63 个得到了改造，两次水平段压裂参数见表 37–1。

表 37–1　两次压裂参数对比

压裂时间	簇间距，ft	单位长度支撑剂量，lb /ft	单簇支撑剂量，lb	单簇压裂液量，gal
2010 年 6 月	45～50	3000	150000	125000
2015 年 6 月	59	1034	60230	78978

有效的封隔是提高重复压裂改造效果的必要条件。第一次完井过程中，按照设计分段打开一定数量的射孔簇，然后将压裂改造过的射孔簇与尚未处理井段借助桥塞或滑套实现机械隔离。而在重复储层改造中，所有射孔簇都是敞开的，为确保全部射孔簇的改造数量最大化，Haynesville 页岩气田使用了可生物降解的微粒暂堵技术，对井段进行有效封堵，最终暂堵剂以微粒形式由地面泵入水平段裂缝。图 37–1 是泵送前的暂堵颗粒。

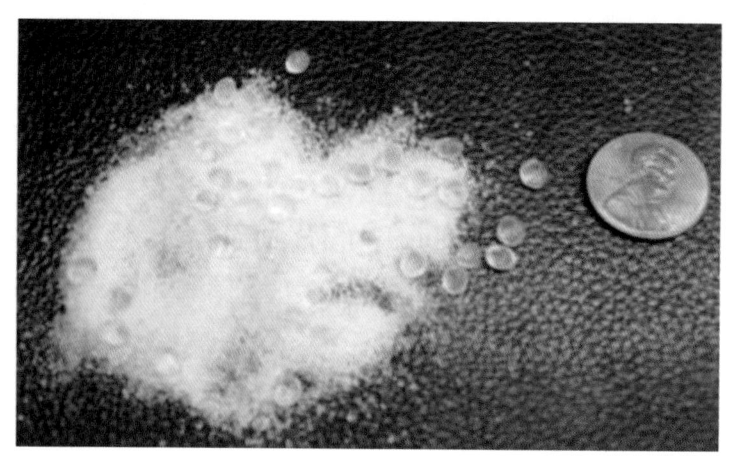

图 37-1　生物可降解暂堵颗粒

二、降本增效措施

1. 测试压裂施工

重复压裂作业不仅为了提高日产量，最终目的是提高最终采收率，因此，需压开更多的储层。然而，经过多年生产后储层压力已明显下降，有必要进行测试压裂作业，如图 37-2 所示。测试压裂作业首先是泵入少量液体，得出初始破裂梯度；接着泵入 10000gal 的清洁流体，泵入速度为 60bbl/min。第一次注入后的瞬时停泵压力为 4240psi，泵入清洁流体后，瞬时停泵压力为 4722psi，这两者分别对应于 0.80psi/ft 和 0.84psi/ft 的压裂梯度。

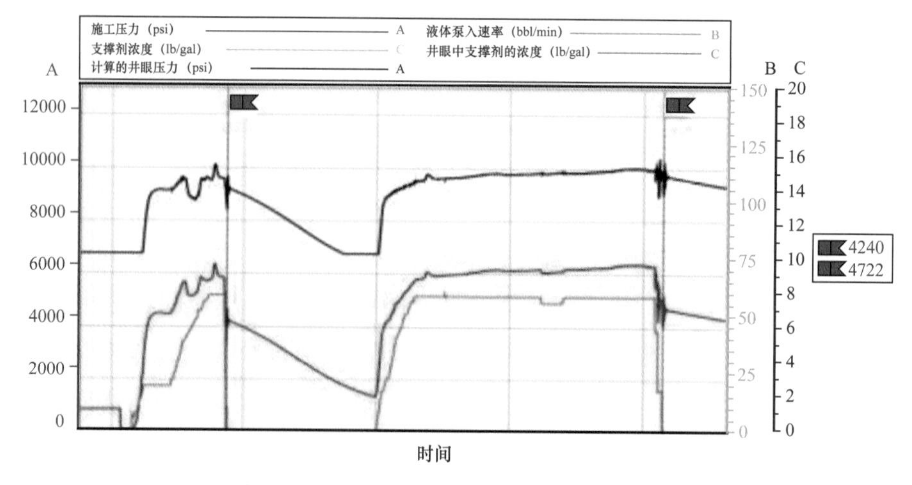

图 37-2　重复压裂井段的测试压裂施工曲线

2. 前期阶段施工

对于水平井而言，水平段分布的各个射孔簇对气井产量的贡献是不均衡的。一般来说，经过多年的开井生产，产量最多的射孔簇相对应的压力衰减也最大，这些射孔簇在重复压裂过程中压裂液最容易进入。前期施工阶段设计的目的旨在恢复这些主要射孔簇被破坏的导流能力，之后经暂堵剂暂堵，进而使产气量较少的射孔簇得到改造。图 37–3 为重复压裂井段的前期阶段施工曲线。设计的低排量泵送程序有助于确保每次施工只有少数几个射孔簇被改造。各段泵注程序保持连续作业，直到作业结束。这一阶段瞬时停泵压力为 5271psi。

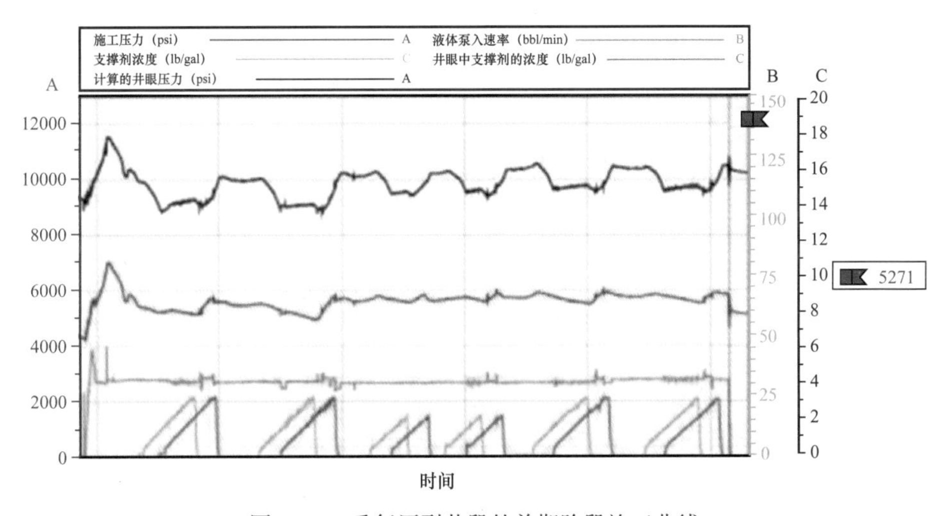

图 37–3　重复压裂井段的前期阶段施工曲线

3. 交联压裂液阶段施工

该阶段旨在进一步延伸完井期间受到部分改造的射孔簇裂隙网络。在该阶段施工过程中，采用交联压裂液，以避免由于其余尚未暂堵的、敞开的孔眼造成大量液体漏失。该阶段通常会以最大施工排量作业，以便一次施工处理多个射孔簇。图 37–4 为交联压裂液阶段施工曲线，在整个施工过程中可观察到轻微的压力增加，在交联施工结束时没有记录瞬时停泵压力。

4. 复合压裂阶段施工

该阶段主要目的是促进复杂缝网中的小裂缝发育，包括滑溜水携带小粒径支撑剂以及交联流体携带大粒径支撑剂。复合施工不宜在早期阶段进行，因为大量敞开的孔眼会使支撑剂运移出现问题，会形成“砂丘”。图 37–5 为重复压裂复合阶段施工曲线，支撑剂的泵入主要分为 2 个步骤，第一步采用滑溜水泵入粒径 100 目的小颗粒支撑剂；第

二步用交联流体泵入 40/70 目的较大颗粒的砂类支撑剂。复合施工阶段的破裂压力梯度为 0.95 psi/ft，这一数值低于初次施工的最低破裂压力梯度。前 5 个施工段平均施工压力没有增加，最后 3 个施工段平均施工压力显著增加，施工结束时的最终瞬时停泵压力为 6627psi，相应的破裂压力梯度为 1.01psi/ft。

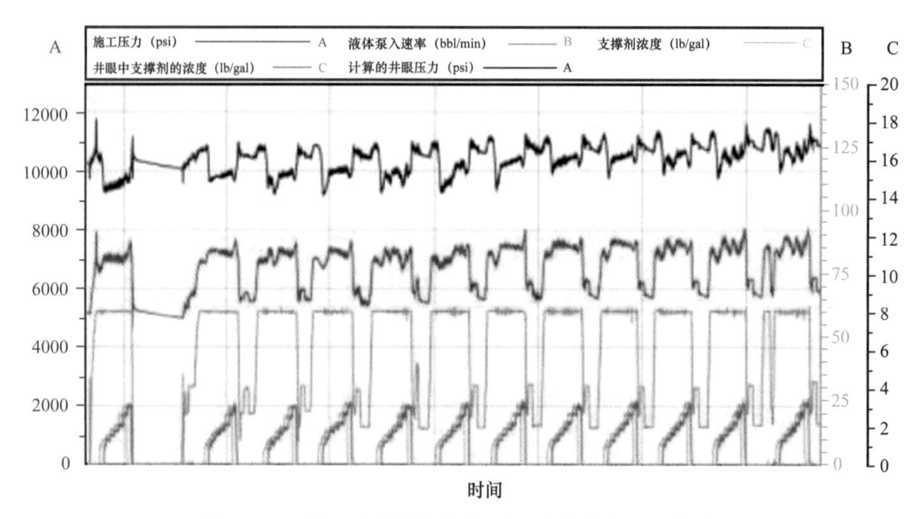

图 37-4　重复压裂井段的交联压裂液阶段施工曲线

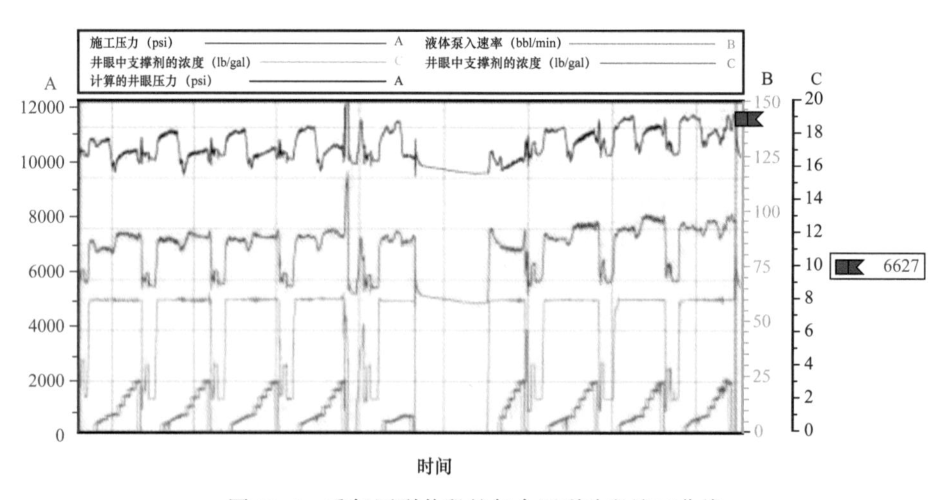

图 37-5　重复压裂井段的复合压裂阶段施工曲线

三、实施效果分析

1. 整体施工效果分析

1）压裂施工阶段分析

关于最佳暂堵段数，目前还没有明确的确定方法。从逻辑上来讲，设计的段数越多，可以处理的水平段越长。但是，暂堵剂注入段数受支撑剂泵入总体积的限制，因为随着段数的增加，每一个阶段的支撑剂泵入体积会相应减少，这就需要优化最佳的作业次数，为其他需要改造的射孔簇留出足够的支撑剂。事实上确定了每个暂堵剂注入阶段支撑剂体积，也就确定了暂堵段数。对于该井而言，通过优化，最终确定使用的支撑剂体积为 400×10^4lb，这使得该储层改造设计 25 次暂堵。

2）重复压裂效果分析

重复压裂施工的泵送设计时间为 29.8h，图 37–6 为重复压裂施工的整体情况，X 轴为需要的清洁液体体积，不同压裂阶段以不同的颜色突出显示。

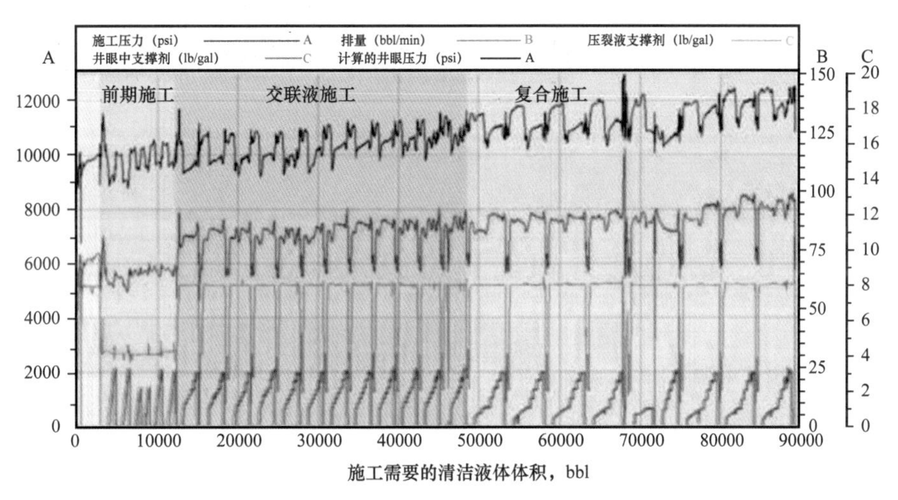

图 37–6　重复压裂整体施工曲线

使用支撑剂示踪剂和能谱伽马成像来确定支撑剂分布并评估转向效果。表 37–2 是该井作业期间泵送的支撑剂体积及相关示踪剂。

表 37–2　泵送的支撑剂和相关的示踪剂

时间	支撑剂类型	支撑剂量，lb	示踪剂类型	示踪剂量，mCi
前期	0.5～3 lb/gal，40/70 目	296725	IR–192（红）	89
中期	1～3 lb/gal，40/70 目	1820400	SC–46（黄）	546
后期	0.5～3 lb/gal，40/70 目	1879632	SB–124（蓝）	564

在储层改造后第 2 天进行的能谱伽马测井表明整个水平段的覆盖率相对较好，如图 37–7 所示。被跟踪的支撑剂由图上的红色、黄色和蓝色尖峰标识。明显改造的井段大约为 4000ft，70 个射孔簇中的 90% 被有效改造。图 37–8 为 Haynesville 地区具有代表性的重复压裂施工井的支撑剂示踪剂测井结果。在这个例子中，放置在压裂段第一部分的示

踪剂显示最开始的时候整个水平段都有沟通，中间部分显示了第二部分井段改造处理的一些证据，但水平段的跟部具有较大的改造特征，第三段示踪剂测井显示改造的最后部分局限于水平段的跟部。

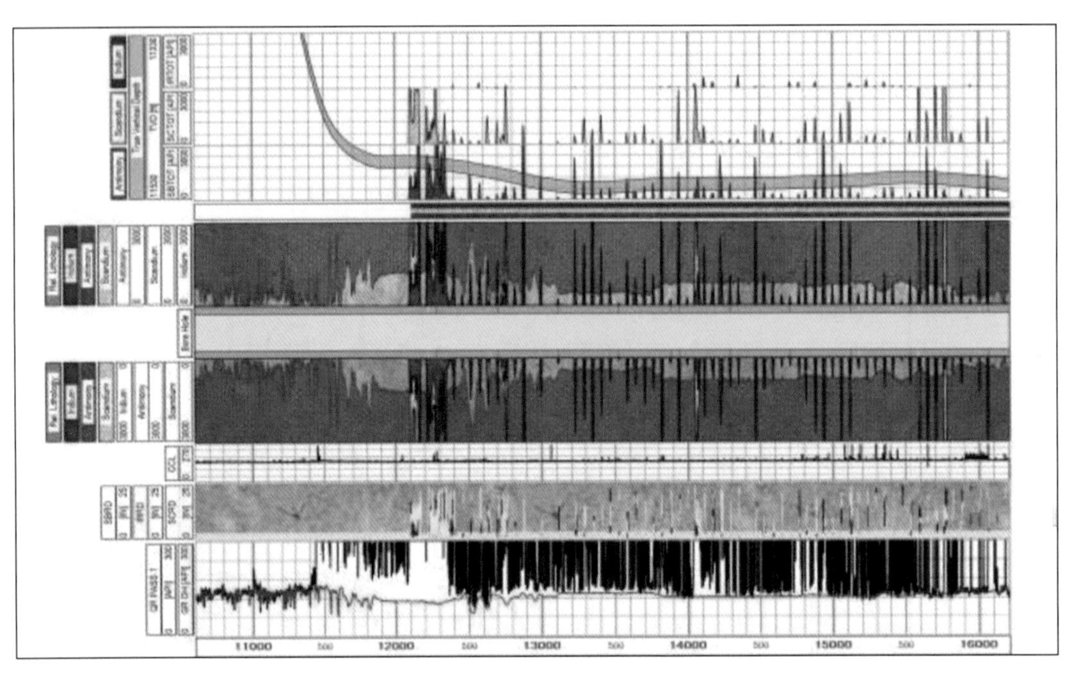

图 37-7　重复压裂井段能谱伽马射线测井图

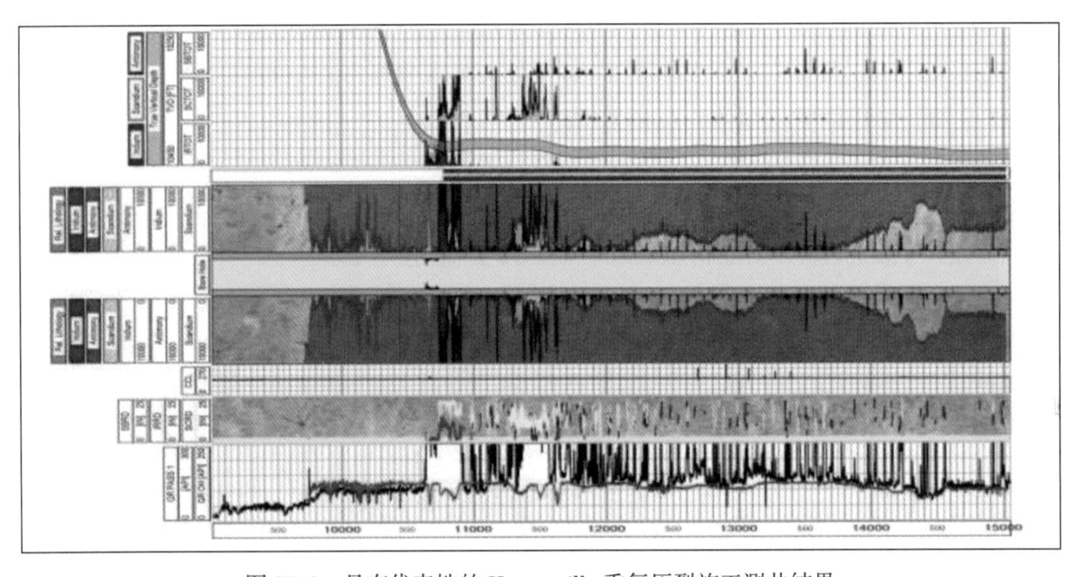

图 37-8　具有代表性的 Haynesville 重复压裂施工测井结果

2. 重复压裂产量分析

2015 年 6 月该井重复压裂之前生产了 $274 \times 10^6 ft^3$ 天然气，预计最终可采量为 $385 \times 10^6 ft^3$。在重复压裂施工之前的产气量平均 $500 \times 10^3 ft^3/d$，最终油压（FTP）为 1113psi，计算出的流动加砂压裂压力（FSFP）为 1847psi，产水量平均约为 $10bbl/\times 10^6 ft^3$。

重复压裂施工之后，该井使用 $^8/_{64}$in 油嘴投产。在 6h 内开始生产天然气。在开井 20h 后，油嘴增加到 $^{10}/_{64}$in，保持生产 3d。在此时间内，该井产气油压 4396psi，保守估算为 $916 \times 10^3 ft^3/d$，其油压是改造前的 4 倍，气体产量接近改造前的 2 倍。该井重新压裂后最大增产量为 $2521 \times 10^3 ft^3/d$；6 个月平均产量为 $1340 \times 10^3 ft^3/d$。在重复压裂施工后 9 个月里，该井平均产量为 $970 \times 10^3 ft^3/d$，累计增产 $308 \times 10^6 ft^3$。

参考文献

[1]叶海超，光新军，王敏生，等. 北美页岩油气低成本钻完井技术及建议[J]. 石油钻采工艺，2017，39（5）：552-558.

[2]葛洪魁，王小琼，张义. 大幅度降低页岩气开发成本的技术途径[J]. 石油钻探技术，2013，41（6）：1-5.

[3]陈平，刘阳，马天寿. 页岩气“井工厂”钻井技术现状及展望[J]. 石油钻探技术，2014，42（3）：1-7.

[4]王敏生，光新军. 页岩气井工厂开发关键技术[J]. 钻采工艺，2013，36（5）：1-4.

[5]郭晓霞，杨金华，钟新荣. 北美致密油钻井技术现状及对我国的启示[J]. 石油钻采工艺，2014，36（4）：1-5.

[6]汪海阁，王灵碧，纪国栋，等. 国内外钻完井技术新进展[J]. 石油钻采工艺，2013，35（5）：1-12.

[7]付玉坤，喻成刚，尹强，等. 国内外页岩气水平井分段压裂工具发展现状与趋势[J]. 石油钻采工艺，2017，39（4）：514-520.

[8]Canadian Society for Unconventional Resources. Unconventional resources technology creating opportunities and challenges[R]. Alberta Government Workshop，May 28，2012.

[9]Thrash J F. Introduction of eCORP’s shale gas technology[R]. 2013.

[10]Michael Dawson，Peter Howard，Mark Salkeld. Improved productivity in the development of unconventional gas[R]. Technical Study for Productivity Alberta，May 2012.

[11]Mark J，Kaiser，Yunke Yu. Drilling and completion cost in the louisiana haynesville shale，2007-2012[J]. Natural Resources Research，2015，24（1）：5-31.

[12]Wutherich K D，Walker K J. Designing completions in horizontal shale gas wells-perforation strategies[C]. Paper presented at the Americas Unconventional Resources Conference，Pittsburg，PA，5-7 June 2012. SPE 155485.

[13]Van Oort E，Griffith J，Schneider B. How to accelerate drilling learning curves[C]. Paper presented at the SPE/IADC Drilling Conference and Exhibition，Amsterdam，Netherlands，1-3 March 2011. SPE/IADC 140333.

[14]Thompson J W，Fan L，Grant D，et al. An overview of horizontal well completions in the Haynesville shale[C]. Paper presented at the Canadian Unconventional Resources & International Petroleum Conference，Calgary，AB，Canada，19-21 October 2010. CSUG/SPE 136875.

[15]Osmundsen P，Roll K，Tveteras R. Exploration drilling productivity at the Norwegian shelf[J]. Journal of Petroleum Science and Engineering，2010，71（73）：122-128.

[16]马永生，蔡勋育，赵培荣. 中国页岩气勘探开发理论认识与实践[J]. 石油勘探与开发，2018，45（4）：1-14.

[17]梁兴，王高成，张介辉，等. 昭通国家级示范区页岩气一体化高效开发模式及实践启示[J]. 中国石油勘探，2017，22（1）：29-37.

[18] 吴奇，梁兴，鲜成钢，等. 地质—工程一体化高效开发中国南方海相页岩气 [J]. 中国石油勘探，2015，20（4）：1-23.

[19] 吴奇. 地质导向与旋转导向技术应用及发展 [M]. 北京：石油工业出版社，2012.

[20] 曾义金. 页岩气开发的地质与工程一体化技术 [J]. 石油钻探技术，2014，42（1）：1-6.

[21] 钱斌，张俊成，朱炬辉，等. 四川盆地长宁地区页岩气水平井组"拉链式"压裂实践 [J]. 天然气工业，2015，35（1）：81-84.

[22] 陈志鹏，梁兴，王高成，等. 旋转地质导向技术在水平井中的应用及体会 - 以昭通页岩气示范区为例 [J]. 天然气工业，2015，35（12）：64-70.

[23] 谢军. 长宁—威远国家级页岩气示范区建设实践与成效 [J]. 天然气工业，2018，38（2）：1-7.

[24] 谢军. 关键技术进步促进页岩气产业快速发展——以长宁—威远国家级页岩气示范区为例 [J]. 天然气工业，2017，37（12）：1-10.

[25] 王强，朱冬昌，夏国勇，等. 实现页岩气"绿色"开发的配套工艺技术体系 [J]. 天然气工业，2018，38（2）：125-130.

[26] 游云武. 涪陵焦石坝页岩气水平井高效钻井集成技术 [J]. 钻采工艺，2015，38（5）：15-18.

[27] 殷诚，高世葵，董大忠，等. 页岩气产业发展的影响因素 [J]. 天然气工业，2015，35（4）：117-125.

[28] 刘婷婷，黄志宇，邓皓，等. 废弃油基钻井液无害化处理技术与工艺进展 [J]. 油气田环境保护，2012，22（6）：57-60.

[29] 李官华，伍贤柱，李朝阳，等. 四川非常规气田开发主要钻井技术及其应用效果 [J]. 天然气工业，2015，35（9）：83-88.

[30] 朱冬昌，付永强，马杰，等. 长宁、威远页岩气开发国家示范区油基岩屑处理实践分析 [J]. 石油与天然气化工，2016，45（2）：62-66.

[31] 刘乃震，王国勇，熊小林. 地质工程一体化技术在威远页岩气高效开发中的实践与展望 [J]. 中国石油勘探，2018，23（2）：59-68.

[32] 余雷，高清春，吴兴国，等. 四川盆地页岩气开发钻井技术难点与对策分析 [J]. 钻采工艺，2014，37（2）：1-4.

[33] 臧艳彬，白彬珍，李新芝，等. 四川盆地及周缘页岩气水平井钻井面临的挑战与技术对策 [J]. 探矿工程（岩土钻掘工程），2014，41（5）：20-24.

[34] 李增科，冯爱国，任元. 页岩气水平井地质导向标志层确定方法及应用 [J]. 科学技术与工程，2015，15（14）：148-151.

[35] 刘旭礼. 页岩气水平井钻井的随钻地质导向方法 [J]. 天然气工业，2016，36（5）：69-73.

[36] 刘乃震，王国勇. 四川盆地威远区块页岩气甜点厘定与精准导向钻井 [J]. 石油勘探与开发，2016，43（6）：1-8.

[37] 谢军，张浩淼，佘朝毅，等. 地质工程一体化在长宁国家级页岩气示范区中的实践 [J]. 中国石油勘探，2017，22（1）：21-28.

[38] 胡文瑞．地质工程一体化是实现复杂油气藏效益勘探开发的必由之路[J]．中国石油勘探，2017，22（1）：1-5.

[39] 王红岩，刘玉章，董大忠，等．中国南方海相页岩气高效开发的科学问题[J]．石油勘探与开发，2013，40（5）：574-579.

[40] 余杰，秦瑞宝，刘春成，等．页岩气储层测井评价与产量“甜点”识别——以美国鹰潭页岩气储层为例[J]．中国石油勘探，2017，22（3）：104-112.

[41] 李新景，胡素云，程克明．北美裂缝性页岩气勘探开发的启示[J]．石油勘探与开发，2007，34（4）：392-400.

[42] 路保平，丁士东．中国石化页岩气工程技术新进展与发展展望[J/OL]．石油钻探技术，http：//kns. cnki. net/kcms/detail/11. 1763. TE. 20180205. 1647. 006. html.

[43] 路保平．中国石化页岩气工程技术进步及展望[J]．石油钻探技术，2013，41（5）：1-8.

[44] 牛新明．涪陵页岩气田钻井技术难点及对策[J]．石油钻探技术，2014，42（5）：1-6.

[45] 张金成，艾军，臧艳彬，等．涪陵页岩气田“井工厂”技术[J]．石油钻探技术，2016，44（3）：9-13.

[46] 艾军，张金成，臧艳彬，等．涪陵页岩气田钻井关键技术[J]．石油钻探技术，2014，42（5）：9-15.

[47] 刘伟，陶谦，丁士东．页岩气水平井固井技术难点分析与对策[J]．石油钻采工艺，2012，34（3）：40-43.

[48] 谭春勤，刘伟，丁士东，等．SFP 弹韧性水泥浆体系在页岩气井中的应用[J]．石油钻探技术，2011，39（3）：53-56.

[49] 吴事难，张金龙，丁士东，等．井下泡沫水泥浆密度计算模型修正[J]．石油钻探技术，2013，41（2）：28-33.

[50] 肖京男，刘建，桑来玉，等．充气泡沫水泥浆固井技术在焦页 9 井的应用[J]．断块油气田，2016，23（6）：835-837.

[51] 蒋廷学，卞晓冰．页岩气储层评价新技术——甜度评价方法[J]．石油钻探技术，2016，44（4）：1-6.

[52] JIANG Tingxue，ZHOU Dehua，JIA Chuanggui，et al. The study and application of multi-stage fracturing technology of horizontal wells to maximize ESRV in the exploration & development of Fuling shale gas play [R]. SPE 181797，2017.

[53] 蒋廷学，卞晓冰，王海涛，等．深层页岩气水平井体积压裂技术[J]．天然气工业，2017，37（1）：90-96.

[54] 秦金立，吴姬昊，崔晓杰，等．裸眼分段压裂投球式滑套球座关键技术研究[J]．石油钻探技术，2014，42（5）：52-56.

[55] 何同，彭汉修，吴晓明，等．全复合材料易钻桥塞研制与应用[J]．特种油气藏，2017，24（4）：166-170.

[56] 曹海燕，冯波，苏腾飞，等．易钻桥塞的研制与室内试验[J]．石油机械，2016，44（6）：78-82.

[57] 杨德锴．全通径滑套球座打捞机构关键技术研究[J]．石油钻探技术，2017，45（4）：75-80.

[58] 魏辽，马兰荣，朱敏涛，等 . 大通径桥塞压裂用可溶解球研制及性能评价 [J]. 石油钻探技术，2016，44（1）：90-94.

[59] 吕建中，郭晓霞，张珈铭，等 . 学习曲线法在页岩气开发科学降本中的应用 [J]. 国际石油经济，2017（11）：18-24.

[60] HELLSTRÖM，ANDERS H K. Statoil drilling and well learning curves，experience and theory：There is a learning curve from drilling the first well with a new rig and onwards [EB/OL]. https：//brage.bibsys. no/xmlui/handle/11250/182806.

[61] JAMASB T. Technical change theory and learning curves：patterns of progress in electricity generation technologies [J]. The Energy Journal，2007（28）：51-71.

[62] 芦伟，邵燕 . 国外油田生产成本结构特征与控制方法研究 [J]. 西安石油大学学报（社会科学版），2008（4）：5-10.

[63] 方小美，陈明霜 . 页岩气开发将改变全球天然气市场格局—美国能源信息署（EIA）公布全球页岩气资源初评结果 [J]. 国际石油经济，2011（6）.

[64] 许坤，李丰，姚超，等 . 我国页岩气开发示范区进展与启示 [J]. 石油科技论坛，2016，35（1）：44-50.

[65] 龙志平，王彦祺，周玉仓，等 . 平桥南区页岩气水平井钻井优化设计 [J]. 探矿工程（岩土钻掘工程），2017，44（12）：34-37.

[66] 冯大鹏，崔璟，童胜宝 . 彭水页岩气水平井固井工艺技术 [J]. 钻采工艺，2014，37（6）：21-23.

[67] 袁明进，王彦祺 . 彭水区块页岩气水平井钻井技术方案优化探讨 [J]. 钻采工艺，2015，38（5）：28-31.

[68] 孙泽生 . 美国页岩油气生产成本估计——以 Bakken 和 Marcellus 为例 [J]. 国际石油经济，2015，（4）：68-76.

[69] 吕建中，刘嘉，李万平，等 . 美国页岩气开发的低成本之路 [J]. 世界石油工业，2012，（3）：32-37.

[70] 周贤海 . 涪陵焦石坝区块页岩气水平井钻井完井技术 [J]. 石油钻探技术，2013，41（5）：26-30.

[71] BRUCE M. South Texas Eagle Ford shale geology-regional trends，recent learning，future challenges[R]. Texas：Developing Unconventional Gas Conference，2011.

[72] DAVID J P. Eagle Ford shale task force report [R]. Houston：Railroad Commission of Texas. 2013.

[73] 杨金华，田洪亮，郭晓霞，等 . 美国页岩气水平井钻井提速提效案例与启示 [J]. 石油科技论坛，2013，33（6）：44-48.

[74] 岳江河，肖乔刚 . 美国德州 Eagle Ford 组页岩油气水平井钻井关键技术措施及其实施效果 [J]. 中国海上油气，2014，26（1）：78-81.

[75] 王植锐，王俊良 . 国外旋转导向技术的发展及国内现状 [J]. 钻采工艺，2018，41（2）：37-41.

[76] 唐代绪，赵金海，王华等 . 美国 Barnett 页岩气开发中应用的钻井工程技术分析与启示 [J]. 中外能源，2011，16（4）：50-51.

[77] Hummes O，Bond P R，Symons W，et al. Using advanced drilling technology to enable well factory concept in the Marcellus Shale [R]. SPE 151466，2012.

[78] Poedjono B，Zabaldano J P，Shevchenko I，et al. Case studies in the application of pad design drilling in the Marcellus Shale [R]. SPE 139045，2010.

[79] 周贤海，臧艳彬. 涪陵地区页岩气山地“井工厂”钻井技术 [J]. 石油钻探技术，2015，43（3）：45-49.

[80] 臧艳彬，张金成，赵明琨等. 涪陵页岩气田“井工厂”技术经济性评价 [J]. 石油钻探技术，2016，44（6）：30-35.

[81] 韩烈祥，孙海芳. 长宁页岩气工厂化钻井模式研究 [J]. 钻采工艺，2016，39（6）：1-4.

[82] 刘伟. 四川长宁页岩气“工厂化”钻井技术探讨 [J]. 钻采工艺，2015，38（4）：24-27.

[83] 张敏，刘明国，兰凯. 焦石坝页岩气水平井钻井提速工具应用 [J]. 钻采工艺，2016，39（1）：6-9.

[84] 刘明国，孔华，兰凯，等. 焦石坝区块 ϕ311. 2mm 井眼定向段钻头优选与应用 [J]. 石油钻采工艺，2015，37（3）：28-31.

[85] 沙贞银，杜俊伯，向进，等. 涪陵页岩气田钻井提速方案及实施效果分析 [J]. 探矿工程（岩土钻掘工程），2016，43（7）：31-36.

[86] 陶现林，徐泓，张莲，等. 涪陵页岩气水平井钻井提速技术 [J]. 天然气技术与经济,2017,11(2)：31-35，82.

[87] 陈林，范红康，胡恩涛，等. 控压钻井技术在涪陵页岩气田的实践与认识 [J]. 探矿工程（岩土钻掘工程），2016，43（7）：45-48.

[88] 杨海平. 涪陵平桥与江东区块页岩气水平井优快钻井技术 [J]. 石油钻探技术，2018，46（3）：1-8.

[89] 臧艳彬. 川东南地区深层页岩气钻井关键技术 [J]. 石油钻探技术，2018，46（3）：10-15.

[90] 许京国，陶瑞东，郑智冬，等. 牙轮 -PDC 混合钻头在迪北 103 井的应用试验 [J]. 天然气工业，2014，34（10）：71-74.

[91] 刘匡晓，王庆军，兰凯，等. 涪陵页岩气田三 维水平井大井眼导向钻井技术 [J]. 石油钻探技术，2016，44（5）：16-21.

[92] Pope C，Peters B，Benton T，et al. Haynesville shale：one operator’s approach to well completions in this evolving play [R]. SPE 125079，2009.

[93] Wood D D，Schmit B E，Riggins L，et al. Cana Woodford stimulation practices：a case history [R]. SPE 143960，2011.

[94] 肖洲. 气体钻井技术在长宁页岩气区块的应用 [J]. 钻采工艺，2016，39（3）：125-126.

[95] 骆新颖. 长宁 - 威远区块页岩气水平井提速技术研究 [D]. 西南石油大学，2017.

[96] 白璟，刘伟，黄崇君. 四川页岩气旋转导向钻井技术应用 [J]. 钻采工艺，2016，39（2）：9-12.

[97] 陈海力，王琳，周峰，等. 四川盆地威远地区页岩气水平井优快钻井技术 [J]. 天然气工业，2014，34（12）：100-105.

[98] 李士斌，王业强，张立刚. 旋转导向在页岩气井的应用 [J]. 中国煤炭地质，2015，27（6）：74-

76，81.

［99］黄兵，万昕，王明华.富顺永川区块页岩气水平井优快钻井技术研究［J］.钻采工艺,2015,38(2):14-16.

［100］Guangzhi Han，Wilfredo A Davila，Eric C Magnuson，et al. Practical directional drilling techniques and MWD technology in bakken and upper three forks formation in williston basin north dakota to improve efficiency of drilling and well productivity［R］. SPE 163957，2013.

［101］Janwadkar S，et al. Electromagnetic MWD technology improves drilling performance in Fayettevile shale of North America［R］. SPE 128905，2012.

［102］宋争.涪陵江东与平桥区块页岩气水平井井眼轨迹控制技术［J］.石油钻探技术，2017，45（6）：14-18.

［103］陈志鹏，梁兴，王高成.旋转地质导向技术在水平井中的应用及体会［J］.天然气工业，2015，35（12）：64-69.

［104］罗鑫，张树东，王云刚.昭通页岩气示范区复杂地质条件下的地质导向技术［J］.钻采工艺，2015，41（3）：29-32.

［105］赵红燕，周涛，叶应贵.涪陵中深层页岩气水平井快速地质导向方法［J］.录井工程，2017，28（2）：29-32.

［106］李一超，王志战，秦黎明，等.水平井地质导向录井关键技术［J］.石油勘探与开发，2012，39（5）：620-625.

［107］马小龙.焦石坝工区页岩气整体固井技术［J］.石油钻采工艺，2017，39（1）：57-60.

［108］陈勇，杨伟平，冯杨.涪陵页岩气井长水平段漏失井固井技术应用研究［J］.探矿工程，2016，43（7）：42-44.

［109］齐奉忠，杜建平.哈里伯顿页岩气固井技术及对国内的启示［J］.非常规油气，2015，2（5）：77-82.

［110］赵常青，胡小强，张永强.页岩气长水平井段防气窜固井技术［J］.天然气工业，2017，37（10）：59-65.

［111］赵常青，冯彬，刘世彬.四川盆地页岩气井水平井段的固井实践［J］.天然气工业,2012,32（9）：61-65.

［112］张海山，张凯敏，宫吉泽，等.不同类型扶正器对水平井下套管摩阻的影响研究［J］.钻采工艺，2014，37（3）：22-25.

［113］周战云，李社坤，郭子文.页岩气水平井固井工具配套技术［J］.石油机械，2016，44（6）：7-13.

［114］袁进平，于永金，刘硕琼，等.威远区块页岩气水平井固井技术难点及其对策［J］.天然气工业，2016，36（3）：55-62.

［115］田中兰，石林，乔晶.页岩气水平井井筒完整性问题及对策［J］.天然气工业，2015，35（9）：70-76.

［116］梁文利，宋金初，陈智源.涪陵页岩气水平井油基钻井液技术［J］.钻井液与完井液，2016，33

（5）：19-24.

［117］孙举，李晓岚，刘明华，等．涪陵页岩气水平井油基钻井液技术［J］．探矿工程，2016，43（7）：14-18.

［118］A. Arslanbekov，N. Sevodin，Dmitry Valuev，et al. Application and Optimization of oil-based drilling fluids for ERD Wells YNAO Area［R］. SPE 136310，2010.

［119］Knut Taugbol，Fimreite Gunnar，Ole Iacob Prebensen，et al. Development and field testing of a unique high temperature and high pressure（HTHP）oil based drilling fluid with minimum rheology and maximum SAG stability［R］. SPE 96285，2005.

［120］李茂森，刘政，胡嘉．高密度油基钻井液在长宁—威远区块页岩气水平井中的应用［J］．天然气勘探与开发，2017，40（1）：88-92.

［121］王显光，李雄，林永学．页岩水平井用高性能油基钻井液研究与应用［J］．石油钻探技术，2013，41（2）：17-22.

［122］何涛，李茂森，杨兰平，等．油基钻井液在威远地区页岩气水平井中的应用［J］．钻井液与完井液，2012，29（3）：1-5.

［123］凡帆，王京光，蔺文洁．长宁区块页岩气水平井无土相油基钻井液技术［J］．石油钻探技术，2016，44（5）：34-38.

［124］张小平，王京光，杨斌，等．低切力高密度无土相油基钻井液的研制［J］．天然气工业，2014，34（9）：89-92.

［125］林永学，王显光．中国石化页岩气油基钻井液技术进展与思考［J］．石油钻探技术,2014,42（4）：7-13.

［126］王治法，蒋官澄，林永学．美国页岩气水平井水基钻井液研究与应用进展［J］．科技导报，2016，34（23）：43-48.

［127］孙金声，刘敬平，闫丽丽，等．国内外页岩气井水基钻井液技术现状及中国发展方向［J］．钻井液与完井液，2016，33（5）：1-7.

［128］Guo Q X，Ji L J，Vusal R，et al. Marcellus and haynesville drilling data：analysis and lessons learned［R］. SPE 158894，2012.

［129］Guo Q X，Ji L J，Rajabov V，et al. Shale gas drilling experience and lessons learned from eagle ford［R］. SPE155542，2012.

［130］Gomez S L，He W W. Fighting wellbore instability：customizing drilling fluids based on laboratory studies of shale-fluid insterations［R］. SPE 155536，2012.

［131］He W W，Gomez S L，Leonard R S，et al. Shale-fluid interactions and drilling fluid design［R］. SPE 17235，2014.

［132］Boul P J，Reddy B R，Hillfiger M，et al. Functionalized nanosilicas asshale inhibitors in water-based drilling fluids［R］. SPE 26902，2016.

［133］Kerr J R，Goulding J，Sorbie K S. The development and application of techniques for the detailed characterization of a novel series of functionalized polymeric scale inhibitors [R]. SPE 164124, 2013.

[134] DeNinno E, Molina M, Shipman J, et al. High performance water base fluid improves wellbore stability and lowers torque [R]. SPE 178195, 2016.

[135] Gisolf A, Zuo J, Achourov V, et al. Accurate new solutions for fluid sample contamination quantification with special focus on water sampling in water-base mud [R]. SPE 27291, 2016.

[136] Mirani A, Marongiu P M, Wang H Y, et al. Production pressure drawdown management for fractured horizontal wells in shale gas formations [R]. SPE 181365, 2016.

[137] Soliman A, Samir A, Sheer S, et al. Customized drilling & completion fluids designed for horizontal wells to address the drilling and production challenges-case history [R]. SPE 180491, 2016.

[138] Jeremy Compton, Chandler Janca, et al. High performance brine drilling fluid proves cost effective in eagle ford shale [R]. AADE-15-NTCE-13, 2015.

[139] 闫丽丽，李丛俊，张志磊，等．基于页岩气“水替油”的高性能水基钻井液技术 [J]. 钻井液与完井液，2015，32（5）：1-6.

[140] 王先兵．强抑制性水基钻井液在长宁区块页岩气水平井中的应用 [J]. 天然气勘探与开发，2017，40（1）：93-100.

[141] 龙大清，樊相生，王昆，等．应用于中国页岩气水平井的高性能水基钻井液 [J]. 钻井液与完井液，2016，33（1）：17-21.

[142] 孙海芳，王长宁，刘伟．长宁—威远页岩气清洁生产实践与认识 [J]. 天然气工业,2017,37（1）：105-110.

[143] 李博，贾宇，廖敬．某地区钻井清洁生产工艺研究 [J]. 油气田环境保护，2015，25（4）：12-14.

[144] 陈立荣，李辉，蒋学彬，等．橇装式钻井废水深度连续处理装置及其应用 [J]. 天然气工业，2014，34（4）：131-136.

[145] 陈翱翔，张代钧，卢培利，等．页岩气开发废水污染控制技术与环境监管研究 [J]. 环境科学与管理，2016，41（10）：72-77.

[146] 刘超．涪陵页岩气田“绿色”钻井关键技术研究与实践 [J]. 探矿工程，2016，43（7）：9-13.

[147] 樊宝荣，向春明，朱鹏．绿色钻井技术的综合应用 [J]. 化学工程与装备，2014（11）：192-195.

[148] 张益臣，周晓珉，傅尔达．页岩气水基钻井液废物处理技术实践 [J]. 油气田环境保护，2018，28（2）：43-45.

[149] 潘宏竹，张云．钻井废弃泥浆随钻处理技术应用 [J]. 安全、健康和环境，2012，12（9）：29-30.

[150] Vivek Swami, Antonin Settari, Raki Sahai, et al. A novel approach to history matching and optimization of shale completions and EUR- a case study of eagle ford well [C]. Presentation at the SPE Unconventional Resources Conference held in Calgary, Alberta, Canada, 15-16 February2017,

SPE -185075-MS.

[151] Claudio J. Coletta，Camilo Arias，Scott Mendenhall. Drilling improvements in pursuit of the perfect well in the eagle ford-more than 52% reduction in drilling time and 45% in cost in two and a half years [C]. prepared for presentation at the IADC/SPE Drilling Conference and Exhibition held in Fort Worth，Texas，USA，1-3 March 2016. IADC/SPE-178897-MS.

[152] Murray Roth, Michael Roth. Life cycle optimization of unconventional plays：a bakken case study[C]. prepared for presentation at the Unconventional Resources Technology Conference held in Denver, Colorado，USA，25-27 August 2014. URTeC：1922509.

[153] 王志刚，孙健．涪陵页岩气田实验井组开发实践与认识 [M]. 北京：中国石化出版社，2014.

[154] 王志刚．涪陵焦石坝地区页岩气水平井压裂改造实践与认识 [J]. 石油与天然气地质，2014，35（3）：425-430.

[155] 中石化中原石油工程公司井下特种作业公司．页岩气压裂“工厂化”模式 [J]. 中国石油企业，2015（9）：100-104.

[156] Aldridge J. Top 10 Eagle Ford Shale Oil Producers [J]. San Antonio Business Journal，29 August 2013.

[157] Centurion S，Cade R，Luo X L，et al. Eagle ford shale：hydraulic fracturing，completion，and production trends，part III [C]. Presented at the SPE Annual Technical Conference and Exhibition, New Orleans，30 September-2 October 2013. SPE-166494-MS.

[158] Cinco Ley H，Samniego V F，Dominguez A N. Transient pressure behavior for a well with a finite-conductivity vertical fracture [R]. SPE J. 1978，18（4）：253-264. SPE-6014-PA.

[159] Cook D，Downing K，Bayer S，et al. Unconventional asset development work flow in the eagle ford shale [C]. Presented at the SPE Unconventional Resources Conference，The Woodlands，Texas，USA，1-3 April，2014. SPE-168973-MS.

[160] Durham L S. Austin chalk getting another look [C]. AAPG Explorer July 2012.

[161] Eggleston K. Penn Virginia upper eagle ford production taking off [J]. Eagle ford shale，23 July 2014.

[162] French S，Rodgerson J，Feik C. Re-fracturing horizontal shale wells：case history of a woodford shale pilot project [C]. Presented at the SPE Hydraulic Fracturing Technology Conference，The Woodlands，Texas，USA，4-6 February 2014. SPE-168607-MS.

[163] Hashmy K H，David T，Abueita S，et al. Shale Reservoirs：improved production from stimulation of sweet spots [C]. Presented at the SPE Asia Pacific Oil and Gas Conference and Exhibition，Perth，Australia，22-24 October 2012. SPE-158881-MS.

[164] Jayakumar R，Rai R R. Impact of uncertainty in estimation of shale gas reservoir and completion properties on EUR forecast and optimal development planning：a marcellus case study [C]. Presented at the SPE Hydrocarbon Economics and Evaluation Symposium，Calgary，24-25 September 2012.

SPE-162821-MS.

[165] Jayakumar R, Sahai V, Boulis A. A better understanding of finite element simulation for shale gas reservoirs through a series of different case histories [C]. Presented at the SPE Middle East Unconventional Gas Conference and Exhibition, Muscat, Oman, 31 January-2 February 2011. SPE-142464-MS.

[166] Martin R, Baihly J D, Malpani R, et al. Understanding production from eagle ford-austin chalk system [C]. Presented at the SPE Annual Technical Conference and Exhibition, Denver, 30 October-2 November 2011. SPE-145117-MS.

[167] Passey Q R, Bohacs K, Esch W L, et al. From oil-prone source rock to gas-producing shale reservoir-geologic and petrophysical characterization of unconventional shale gas reservoirs [C]. Presented at the International Oil and Gas Conference and Exhibition, Beijing, 8-10 June 2010. SPE-131350-MS.

[168] Penn Virginia Corporation(PVA). Penn Virginia corporation announces third quarter 2014 results[R]. Investor Report, Penn Virginia Corporation, Radnor, Pennsylvania, USA. 29 October 2014.

[169] Rickman R, Mullen M J, Petre J E, et al. A practical use of shale petrophysics for stimulation design optimization : all shale plays are not clones of the barnett shale [C]. Presented at the SPE Annual Technical Conference and Exhibition, Denver, 21-24 September 2008. SPE-115258-MS.

[170] Yang M, Martinez A A, Abolo N. Constrained hydraulic fracture optimization framework [C]. Presented at the IAPG Congress of Exploration and Development of Hydrocarbons Conference, Mendoza, Argentina, 3-7 November 2014.

[171] Anderson D M, et al. Analysis of production data from fractured shale gas wells [C]. SPE 131787 presented at the 2010 Unconventional Gas Conference, Pittsburgh, Feb 23-25 2010.

[172] Bello R O, Wattenbarger R A. Multi-stage hydraulically fractured shale gas rate transient analysis [C]. SPE 126754 presented at the SPE North Africa Technical Conference, Cairo, Feb 14-17 2010.

[173] Besler M R, Steele J, Egan T, et al. Improving well productivity and profitability in the bakken-a summary of our experiences drilling, stimulating, and operating horizontal wells [C]. SPE 110679 presented at the 2007 Annual Technical Conference, Anaheim, Nov. 11-14 2007.

[174] Cipolla C L, et al. Evaluating stimulation effectiveness in unconventional gas reservoirs [C]. SPE 124843 presented at the 2009 Annual Technical Conference, New Orleans, Oct 4-7 2009.

[175] Cobb S L, Farrell J J. Evaluation of long-term proppant stability [C]. SPE 14133 presented at the International Meeting on Petroleum Engineering, Beijing, Mar 17-20 1986.

[176] Dedurin A V, Majar V, Voronkov A, et al. Designing hydraulic fractures in russian oil and gas fields to accommodate non-darcy and multiphase flow-theory and field examples [C]. SPE 101821 presented at the 2006 Russian Oil and Gas Technical Conference, Moscow, Oct. 3-6 2006.

[177] Eberhard M. Public comments and clarifying correspondence at SPE meeting, Butte, MT [C]. April

21-22, 2005.

[178] Eberhard M. Review of current Bakken practices, MT and ND [C]. Presented at the 2008 Williston Basin Petroleum Conference, Minot ND, April 27-29 2008.

[179] Findlay C Jr. Horizontal completions in the Bakken play [C]. Presentation at StrataGen Shale Completions Strategies Workshop, Houston, April 22, 2010.

[180] Hahn G. How long will it prop ? [J]. Drilling, the wellsite publication, Vol. 47, No. 6, Issue 596, April 1986.

[181] Handren P, Palisch T. Successful hybrid slickwater fracture design evolution [C]. SPE 110451 presented at the 2007 Annual Technical Conference, Anaheim, Nov 11-14 2007.

[182] Helms L. North Dakota Update [C]. 16th Williston Basin Petroleum Conference, Minot ND, April 27-29 2008.

[183] Huckabee P, et al. Field Results : Effect of proppant strength and sieve distribution upon well productivity [C]. SPE 96559 presented at the SPE Annual Technical Conference, Dallas, Oct 9-12 2005.

[184] Lantz T, et al. Refracture treatments proving successful in horizontal Bakken wells : Richland County, Montana [C]. SPE 108117 presented at the 2007 Rocky Mountain Oil and Gas Symposium, Denver April 16-18 2007.

[185] McDaniel B W. Conductivity testing of proppants at high temperature and stress [C]. SPE 15067 presented at the 56th California Regional Meeting, Oakland, April 2-4 1986.

[186] Miskimins J L, et al. Non-Darcy flow in hydraulic fractures : Does it really matter [C]SPE 96389 presented at the Annual Technical Conference, Oct 9-12 2005.

[187] Neal D B, Mian M A. Early-time tight gas production forecasting technique improves reserves and reservoir description [C]. SPE 15432, SPEFE March, 1989.

[188] Phillips Z D, et al. A case study in the bakken formation : changes to hydraulic fracture stimulation treatments result in improved oil production and reduced treatment costs [C]. SPE 108045 presented at the 2007 Rocky Mountain Oil and Gas Symposium, Denver April 16-18 2007.

[189] Samson Oil and Gas. Pressure lease regarding Zavanna-operated Leonard 1-23H refrac [R]. October 23, 2009.

[190] Shah S N, et al. Fracture orientation and proppant selection for optimizing production in horizontal wells [C]. SPE 128612 presented at the SPE Oil and Gas India Conference, Mumbai, Jan 20-22 2010.

[191] USGS. Assessment of undiscovered oil resource in the devonian-Mississippian Bakken formation, williston basin province [R]. Montana and North Dakota, 2008. Fact Sheet 2008-3021, April 2008.

[192] Vincent M C, et al. Field trial design and analyses of production data from a tight gas reservoir : detailed production comparisons form the pinedale anticline [C]. SPE 106151 presented at the 2007

Hydraulic Fracturing Technology Conference, College Station, TX. Jan 29-31 2007.

[193] Vincent M C. Examining our assumptions-have oversimplifications jeopardized our ability to design optimal fracture treatments [R]. SPE 119143 presented at the 2009 Hydraulic Fracturing Technology Conference, The Woodlands, Jan 19-21 2009.

[194] Wiley C, Barree R, Eberhard M, et al. Improved horizontal well stimulations in the bakken formation, williston basin, Montana [C]. SPE 90697 presented at the Annual Technical Conference and Exhibition, Houston, Sept 26-29 2004.

[195] Williams P. Defined and described. Bakken shale the playbook [M]. Hart energy, December, 2008.

[196] Wright B. Analysis optimizes well results [R]. E&P Info. November, 2007.

[197] Bazan L W , Larkin S D , Lattibeaudiere M G, Palisch T T. Improving production in the eagle ford shale with fracture modeling, increased conductivity and optimized stage and cluster spacing along the horizontal wellbore [C]. SPE 138425 presented at the SPE Tight Gas Completions Conference, San Antonio, TX, 2-3 November 2010.

[198] Callison D, et al. Integrated modeling a field of wells-an evaluation of western shallow oil zone completion practices in the elk hills field, Kern Co, CA [C]. SPE 76724 presented at the SPE Western Regional/AAPG Pacific Section Joint Meeting, Anchorage, AK, 20-22 May 2002.

[199] Fisher M K, et al. Optimizing horizontal completion techniques in the barnett shale using microseismic fracture mapping [C]. SPE 90051 presented at the SPE Annual Technical Conference and Exhibition, Houston, Texas, 26-29 September 2004.

[200] Grieser B, Stark J. Identifying high impact parameters in stimulation treatments using a trend empirical analysis model [C]. SPE 39966 presented at the SPE Rocky Mountain Regional Meeting/Low-Permeability Reservoir Symposium, Denver, CO, 5-8 April1998.

[201] Lattibeaudiere M G. Used with permission from presentation “Stimulation design using ceramic proppant : one operator’ s perspective” [C]. Presented at the SPE Eagle Ford ATW, Austin, TX, 24-26 August 2011.

[202] Palisch T, Duenckel R, Bazan L, et al. Determining realistic fracture conductivity and understanding its impact on well performance-theory and field examples [C]. SPE 106301 presented at the Hydraulic Fracturing Technology Conference, College Station, TX, Jan 29-31 2007.

[203] Palisch T T, Vincent M C, Handren P J. Slickwater fracturing-food for thought [C]. SPE 115766 presented at the SPE Annual Technical Conference and Exhibition, Denver, CO, 21-24 September 2008.

[204] Palisch T T. Used with permission from presentation “economic conductivity in liquids rich shale frac designs” [C]. Presented at the SPE From Shale Gas to “Liquids Rich” . . . Learnings and Best Practices ATW, Palos Verdes, CA, 11-12 April 2011.

[205] Pope C, Peters B, Benton T, et al. Haynesville shale-one operator’ s approach to well completions

in this evolving play [C]. SPE 125079 presented at the SPE Annual Technical Conference and Exhibition, New Orleans, Louisiana, 4-7 October 2009.

[206] Saldungaray P, Palisch T T. Hydraulic fracture optimization in unconventional reservoirs [C]. SPE 151128 presented at the SPE Middle East Unconventional Gas Conference and Exhibition, Abu Dhabi, UAE, 23-25 January 2012.

[207] Shelley R, et al. Granite wash completion optimization with the aid of artificial neural networks [C]. SPE 39814 presented at the SPE Gas Technology Symposium, Calgary, AB, 15-18 March 1998.

[208] Shelley R, et al. Red fork completion analysis with the aid of artificial neural networks [C]. SPE 39963 presented at the SPE Rocky Mountain Regional Meeting/Low-Permeability Reservoir Symposium, Denver, CO, 5-8 April 1998.

[209] Shelley R, Stephenson S. The use of artificial neural networks in completion stimulation design. Computers & Geosciences 26 (2000), 941-951, 2000.

[210] Shelley R, et al. Use of data-driven and engineering modeling to plan and evaluate hydraulic fracture stimulated horizontal Bakken completions [C]. SPE 145792 presented at the SPE Annual Technical Conference and Exhibition, Denver, CO, 30 October-2 November 2011.

[211] Shelley R, et al. Data driven modeling improves the understanding of hydraulic fracture stimulated horizontal eagle ford completions [C]. SPE 152121 presented at the SPE Hydraulic Fracture Technology Conference, The Woodlands, 6-8 February 2012.

[212] Starks R. Used with permission from presentation "proppant materials : application trends and emerging technologies" [C]. Presented at the SPE Tight Reservoir Completions : Technology Applications and Best Practices, Banff, AB, 3-5 May 2011.

[213] Vincent M C. Optimizing transverse fractures in liquid-rich formations [C]. SPE 146376 presented at the Annual Technical Conference and Exhibition, Denver, CO, Oct 2-Nov 3 2011.

[214] Warpinski N R, et al. Stimulating unconventional reservoirs : maximizing network growth while optimizing fracture conductivity [C]. SPE 114173 presented at the SPE Unconventional Reservoirs Conference, Keystone, Colorado, 10-12 February 2008.

[215] Baihly J, Altman R, Malpani R, et al. Shale gas production decline trend over time and basins [C]. SPE 135555 presented at SPE Annual Technical Conference and Exhibition, Florence, Italy, 19-22 September 2010.

[216] Cipolla C, Weng X, Onda H, et al. New algorithms and integrated workflow for tight gas and shale completions [C]. SPE 146872 presented at SPE Annual Technical Conference and Exhibition, Denver, Colorado, 30 October-2 November 2011.

[217] Miller C, Waters G, Rylander E. Evaluation of production log data from horizontal wells drilled in organic shales [C]. SPE 144326 presented at SPE North American Unconventional Gas Conference and Exhibition, The Woodlands, Texas, 14-16 June 2011.

[218] Waters G, H J. Use of horizontal well image tools to optimize barnett shale reservoir exploitation [C]. SPE 103202 presented at the SPE Annual Technical Conference and Exhibition, San Antonio, Texas, 24-27 September 2006.

[219] Walker K, Wutherich K, Terry J. Engineered perforation design improves fracture placement and productivity in horizontal shale gas wells [C]. SPE 154582 presented at the SPE Americas Unconventional Resources Conference, Pittsburgh, Pennsylvania, 5-7 June 2012.

[220] Wutherich K, Walker K. Designing completions in horizontal shale gas wells-perforation strategies, [C]. SPE 155485 presented at the SPE Americas Unconventional Resources Conference, Pittsburgh, Pennsylvania, 5-7 June 2012.

[221] Barree R D, Cox S A, Miskimins J L, et al. Economic optimization of horizontal-well completions in unconventional reservoirs. SPE Prod & Oper. SPE-168612-PA (in press ; posted February 2015).

[222] Cadwallader S, Wampler J, Sun T, et al. An integrated dataset centered around distributed fiber optic monitoring-key to the successful implementation of a geo-engineered completion optimization program in the eagle ford shale [C]. Presented at the Unconventional Resources Technology Conference (URTeC), San Antonio, Texas, 20-22 July 2015. URTeC : 2171506.

[223] Wheaton B, Miskimins J, Wood D, et al. Integration of distributed temperature and distributed acoustic survey results with hydraulic fracture modeling : a case study in the woodford shale [C]. Presented at the Unconventional Resources Technology Conference (URTeC), Denver, Colorado, 25-27 August 2014. URTeC : 1922140.

[224] Ferguson K, Thomas C, Wellhoefer B, et al. "Cementing sleeve fracture completion in eagle ford shale will forever change the delivery of hydraulic fracturing" [C]. SPE 158490 presented at the SPE Annual Technical Conference and Exhibition, San Antonio, Texas, 8-10 October 2012.

[225] Cherian B,Nichols C,Panjaitan M,et al. Asset development drivers in the bakken and three forks [C]. SPE 163855 presented at the SPE Hydraulic Fracturing Technology Conference, The Woodlands, TX, USA, 04-6 Feb 2013.

[226] University of North Dakota Energy & Environmental Research Center (UND EERC), Bakken decision support sustem(BDSS) [R]. 2013.

[227] Grau A, Sterling R. Characterization of the Bakken system of the williston basin from pores to production [R]. The Power of a Source Rock/Unconventional Reservoir Couplet (Adapted from oral presentation at AAPG International Conference and Exhibition, Milan, Italy, October 23-26, 2011) Search and Discovery Article#40847.

[228] Hallundbak J. Well tractors for highly deviated and horizontal wells [C]. SPE 28871, presented at the Europec 1994 of the SPE European Petroleum Conference held in London 25-27 October 1994.

[229] Hallundbak J. Reduction of cost with new well intervention technology, Well Tractors [C]. SPE 30405, presented at the Offshore Europe Conference in Aberdeen 5-8 September 1995.

[230] McInally G, Hallundbak J. The application of a new wireline well tractor technology to horizontal well logging and intervention : a review of field experience in the north sea [C]. SPE 38757, presented at the Annual Technical Conference and Exhibition held in San Antonio, Texas, 5-8 October 1997.

[231] North Dakota Department of Transportation (NDDOT). Why there are spring load restrictions [R]. 2010.

[232] Stragiotti S, Skeie T, Kruger C. New applications for $2^1/_8$ " well tractor inside 5" drill pipe [C]. SPE 71373, presented at the 2001 SPE Annual Technical Conference and Exhibition held in New Orleans, Louisiana, 30 September- October 2001.

[233] Whiteley D, Pourciau R, Schwanitz B. Case history : designing and implementing wireline tractoring applications for deepwater, extended-reach, sand-control completions, and interventions [C]. SPE 96093, presented at the 2005 SPE Annual Technical Conference and Exhibition held in Dallas, Texas, U. S. A., 9-12 October 2005.

[234] Engelder T, Lash G G. Marcellus shale play' s vast resource potential creating stir in appalachia [R]. American Oil and Gas Reporter, 2008, 51(6): 76-78.

[235] Engelder T. Marcellus 2008: Report card on the breakout year for gas production in the Appalachian Basin [J]. Fort Worth Basin Oil & Gas, v. August 2009: 18-22.

[236] Pope C D, T T. Palisch, E P Lolon, B A Dzubin. Improving stimulation effectiveness-field results in the haynesville shale [C]. SPE 134165-MS presented at SPE Annual Technical Conference and Exhibition, Florence, Italy, 19-22 September 2010.

[237] Sumi L. Shale Gas : Focus on the Marcellus shale. Earthworks. Washington, D. C. p. 18-21 2008.

[238] Buller D, Hughes S N, Market J, et al. Petrophysical evaluation for enhancing hydraulic stimulation in horizontal shale gas wells [C]. Presented at the SPE Annual Technical Conference and Exhibition, Florence, Italy, 19-22 September 2010, SPE-132990-MS.

[239] Grieser B, Calvin J, Dulin J. Lessons learned : refracs from 1980 to present [C]. Presented at the SPE Hydraulic Fracturing Technology Conference, The Woodlands, Texas, USA, 9-11 February 2016. SPE-179152-MS.

[240] Leonard R S, Moore C P, Woodroof R A, et al. Refracs-diagnostics provide a second chance to get it right [C]. Presented at the SPE Annual Technical Conference and Exhibition, Houston, Texas, USA, 28-30 September 2015. SPE-174979-MS.

[241] Melcher J, Persac S, Whitsett A. Restimulation design considerations and case studies of Haynesville shale [C]. Presented at the SPE Annual Technical Conference and Exhibition, Houston, Texas, USA, 28-30 September 2015. SPE-174819-MS.

[242] Parker M A, Buller D, Petre J E, et al. Haynesville shale-petrophysical evaluation [C]. Presented at the SPE Rocky Mountain Petroleum Technology Conference, Denver, Colorado, USA, 14-16 April 2009. SPE-122937-MS.

[243] Bokane A B, Jain S, Deshpande Y K, et al. Transport and distribution of proppant in multistage fractured horizontal wells : A CFD Simulation Approach [R]. Society of Petroleum Engineers. 30 September 2013. doi : 10. 2118/166096-MS.

[244] Cadwallader S, Wampler J, Sun T, et al. An integrated dataset centered around distributed fiber optic monitoring-key to the successful implementation of a geo-engineered completion optimization program in the eagle ford shale [R]. Society of Petroleum Engineers. 4 August 2015. doi : 10. 2118/178667-MS.

[245] Griffin L G, Pearson C M, Strickland S, et al. The value proposition for applying advanced completion and stimulation designs to the bakken central basin [R]. Society of Petroleum Engineers. 30 September 2013. doi : 10. 2118/166479-MS.

[246] Jain S, Soliman M, Bokane A, et al. Proppant distribution in multistage hydraulic fractured wells : a large-scale inside-casing investigation [R]. Society of Petroleum Engineers. 4 February 2013. doi. 10. 2118/163856-MS.

[247] Lecampion B, Desroches J, Weng X, Burghardt J, Brown J E. Can we engineer better multistage horizontal completions? evidence of the importance of near-wellbore fracture geometry from theory, lab and field experiments [R]. Society of Petroleum Engineers. 3 February 2015. doi : 10. 2118/173363-MS.

[248] Lolon E, Hamidieh K, Weijers L, et al. Evaluating the relationship between well parameters and production using multivariate statistical models : a middle bakken and three forks case history [R]. Society of Petroleum Engineers. 1 February 2016 doi : 10. 2118/179171-MS.

[249] Pearson C M, Griffin L, Wright C A, et al. Breaking up is hard to do : creating hydraulic fracture complexity in the bakken central basin [R]. Society of Petroleum Engineers. 4 February 2013. doi : 10. 2118/163827-MS.

[250] Shah S N, Lord D L. Hydraulic fracturing slurry transport in horizontal pipes [R]. Society of Petroleum Engineers. 1 September 1990. doi : 10. 2118/18994-PA.

[251] Ugueto C, G A, Huckabee P T, Molenaar M M, et al. Perforation cluster efficiency of cemented plug and perf limited entry completions insights from fiber optics diagnostics [R]. Society of Petroleum Engineers. 1 February 2016. doi : 10. 2118/179124-MS.

[252] Peters & Co. Limited. Energy update, Montney update-greater dawson area [R]. March 28, 2011.

[253] RPS Energy. Technical review of cryogenic frac fluids, application, analysis and cost in the montney formation, Dawson Area, Western Canada [R].

[254] Valko P P. Assigning value to stimulation in the barnett shale : a simultaneous analysis of 7000 plus production well histories and well completion records [C]. SPE 119369.

[255] Lee W J, Sidle R E. Gas reserves estimation in resource plays [C]. SPE 130102.

[256] McNeil R, Jeje O, Renaud A. Application of the power law loss-ratio method of decline analysis [R].

CIPC SPE 2009-159.

[257] Vii Hall M，Kilpatrick J E. Surface microseismic monitoring of slick-water and nitrogen fracture stimulations，Arkoma Basin，Oklahoma [C]. SPE 132371.

[258] Wang F P，Reed R M. Pore networks and fluid flow in gas shales [C]. SPE 124253.

[259] Soeder D J. Porosity and permeability of eastern devonian gas shale [C]. SPE 15213.

[260] Barree R D，Barree V L. Holistic fracture diagnostics [C]. Presented at the Rocky Mountain Oil & Gas Technology Symposium，Denver，Colorado，USA，16-18 April 2007. SPE-107877-MS.

[261] Beggs H D，Brill J P. A study of two-phase flow in inclined pipes [J]. 1973，JPT 25 (05)：607-617. SPE-4007-PA.

[262] Cipolla C L，Lolan E，Mayerhofer M J. The effect of proppant distribution and un-propped fracture conductivity on well performance in unconventional gas reservoirs [C]. Presented at the SPE Hydraulic Fracturing Technology Conference，The Woodlands，Texas，USA，19-21 January 2009. SPE-119368-MS.

[263] Cote A J，Nguyen T H，Crawford K A，et al. Case study：mixing proppant sizes to control pressure dependent leak-off (PDL) [C]. Presented at the Rocky Mountain Oil & Gas Technology Symposium，Denver，Colorado，USA，16-18 April 2007. SPE-108178-MS.

[264] Dahl J，Calvin J，Siddiqui S，et al. Application of micro-proppant in liquids-rich，unconventional reservoirs to improve well production：laboratory results，field results，and numerical simulations [C]. Presented at the Abu Dhabi International Petroleum Exhibition and Conference，Abu Dhabi，UAE，9-12 November 2015. SPE-177663-MS.

[265] Dahl J，Nguyen P，Dusterhoft R，et al. Application of micro-proppant to enhance well production in unconventional reservoirs：laboratory and field results [C]. Presented at the SPE Western Regional Meeting，Garden Grove，California，USA，27-30 April 2015. SPE-174060-MS.

[266] Fisher M K，Wright C K，Davidson B M. Integrating fracture mapping technologies to optimize stimulations in the barnett shale [C]. Presented at the SPE Annual Technical Conference and Exhibition，San Antonio，Texas，USA，29 September-2 October 2002. SPE-77441-MS.

[267] Gray H E. Vertical flow correlation in gas wells [R]. User’s Manual for API 14B Surface Controlled Subsurface Safety Valve Sizing Computer Program，2nd Edition，(Appendix B). Dallas，Texas：American Petroleum Institute，1978.

[268] Grieser W V. Oklahoma woodford shale：completion trends and production outcomes from three basins [C]. Presented at the SPE Production and Operations Symposium，Oklahoma City，Oklahoma，USA，27-29 March 2011. SPE-139813-MS.

[269] Manoorkar S，Sedes O，Morris J F. Particle transport in laboratory models of bifurcating fractures [J]. Journal of Natural Gas Science and Engineering，2016 (33)：1169-1180.

[270] Mayerhofer M J，Lolon E，Warpinski N R，et al. What is stimulated rock volume [C]. Presented at

the SPE Shale Gas Production Conference, Fort Worth, Texas, USA, 16-18 November 2008. SPE-119890-MS.

[271] Nguyen P D, Vo J K, Mock B D, et al. Evaluating treatment methods for enhancing microfracture conductivity in tight formations [C]. Presented at the SPE Unconventional Resources Conference and Exhibition-Asia Pacific, Brisbane, Australia, 11-13 November2013. SPE-167092-MS.

[272] Northcutt J C, Robertson C J, Hannah R R, et al. State-of-the-Art fracture stimulation of the upper morrow formation in the anadarko basin [C]. Presented at the SPE Annual Technical Conference and Exhibition, Houston, Texas, USA, 2-5 October 1988. SPE-18260-MS.

[273] Petalas N, Aziz K. A mechanistic model for multiphase flow in pipes. Journal of Canadian Petroleum Technology[J]. 2000, 39(06): 43-55. PETSOC-00-06-04.

[274] Warpinski N R, Branagan P T, Peterson R E, et al. An interpretation of m-site hydraulic fracture diagnostic results [C]. Presented at the SPE Rocky Mountain Regional/Low-Permeability Reservoirs Symposium, Denver, Colorado, USA, 5-8 April 1998. SPE-39950-MS.

[275] Warpinski N R, Mayerhofer M J, Vincent M C, et al. Stimulating unconventional reservoirs : maximizing network growth while optimizing fracture conductivity [C]. Presented at the SPE Unconventional Reservoirs Conference, Keystone, Colorado, USA, 10-12 February2008. SPE-114173-MS.

[276] Warpinski N R. Stress amplification and arch dimensions in proppant beds deposited by waterfracs[C]. Presented at the SPE Hydraulic Fracturing Technology Conference, The Woodlands, Texas, USA, 19-21 January 2009. SPE-119350-MS.

[277] Wood D D, Schmit B E, Riggins L, et al. Cana woodford stimulation practices-a case history [C]. Presented at the North American Unconventional Gas Conference and Exhibition, The Woodlands, Texas, USA, 14-16 June 2011. SPE-143960-MS.

[278] Woodworth T R, Miskimins J L. Extrapolation of laboratory proppant placement behavior to the field in slickwater fracturing applications [C]. Presented at the SPE Hydraulic Fracturing Technology Conference, College Station, Texas, USA, 29-31 January 2007. SPE-106089-MS.